zeitreise Mathematik

zeitreise

Richard Mankiewicz

mathematik

vom ursprung der
zahlen bis zur
chaostheorie

inhalt

vorwort

Seit Jahren versuche ich, einen Irrtum aufzuklären, der sich im Bewusstsein der Allgemeinheit festgesetzt hat. Dieser Irrtum lässt sich auf die kurze Formel *Mathe = Schule* bringen. Kaum erwähnt man das Wort Mathematik, fühlen sich die meisten Menschen an ihre Schulzeit erinnert. Vor noch nicht allzu langer Zeit bekam man fast immer die Auskunft: „Ich war nie gut in Mathe". Dieser Satz wurde nicht selten mit kaum verhohlenem Stolz vorgetragen. Um 1995 allerdings setzte ein Wandel ein. Wenn ich nun in Gesellschaft bekannte, dass ich Mathematiker sei, löste ich dadurch nicht selten ein ausführliches Gespräch über Fraktale, Chaostheorie und das Santa Fe Institut aus. Gegen Ende der 1990er Jahre avancierte Fermats letztes Theorem in bestimmten Kreisen zum beliebten Gesprächsstoff. Und doch gilt: Selbst im Jahr 2000 verbinden die meisten Menschen Mathematik unwillkürlich mit ihrer Schulzeit *und mit nichts anderem.*

Mit der Assoziation „Schule" kann ich leben, das „nichts anderes" aber finde ich katastrophal. Wie lässt sich dieser Ablehnung gegenüber einer wichtigen Antriebskraft der modernen Welt, einem der bedeutendsten Bereiche menschlichen Denkens begegnen?

Das allgemeine Verständnis für Mathematik hat sich deutlich verbessert und ihre Akzeptanz ist salonfähig geworden. Allgemein verständliche Fernsehsendungen, Mathematikbücher und Zeitschriftenartikel finden immer größeren Anklang. Populärwissenschaftliche Mathematikbücher gelangen auf die oberen Ränge der Bestsellerlisten. Filme, in denen es um Mathematik oder Mathematiker geht, werden mit Preisen ausgezeichnet.

Wie ist es dazu gekommen? Jedenfalls nicht aufgrund internationaler oder nationaler Initiativen größeren Maßstabs. Das Jahr 2000 wurde von der UNESCO zum Weltjahr der Mathematik erklärt. Die Entdeckung, dass Mathe sexy ist, der neue Rock'n'Roll – ich zitiere aus einer großen englischen Zeitung –, verdankt sich unabhängiger Aktivitäten einzelner, die jeder für sich Wege gefunden haben, verschiedene Aspekte der Mathematik einem breiteren Publikum zugänglich zu machen.

Nach und nach ist die Überzeugung gewachsen, dass Mathematik als Speerspitze der naturwissenschaftlichen Forschung verstanden werden muss, als treibende Kraft des technologischen Fortschritts und als zivilisierender Faktor innerhalb einer Gesellschaft. All dies war die Mathematik schon immer – doch erst jetzt hat sich diese Erkenntnis durchgesetzt.

Richard Mankiewicz ist einer von jenen, die engagiert für eine Popularisierung der Mathematik eintreten. Ich lernte ihn auf einer Ausstellung in Croydon kennen, die dem niederländischen Künstler Maurits Escher gewidmet war. Escher war kein studierter Mathematiker, doch sein beinahe surreales Werk steht deutlich unter dem Einfluss mathematischer Themen, wie Fragen der Perspektive und der nichteuklidischen Geometrie. Der sichtbar gewordene philosophische Witz seiner Arbeiten ist in seinem Kern reine Mathematik.

Richard Mankiewicz verfolgt seit Jahren mit ungeheurer Energie und Begeisterung die Idee, die Mathematik mit phantasievollen Projekten einem breiten Publikum näher zu bringen. Zu diesen Projekten zählt auch die *Zeitreise Mathematik*, ein Buch, das er seinen eigenen Worten nach schrieb, weil es „nicht existierte".

Nun, jetzt ist es da. Und es macht deutlich, dass Mathematik nicht nur aus ein paar arithmetischen Tricks und Kniffen besteht, die man in der Schule lernt und vergisst, sobald man seinen Schulabschluss in der Tasche hat. Die Mathematik kann sich auf eine mindestens 5 000 Jahre zurückreichende Geschichte berufen, innerhalb derer sie entscheidende Einflüsse auf die Kultur ausgeübt hat. Anders als in der Kunst sind diese 5 000 Jahre nicht durch den mehr oder weniger geringfügigen Einfluss von x auf y gekennzeichnet, sondern vielmehr dadurch, dass y sich unmittelbar auf die Erkenntnisse von x bezog und darauf aufbaute. Mathematik war schon immer das Ergebnis der kollektiven Arbeit einiger weniger, besonders Begabter, die räumliche und zeitliche Grenzen überschritten und gemeinsam eines der Wunder dieser Welt erschufen.

Als ich zur Schule ging, verbrachte ich Stunden damit, die Bibliotheken nach Büchern über Mathematik zu durchstöbern, ich war süchtig. Die Auswahl war eher dürftig. Damals gab es nur wenige gute Bücher über Mathematik, und ich las sie alle. Darunter waren auch einige Werke zur Geschichte der Mathematik, vor allem die lebendigen (aber häufig ungenauen) Schriften von Eric Temple Bell (*Men of Mathematics* und *Development of Mathematics*). Doch so etwas w e die *Zeitreise Mathematik* war nicht dabei: faszinierendes Bildmaterial und ein Text, der ins Zentrum der Kultur zielt, auf die nie endende Beziehung zwischen mathematischem Denken und allem menschlichen Tun.

Die Mathematik hat eine Schlüsselrolle in der Kartographie, der Navigation, der perspektivischen Darstellung in der Kunst, bei der Entstehung von Funk und Fernsehen und der Entwicklung des Telefons gespielt. Ohne sie gäbe es keinen geregelten Flugverkehr, das Satellitenfernsehen könnte nur ein Zehntel der heute verfügbaren Kanäle anbieten, und die Versorgung der Weltbevölkerung mit Nahrungsmitteln wäre unmöglich. Ich behaupte nicht, dass wir all diese Neuerungen einzig und allein der Mathematik zu verdanken haben, doch sie stellt zweifellos einen entscheidenden Faktor dar.

Darum also geht es in diesem Buch: um einen der längsten und prächtigsten Fäden im Wandteppich der Menschheitsgeschichte, einen Faden, der eng verwoben ist mit den Errungenschaften des Menschen. *Zeitreise Matnematik* führt den Leser auf verständliche Weise an die Hauptthemen der Mathematik heran und beweist mit ihren faszinierenden Bilddokumenten, dass Mathematik keineswegs staubtrocken ist.

Dies ist ein Buch, das ich als Jugendlicher gerne gelesen hätte. Doch um noch einmal darauf zurückzukommen: Dies ist ein Buch für jedermann. Auch der erwachsene Leser wird es nicht mehr aus der Hand legen können.

Ian Stewart

einleitung

"und was für einen zweck
haben schließlich bücher",
sagte sich Alice, "in denen überhaupt keine bilder und unter-
haltungen vorkommen?"

Lewis Carroll, *Alice im Wunder-
land*. Übers. v. Christian Enzens-
berger. Insel Verlag: Frankfurt/
Main 1998, S. 11.

Seit ihren Anfängen hat sich die Mathematik auf alle Bereiche des menschlichen Lebens ausgewirkt. Handel, Landwirtschaft, Religion und Kriege wurden von der Mathematik beeinflusst und haben ihrerseits Fragen aufgeworfen, denen sich die Mathematiker zu stellen hatten. Trotzdem ist die Geschichte der Mathematik bisher kaum in das
Blickfeld der Kulturwissenschaften geraten. Dabei würde ich sogar die Behauptung
wagen, dass die Evolution der Naturwissenschaften, der Philosophie und der Mathematik weitaus wichtiger für die Geschichte der Menschheit war, als die Abfolge von Herrschern oder Kriegen.

Offenbar fehlt den Naturwissenschaften und der Mathematik die gesellschaftliche
Anerkennung, die die Künste genießen. Nur so lässt sich erklären, dass das Interesse
daran vergleichsweise gering ist. Während sich die Geisteswissenschaften und Künste
auch einem breiteren Publikum erschließen, bleibt die Beschäftigung mit den Naturwissenschaften und der Mathematik für die meisten Menschen weitgehend auf die Schule
beschränkt. Es ist nur schwer vorstellbar, dass die mathematischen Wissenschaften
einen allgemeinen "Unterhaltungswert" gewinnen könnten, auch wenn mathematisches
Wissen unzweifelhaft Eingang in den Alltag gefunden hat. Die Relativitätstheorie, Quantenmechanik, künstliche Intelligenz und das Unvollständigkeitsaxiom sind Teil des zeitgenössischen Denkens und somit beinahe Allgemeingut. Doch wenn ein Mathematiker
über die Schönheit seines Fachs spricht, wird dies allzu häufig als peinlicher Gefühls-
ausbruch eines Menschen gewertet, der zu lange in der dünnen Höhenluft seines Elfen-
beinturms verbracht hat.

Die Mathematik ist eine Wissenschaft quantitativer Beziehungen, ihre Entwicklung
spiegelt die Suche des Menschen nach Wissen wider. Alle neuen Ideen und Ansätze
entstehen aus dem Wunsch, vorhandene Probleme zu beschreiben und zu lösen. Mit
der wachsenden Leistungsfähigkeit des Computers wurde die Mathematik als visuelle
Wissenschaft wieder geboren. Die außergewöhnlichen Strukturen, die man in chaotischen und komplexen Systemen entdeckt hat, schlagen eine Schneise durch den Wald
der Symbole. Sie eröffnen jedem einen freien Blick auf die Landschaft der Mathematik.
Eine neue Ästhetik liegt in der Luft, die mathematische Präzision mit künstlerischer
Sensibilität verbindet. Dieses Verhältnis ähnelt dem, das während der Renaissance und
zu Beginn des 20. Jahrhunderts zwischen Kunst und Wissenschaft bestand. Eines der
Ziele dieses Buchs ist daher, deutlich zu machen, dass diese Verbindung in unterschied-
lich starker Ausprägung immer existiert hat. Kunst und Wissenschaft haben eine lange
Verlobungszeit hinter sich, es aber nie bis zum Traualtar geschafft. Ich hoffe, dass die
Bereicherung des mathematischen Lehrplans um die visuelle Komponente Lehre und
Studium dieser Wissenschaft beleben wird.

Richard Mankiewicz
London, Februar 2000

wie alles anfing

◄ Terracotta-Tafel, Rechenoperation in Keilschrift, ca. 2400 v. Chr., Louvre, Paris.

Die Frage, wann die Menschen sich zum ersten Mal der Zahlen bedienten, kommt einer Reise in die verschwommenen Ursprünge des menschlichen Lebens und der Zivilisation gleich. Archäologen und Gelehrte sind bestrebt, aus einer Handvoll Scherben ein sinnvolles Mosaik der Prähistorie zusammenzusetzen. Neue Entdeckungen sind zuweilen nicht nur zusätzliche, ergänzende Teile in diesem Puzzle, sondern können unser ganzes Bild der Vergangenheit und unser Verhältnis zu ihr radikal verändern.

Den frühesten Beleg für den Gebrauch von Zahlen liefert ein Fund aus dem südafrikanischen Swasiland. Es ist der Wadenbeinknochen eines Pavians mit 29 deutlich sichtbaren Einkerbungen, der auf die Zeit um 35 000 v. Chr. datiert werden kann. Er gleicht den bis heute in Namibia gebräuchlichen „Kalender-Stöcken", mit denen Zeitabschnitte markiert werden. Knochen dieser Art aus der Jungsteinzeit wurden auch in Westeuropa gefunden. Ein in der Republik Tschechien entdeckter Speichenknochen eines Wolfes datiert auf etwa 30 000 v. Chr. Er weist zwei Reihen von insgesamt 55 Kerben auf, die in Gruppen zu je fünf angeordnet sind. Einer der faszinierendsten Funde ist der so genannte Ishango-Knochen, der am Ufer des Lake Edwards im Grenzgebiet zwischen Uganda und Zaire entdeckt und auf etwa 20 000 v. Chr. datiert wurde. Er scheint mehr als nur ein einfaches Kerbholz zu sein: Genaue Analysen haben gezeigt, dass die Markierungen offenbar mit den Mondphasen in Verbindung stehen. Die Berechnung der Mondphasen dürfte aus religiösen und praktischen Gründen sehr wichtig gewesen sein. Konnte man doch so beispielsweise Zeiten voraussagen, in denen auch nachts gute Sichtbedingungen herrschten. Überhaupt lässt sich festhalten, dass die Beschäftigung mit den Gestirnen – sei es in der Astronomie, Astrologie oder Kosmologie – einen überaus bedeutenden Einfluss auf die Entwicklung der Mathematik hatte.

Die Mathematik Mesopotamiens

Aus Mesopotamien, dem Land zwischen Euphrat und Tigris, sind uns schriftliche Zeugnisse überliefert, die bis in die Zeit um 3500 v. Chr. zurückreichen. Eine ganze Reihe von Kulturen erlebte in dieser Region ihre Blütezeit. Auf die Sumerer und Akkadier der Frühzeit folgten die Hethiter, die Entdecker und Meister der Eisenverarbeitung, die wiederum von den kriegerischen Assyrern abgelöst wurden. Dann betraten die Chaldäer mit ihrem sagenhaften König Nebukadnezar die Bühne der Geschichte. Sie wurden nach und nach von den Persern unterworfen, die wiederum von den Heerscharen Alexanders des Großen in die Knie gezwungen wurden. Unsere Hauptquellen zur Mathematik dieser Periode entstammen dem alten Babylonischen Reich (1900–1600 v. Chr.) und zeigen sowohl sumerische wie akkadische Einflüsse. Die nachalexandrinische Zeit der Seleukiden-Dynastie (ab dem 4. Jh. v. Chr.) weist griechische wie babylonische Einflüsse auf.

Unser gegenwärtiges Dezimalsystem ist ein Stellenwert- oder Positionssystem auf Basis der Zahl 10: Je zehn Einheiten an einem Stellenplatz werden zu einer Einheit auf dem nächsthöheren Stellenplatz zusammengefasst. Die Position eines Zeichens inner-

▲ Babylonische Tontafel mit Multiplikationen, Ashmolean Museum, Oxford. Lehm war in Mesopotamien im Überfluss vorhanden, und Handtafeln wurden von Schülern für Übungen genutzt. Solange der Lehm feucht blieb, konnte eine Rechenoperation durch Glätten gelöscht werden, um von vorne zu beginnen. Trocken gewordene Tafeln wurden fortgeworfen, dienten zuweilen aber auch als Baumaterial für die Fundamente von Gebäuden. So haben sie sich über Jahrtausende erhalten.

halb der Zahl kennzeichnet seinen Wert. Das Zeichen mit dem niedrigsten Stellenwert kennzeichnet die Einer und steht ganz rechts. Links davon stehen die Zehner, links davon die Hunderter etc. Die frühesten uns bekannten schriftlichen Überlieferungen belegen, dass die Babylonier ein Sexagesimalsystem verwendeten, das auf der Zahl 60 basiert. Es hat sich bis in die Gegenwart in Form unserer Zeitmessung erhalten. Innerhalb des Sexagesimalsystems der babylonischen Mathematik wird die Zahl 75 beispielsweise mit „1,15" ausgedrückt, ist also identisch mit der heutigen Art und Weise, 75 Minuten als 1 Stunde und 15 Minuten zu bezeichnen. Ab ca. 2000 v. Chr. findet sich dann ein Stellenwertsystem, bei dem Keilschriftsymbole verwendet wurden, ein Keil (Symbol $\top$) steht für 1 und ein Winkel (Symbol $<$) für 10, wobei die sexagesimale Basis beibehalten wurde. Die Zahl 75 wurde also $\top < \top\top\top\top\top$ geschrieben. Dies bedeutet $(1 \cdot 60^1) + (15 \cdot 60^0) = 75$. Mit der Einführung von Brüchen wurde dieses Zahlensystem erheblich erweitert, doch ein Symbol für die Null gab es noch nicht. Die Verwendung eines Positionssymbols, wie die Null es darstellt, setzte sich erst im Neuen Babylonischen Reich, also im 6. vorchristlichen Jahrhundert durch. Diese Tatsache muss man bei der Entschlüsselung altbabylonischer Zahlen immer berücksichtigen. Die Zahlen 18, 108 und 180, um ein Beispiel aus dem heutigen Dezimalsystem zu nennen, lassen sich ohne die Verwendung einer Null kaum voneinander unterscheiden. Es bleibt unklar, warum die Babylonier in einem derartigen Zahlensystem verhaftet blieben, auch wenn sich zugegebenermaßen äußerst effizient damit rechnen lässt. Dies wird auch durch unsere Verwendung der Basis 60 zur Berechnung von Minuten und Sekunden bei der Zeit- und Winkelmessung deutlich.

Zeugnis von den mathematischen Fähigkeiten der Babylonier legen Tontafeln mit keilförmigen Inschriften ab. Die Tatsache, dass Hunderttausende solcher Artefakte – von winzigen Scherben bis hin zu vollständigen Tafeln – erhalten sind, lässt darauf schließen, dass ihr Gebrauch weit verbreitet war. Die angewandten arithmetischen Operationen unterschieden sich kaum von denen, mit denen auch wir noch rechnen. Von den Rechentafeln der Babylonier sind einige mit höchst anspruchsvollen Berechnungen erhalten. Sie zeugen von der Verwendung von reziproken Werten, Quadraten, Kuben und Potenzen, wobei letztere vermutlich der Berechnung von Kreditzinsen gedient haben. Die Babylonier leisteten Außerordentliches auf dem Gebiet der Algebra, sie hielten ihre Lösungsansätze jedoch nicht mit mathematischen Symbolen, sondern in Worten fest. Ihre Lösungsmethode für quadratische Gleichungen gleicht unserem Verfahren der quadratischen Ergänzung. Begründet wurde dieses Verfahren durch die Beobachtung, dass sich jedes Rechteck in ein Quadrat verwandeln lässt. Gleichungen höheren Grads wurden entweder numerisch gelöst oder durch die vereinfachende Angleichung an bekannte Gleichungstypen.

Die geometrischen Anwendungen der Babylonier waren praktisch orientiert und konzentrierten sich vor allem auf die Berechnung von Flächen. Grundlage waren auch hier algebraische Gleichungen. Irrationale Zahlen, die nur durch unendliche, nichtperio-

dische Dezimalzahlen darstellbar sind, wurden numerisch behandelt, indem die sexagesimale Brucherweiterung gekürzt wurde. Es gibt keinen Beleg dafür, dass sich die Babylonier bereits der Möglichkeit der Unendlichkeit derartiger Erweiterungen bewusst
waren. Dennoch findet sich auf einer der Tafeln eine beeindruckende Annäherung
(Wurzel aus 2), die bis auf die fünfte Dezimalstelle korrekt berechnet wurde. Die Herleitung des Ergebnisses fehlt jedoch. Auch der Satz des Pythagoras gelangte bei den
Babyloniern schon tausend Jahre vor der Geburt des Griechen zum Einsatz.

Die hoch entwickelte Mathematik der Babylonier war vor allem auf die praktische
Anwendung in den Bereichen Buchhaltung, Finanzen, Maße und Gewichte ausgerichtet. Einige der Problemstellungen geben jedoch auch Hinweise auf bereits vorhandene
theoretische Ansätze, die an späterer Stelle mit Blick auf die babylonische Astronomie
zu würdigen sein werden.

Die Mathematik Ägyptens

Obwohl die Kultur der Ägypter über vier Jahrtausende hinweg existierte, sind uns nur
wenige Zeugnisse von ihren mathematischen Fähigkeiten überliefert. Papyrus ist ein
hochempfindliches Material, und es grenzt an ein Wunder, dass überhaupt einige der
alten Schriftrollen überdauert haben. Die beiden wichtigsten Funde im Hinblick auf
die ägyptische Mathematik sind der Papyrus Rhind und der Papyrus Moskau. Darüber
hinaus zeigen einige kleinere Funde sowie Illustrationen auf Grabsteinen und Tempel-

➤ Der Rhind-Papyrus wurde Mitte
des 19. Jahrhunderts angeblich bei
Theben gefunden, tatsächlich aber
von A. H. Rhind in Luxor käuflich
erworben und später von seinen
Nachlassverwaltern an das Britische
Museum veräußert. Zu sehen ist eine
Aufgabe zum Ermitteln der Fläche
eines dreieckigen Stücks Land.

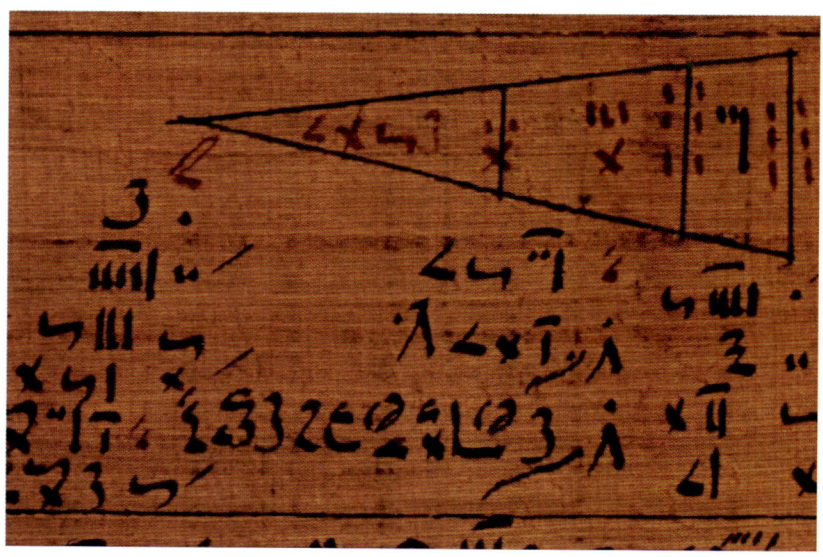

mauern Fragestellungen aus dem Bereich Handel und Verwaltung, deren Lösung mathematische Fertigkeiten erforderte. Der Papyrus Rhind wurde um 1650 v. Chr. von einem Schreiber namens Ahmes erstellt, der angibt, er kopiere ein zweihundert Jahre altes Original. In dem Eröffnungssatz der Schriftrolle heißt es, bei dem folgenden Text handele es sich um „eine gründliche Untersuchung aller Dinge, einen Einblick in alles Bestehende und die Kenntnisse der größten Geheimnisse". Wenn sich dies für uns heute auch etwas vermessen anhören mag, so wird doch deutlich, dass die Kunst des Schreibens einer eingeweihten Elite vorbehalten war. Der Papyrus listet insgesamt 87 Probleme und deren Lösungen auf. Der Großteil der behandelten mathematischen Probleme befasst sich mit beispielhaften Berechnungen wie etwa der Aufgabe, eine bestimmte Menge Brotlaibe unter einer gegebenen Zahl von Menschen aufzuteilen. Auch eine Möglichkeit zur Berechnung der Fläche eines rechtwinkligen Dreiecks wird aufgeführt. Die Lösungen werden anhand von Rechenbeispielen illustriert, allgemeine Formeln fehlen. Der Papyrus Moskau enthält über ähnliche Berechnungen hinaus auch die Berechnung des Volumens eines Pyramidenstumpfs und der Fläche eines Kreises.

▲ Relief aus Zahlzeichen auf einer ägyptischen Stele aus dem Tempel von Karnak.

Betrachtet man den Umgang der Ägypter mit Zahlen genauer, so werden zwei charakteristische Eigenheiten unmittelbar deutlich: die Beschränkung auf Additionen und Verdoppelungen und die Bevorzugung von Stammbrüchen (Brüche mit dem Zähler Eins wie (½), (⅓) etc.). Multipliziert wurde daher durch wiederholtes Verdoppeln (und falls nötig Halbieren) von Zahlen und Addieren der Zwischenergebnisse. Um z. B. 19 mit 5 zu multiplizieren, strich der Schreiber an, welche Zahlen zu addieren sind:

/	1	19
	2	38
/	4	76

Da 1 + 4 = 5, sind die Zahlen 19 und 76 zu addieren, um zu dem 19 · 5 entsprechenden Ergebnis 95 zu kommen. Das Dividieren wurde auf ähnliche Weise gehandhabt, wobei nun allerdings zur Errechnung der Lösung auch mit Stammbrüchen gearbeitet wurde. Die Ägypter benutzten zur Notation eines Stammbruchs einen Punkt, der über die Zahl geschrieben wurde: (⅕) wurde also als $\dot{5}$ notiert. Für Brüche mit einem anderen Zähler als 1 gab es – mit Ausnahme von (⅔) und (¾) – kein Symbol. Der Papyrus Rhind führt eine Rechentafel für Brüche auf, die die Form (²⁄ₙ) haben, wobei n eine ungerade Zahl ist, die in Stammbrüche aufgegliedert wird. So entspricht z. B. (²⁄₁₅) den Stammbrüchen (⅓) und (¹⁄₁₅) oder – in der Schreibweise der Ägypter – $\dot{3}$ und $1\dot{5}$. Heute ist nur schwer vorstellbar, wie ein derartiges System in der Praxis funktionierte. Offenbar bewährte es sich, und man darf auf weitere Entdeckungen gespannt sein, die Aufschluss über seine Ursprünge geben.

In ihren Handelsbeziehungen benutzten die Ägypter nicht Geld, sondern Güter wie Brot und Bier, um den Preis einer Ware zu bestimmen. Dies wird durch eine im Papyrus

Rhind angeführte Rechenaufgabe deutlich, in der es um die Aufteilung von neun Brotlaiben an 10 Personen geht. Nach unserem heutigen System würden wir errechnen, dass jeder ($\frac{9}{10}$) eines Laibs erhält und das Brot verteilen, indem wir von jedem Laib ein Zehntel abschneiden, um dann neun Menschen ($\frac{9}{10}$) eines Laibs und dem zehnten neun mal ($\frac{1}{10}$) zu geben. Die in dem Papyrus angegebene Lösung dagegen lautet: ($\frac{9}{10}$) = ($\frac{2}{3}$) + ($\frac{1}{5}$) + ($\frac{1}{30}$). Auf diese Weise müssen die einzelnen Laibe zwar in kleinere Portionen geteilt werden, dafür erhält aber nicht nur jeder die identische Menge an Brot, sondern auch gleich große Stücke.

Zur Berechnung des Volumens eines Körpers verfügten die Ägypter über ein eigenes Notationssystem, das sich der Hieroglyphe bediente, die das Auge des Horus symbolisierte. Hier wird die Doppelfunktion einer Priesterkaste deutlich, die nicht nur eine religiöse Rolle spielte, sondern auch wesentlichen Anteil an der Verwaltung hatte. Das Auge des falkengestaltigen Gottes Horus wurde als eine Mischung aus menschlichem Auge und dem Auge eines Falken dargestellt. Die einzelnen Elemente der Hieroglyphe repräsentierten die Brüche ($\frac{1}{2}$), ($\frac{1}{4}$), ($\frac{1}{8}$), ($\frac{1}{16}$), ($\frac{1}{32}$) und ($\frac{1}{64}$). Miteinander kombiniert, ließ sich mit ihnen eine beliebige Anzahl von 64steln darstellen.

Unsere Kenntnis der ägyptischen Mathematik ist mangels Quellen zwangsläufig eingeschränkt. Man neigt daher leicht dazu, die mathematischen Fertigkeiten der Ägypter im Vergleich zu dem, was die Babylonier auf diesem Gebiet bereits erreicht hatten, als Rückschritt einzustufen. Doch dies ist ungerechtfertigt, hält man sich vor Augen, dass beim Pyramidenbau ein Höchstmaß an Präzision erforderlich war. Außerdem dürfte ein Reich dieser Größenordnung kaum ohne mathematisches Wissen zu verwalten gewesen sein. Einige der überlieferten Quellen enthalten faszinierende Lösungsmöglichkeiten für komplexe Probleme, beispielsweise die Berechnung des Volumens eines Pyramidenstumpfs. Die Griechen waren sich dessen bewusst, dass ihr mathematisches Wissen, besonders im Bereich der Geometrie, auf die von den Ägyptern gelegten Grundlagen zurückging. Am verblüffendsten sind aber nicht die Ähnlichkeiten zwischen ägyptischer und griechischer Mathematik, sondern die frappierenden Unterschiede.

Dieser König soll auch das Land unter sämtliche Bewohner verteilt und jedem ein gleichgroßes viereckiges Stück gegeben haben. Der jährliche Pachtzins, den er verlangte, bildete seine Einkünfte. Riss der Strom von einem Ackerlose etwas fort, so ging der Besitzer zum König [Ramses II] und zeigte es an. Der sandte Leute, um nachzusehen und die Verminderung des Grundstückes auszumessen, damit der Besitzer nur von dem Rest den festgesetzten Zins zu bezahlen habe. Mir scheint, dass hierbei die Geometrie erfunden worden ist, die dann nach Hellas gebracht wurde. Denn was die Sonnenuhr und den Sonnenzeiger betrifft sowie die Einteilung des Tages in zwölf Teile, so haben die Hellenen diese Dinge nicht von den Ägyptern, sondern von den Babyloniern übernommen.

Herodot, *Historien II*. Übers. v. A. Horneffer. Kröner: Stuttgart, 1971.

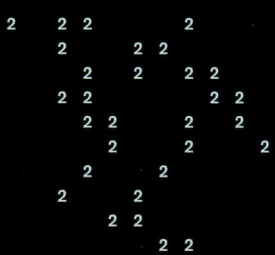

Himmelsbeobachter

◄ Im 16. Jahrhundert entdeckter aztekischer steinerner Sonnenkalender. Dargestellt ist Tonailuh, die fünfte Sonne und das Symbol unserer gegenwärtigen Epoche. Einige Forscher halten es für durchaus denkbar, dass die astronomischen Kenntnisse der Azteken von älteren mittelamerikanischen Kulturen wie denen der Olmeken oder der Maya herrührten.

Die ersten Kalender wurden von Priestern erstellt, die sich zugleich als Astronomen verstanden. Das Bestreben, die Himmelskörper zu bestimmen, forderte und förderte spezielle mathematische Kenntnisse. Da die meisten antiken Kosmologien geozentrisch ausgerichtet waren, bezog sich der Begriff „Planet" auf Sonne, Mond und die fünf sichtbaren Planeten. Viele Zivilisationen nutzten ihre Kenntnisse, um auf der Grundlage ihrer Beobachtungen Kalender zu erstellen. Das Grundproblem, dem sich alle gegenüber sahen, war die Vereinbarkeit der beiden offensichtlichsten zeitlichen Kreisläufe: des durch den Mond bestimmten Monatszyklus und des durch die Sonne bestimmten Jahreskreislaufs.

Die Kultur der Maya in Zentralamerika, deren Anfänge sich bis auf etwa 1000 v. Chr. zurückverfolgen lassen, erlebte ihre klassische Zeit von 300 bis 900 n. Chr. Nur wenige Bücher bzw. Kodizes überdauerten die 1519 einsetzende spanische Eroberung. Die bedeutendste Quelle ist der sogenannte Dresden-Kodex, der astronomische Tafeln enthält. Doch glücklicherweise haben die Maya auch in dauerhafte Materialien eingeritzte Zeugnisse hinterlassen. Alle zwanzig Jahre stellten sie Stelen auf, auf denen nicht nur das Datum ihrer Errichtung festgehalten wurde, sondern auch wesentliche Ereignisse der vergangenen Jahre sowie die Namen von Herrschern und Priestern. Die Schrift der Maya bestand aus Hieroglyphen, die offensichtlich Stilisierungen von Maya-Gottheiten darstellen. Die Notation von Zahlen dagegen beruhte auf Punkten und Strichen. In diesem äußerst präzisen Stellenwertsystem steht ein Punkt für „eins" und ein horizontaler Strich für „fünf", während das Symbol für „Null" einer Muschel ähnelt. Das mit dieser Notation verbundene mathematische System, das vermutlich etwa seit 400 v. Chr. verwendet wurde, beruht auf der Zahl 20 sowie der Positionen der Symbole innerhalb des Zahlzeichens. Es handelt sich also um ein Zwanzigersystem (Vigesimalsystem), das allerdings an dritter Stelle eine Abweichung aufweist. Während ein echtes Zwanzigersystem die Folge $1, 20, 20^2, 20^3$ usw. hat, steht im System der Maya an dritter Stelle 360 statt 400, so dass sich die Reihe $1, 20, 18 \cdot 20, 20 \cdot 20^2$ usw. ergibt. Dies dürfte manche Rechnungen erschwert haben, gibt uns aber auch einen Hinweis darauf, welche Bedeutung die Maya ihrem Kalender beimaßen, entspricht doch $18 \cdot 20 = 360$.

Die Maya verfügten über insgesamt drei Kalender, die verschiedenen Zwecken zugeordnet waren. Der Ritualkalender umfasste 260 Tage in zwei sich überschneidenden Zyklen. Dieser war für die Bauern nur von geringem Nutzen, so dass es daneben auch einen „weltlichen" Kalender gab. Das in ihm definierte Sonnenjahr hatte 365 Tage, eingeteilt in 18 Monate zu 20 Tagen und fünf zusätzliche Tage, die „die Zeit ohne Namen" genannt wurden. Ein dritter Kalender, der wesentlich längere Zeiträume erfasste, nahm als Ausgangspunkt den 12. August 3013 v. Chr. und zählte von da an Zyklen von jeweils 360 Tagen. Obwohl die Maya offenbar weder Gebrauch von Brüchen noch von der Trigonometrie machten, waren sie aufgrund ihrer umfassenden astronomischen Beobachtungen in der Lage, Zyklen mit großer Genauigkeit zu bestimmen. Die Maya-Astronomen gingen zum Beispiel davon aus, dass 149 Mondmonate 4 400 Tage umfassen. Dies entspricht der Länge eines Mondmonats (also der Zeit zwischen zwei Vollmonden) von 29,5302 Tagen. Damit kamen sie dem heute geltenden Wert von etwa 29,5306 Tagen erstaunlich nahe. Der Dresden-Kodex beinhaltet außerdem Tafeln, auf denen Sonnen- und Mond-Eklipsen vorausberechnet wurden.

Der ägyptische Kalender war dem der Maya erstaunlich ähnlich. Das Jahr wurde in 12 Monate zu jeweils 30 Tagen und fünf Zusatztage am Ende des Jahres eingeteilt. Darüber hinaus führten die Ägypter die Einteilung des Tages in 24 Abschnitte ein, obwohl nicht genau bekannt ist, wann die Stunde zu einer klar definierten Zeiteinheit wurde. Die Monate wurden in Dekaden, Einheiten von 10 Tagen, eingeteilt, die jeweils ein bestimmtes Sternbild regierte. In hellenistischer Zeit verschmolzen diese mit den Tierkreiszeichen der Babylonier, so dass jedes der 12 Sternbilder des Tierkreises noch einmal in drei Dekaden unterteilt wurde. Darstellungen der Dekaden finden sich an den Decken königlicher Tempel und auf Grabdeckeln aus dem Mittleren Reich (ca. 2100–1800 v. Chr.). Allerdings scheinen sich diese Dekaden nicht den uns bekannten Sternbildern zuordnen zu lassen. Auf vielen Gräbern befinden sich zwei verschiedene Schichten von Darstellungen: Während die ältere Schicht in der Regel relativ genaue Sternenkonstellationen aufweist, sind die späteren ornamentalen Hinzufügungen von einer gewissen künstlerischen Freiheit. Schriftliche Dokumente oder Tafeln, die Aufschluss über die astronomischen Beobachtungen der Ägypter geben könnten, sind uns nicht überliefert.

Die Astronomie der Babylonier, die sich vor allem auf die Vorhersage astronomischer Ereignisse konzentrierte, erlebte ihre Hochzeit von der Zerschlagung des assyrischen Reichs bis in die hellenistische Ära hinein. Ptolemäus erwähnt, dass es seit dem 8. vorchristlichen Jahrhundert vollständige Listen von Mondfinsternissen gab, das Wissen über die Planeten aber lückenhaft gewesen sei. Der babylonische Kalender war ein reiner Mondkalender. Als Monatsbeginn galt der erste Tag, an dem die Sichel des zunehmenden Monds sichtbar war. Die Länge eines Tages bestimmte sich durch die Zeit von einem Sonnenaufgang bis zum nächsten. Besonders interessant war daher die Vorhersage des Zeitpunkts, ab dem der zunehmende Mond wieder am Himmel erschien, sowie die Information, ob ein Monat 29 oder 30 Tage hatte. Letzteres ist von der relativen Stellung von Sonne und Mond abhängig. Für die Erstellung von Ephemeriden – Tafeln, auf denen die Positionen der Planeten verzeichnet sind – wurde der Tierkreis in drei Zonen mit jeweils

▲ Rekonstruktion einer tragbaren byzantinischen Sonnenuhr mit Kalendarium aus dem 6. Jahrhundert, Science Museum, London. Die Rückseite des Instruments offenbart einen ausgeklügelten Zahnradmechanismus.

▲ Mittelalterliche Astronomen beim Gebrauch eines Astrolabiums, einer ursprünglich den Griechen zugeschriebenen Erfindung, die jedoch von arabischen Wissenschaftlern und Mathematikern perfektioniert wurde.

zwölf Sternbildern aufgeteilt. Die Stellung der Planeten konnte also relativ zu den entsprechenden Sternbildern angegeben werden. Ergänzend dazu existierten auch Tafeln, auf denen die Zeiten des Auf- und Untergangs von Sternbildern vermerkt waren.

Eine der größten Errungenschaften jener Zeit stellt die Analyse der scheinbaren Bewegungen von Sonne und Mond dar, die wesentlich für die Bestimmung des Monatsanfangs waren. Die scheinbare Bahn, auf der die Sonne von der Erde aus gesehen durch die Sternbilder wandert, heißt Ekliptik. Die Babylonier wussten bereits, dass sich der Winkel zwischen Horizont und Ekliptik im Laufe des Jahres verändert. Darüber hinaus ist die Mondbahn nach beiden Seiten periodisch um etwa 5° gegen die Ekliptik geneigt. Schließlich schwankt bei beiden Himmelskörpern die „wirkliche" Bahngeschwindigkeit periodisch um eine „mittlere" Bahngeschwindigkeit. Diesen periodischen Veränderungen – es handelt sich um sinusförmige Variationen – näherten sich die Babylonier mit erstaunlicher Genauigkeit mittels so genannter „Zickzack-Funktionen" an. Diese wurden als steigende und fallende arithmetische Reihen behandelt. Etliche babylonische Tafeln mit Übungen zu arithmetischen Folgen könnten durchaus Vorstufen für Sonnen- und Mondtafeln gewesen sein. Mit ihrer Hilfe ließ sich bis zu drei Jahre im Voraus der Zeitpunkt des Erscheinens des zunehmenden Mondes bestimmen, der von der relativen Stellung von Mond und Sonne abhängt. Die erhaltenen Zeugnisse lassen darauf schließen, dass Methoden der arithmetischen Interpolation eingesetzt wurden, um die Bahnbewegung der Planeten auf Grundlage von Beobachtungen zu errechnen. Ptolemäus (siehe unten) wählte den entgegengesetzten Ansatz, indem er versuchte, ein möglichst genaues Modell der Planeten aufzustellen, aus dem auf die Position der Planeten geschlossen werden konnte.

Über eine jüngere Planetentheorie der Babylonier ist uns nichts bekannt. Ältere Quellen deuten auf ein geozentrisches System mit kreisförmigen Umlaufbahnen hin. In der hellenistischen Welt entwickelte Aristarchos von Samos (ca. 320–250 v. Chr.) ein heliozentrisches Modell. Von den aristotelischen Dogmatikern jedoch abgelehnt, sollte dieses Modell erst im 16. Jahrhundert erneut diskutiert werden. Das Planetenmodell der Griechen wurde durch die Theorie des Aristoteles (384–322 v. Chr.) geprägt, der zufolge sich die Planeten in gleichmäßigem Tempo und in kreisrunden Umlaufbahnen bewegen. Diese philosophisch begründete Auffassung wurde selbst angesichts der variablen Bahngeschwindigkeiten, der rückläufigen Bewegungen und der variierenden Helligkeit der einzelnen Planeten aufrecht erhalten. Die offensichtliche Diskrepanz zwischen Theorie und empirischer Beobachtung versuchte man durch die Annahme von Epizykloiden aufzuheben: Man ging davon aus, dass die Planeten nicht um die Erde selbst kreisten, sondern auf Bahnen, deren jeweiliger Mittelpunkt sich auf einem Kreis um die Erde bewegt. Durch diesen Kunstgriff ließ sich erklären, dass eine konstante Bahngeschwindigkeit von der Erde aus variabel erschien. Es war Ptolemäus, der dieses System vollständig ausarbeitete.

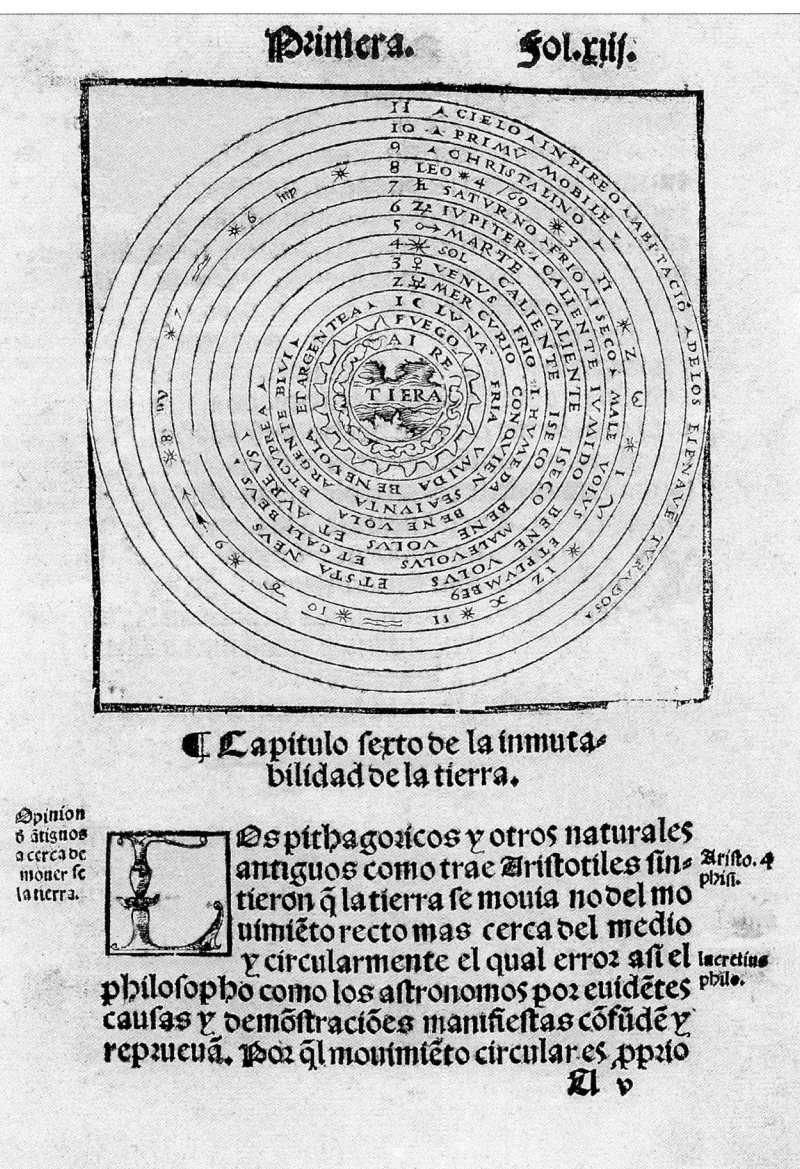

➤ Graphische Darstellung des
ptolemäischen Kosmos aus dem
*Breve compendio de la esfera y de
la arte de navigar* von Martin Cortes
de Albacar (1551), einer Abhandlung
über Kosmologie und Navigation.

Hipparchos (190–120 v. Chr.) aus Nizäa galt als einer der größten Astronomen seiner Zeit. Grundlage der Trigonometrie war für ihn die Einteilung des Kreises in 360 Grad. Seine Abhandlung zu diesem Thema beinhaltet eine Sehnentafel. Eine Sehne ist die Strecke, die zwei Punkte einer Kurve, speziell eines Kreises, verbindet. Ihre Länge c entspricht: $\sin(x/2)=(c/2)$ bzw. $2 \cdot \sin(x/2)=c$, wobei c den Kreis um den Mittelpunkt M in den Punkten A und B schneidet und x der c gegenüberliegende Winkel im Dreieck MAB ist. Anstatt von einem Einheitskreis mit Radius 1 auszugehen, teilte er den Kreisumfang in $360 \cdot 60$ Minuten ein. Der Radius des Kreises ist dann $(360 \cdot 60)/2\pi = 3438$ Minuten. Die Sehnen-Berechnung ergibt sich dann wie folgt: $(c/2)=3438 \cdot \sin(x/2)$. Die Sehnentafel, die eine starke Ähnlichkeit mit denen indischer Mathematiker aufweist, versetzte Hipparchos in die Lage, die Positionen der Himmelskörper genauer zu berechnen. Für die Darstellung der Sonnen- und Mondbewegung entwickelte er ein geozentrisches System von Epizyklen.

Claudius Ptolemäus (ca. 85–165) wirkte als Astronom in Alexandria. Sein Hauptwerk ist unter dem Titel *Almagest* bekannt geworden. Seine Bedeutung für die Astronomie ist der Wirkung der *Elemente* des Euklid für die Geometrie vergleichbar. Ptolemäus geht davon aus, dass die Sonne die Erde umkreist, siedelt die Erde aber nicht genau im Mittelpunkt der Sonnenumlaufbahn an, sondern leicht dazu verschoben. Den Mittelpunkt dieser Umlaufbahn selbst bezeichnet er als exzentrisch. Mit seiner Theorie der Mondbewegung stützt sich Ptolemäus auf die Arbeiten des Hipparchos, dessen Epizyklentheorie er erweitert. In Kenntnis von Mond- und Sonnenbewegung war er nun in der Lage, Sonnen- und Mondfinsternisse zu diskutieren. Es folgt die Demonstration, dass die Fixsternsphäre, die innerhalb des hellenistischen Weltbilds als eine den Himmel abschließende Kuppel gedacht wurde, tatsächlich unveränderlich sein muss. Im Anschluss an einen ausführlichen Katalog, in dem mehr als eintausend Sterne aufgelistet sind, wendet sich Ptolemäus den Umlaufbahnen der übrigen fünf Planeten zu. Geradezu raffiniert ist die Konstruktion eines „Equant" genannten Punkts, der die gleiche Entfernung zur Erde hat wie der exzentrische Punkt, aber auf der entgegengesetzten Seite der Erde angesiedelt ist. Der Planetenzyklus des Ptolemäus kreist mit konstanter Geschwindigkeit um den Equanten. Damit hatte sich die Kosmologie derart weit von der von Aristoteles geforderten Perfektion entfernt, dass es verwundert, warum die Astronomie die durch die Philosophie auferlegten Fesseln nicht gänzlich abstreifte. Doch die Vorstellung, dass die Erde um die Sonne kreist, war mit dem damaligen Verständnis der terrestrischen Bewegungslehre unvereinbar. Man ging schließlich immer noch davon aus, dass die Menschen von der Erde fallen müssten, wenn diese sich bewegte. Das Modell von Ptolemäus ist allerdings der erfolgreichste Versuch astronomischer Berechnungen. Alle Abweichungen von tatsächlichen Beobachtungen bewegten sich im Rahmen normaler Messfehler. Erst im 16. Jahrhundert wurde das Weltbild des Ptolemäus ernsthafter Kritik unterzogen – 1400 Jahre lang blieb das *Almagest* unangefochten.

Kapitel 3

Der satz des pythagoras

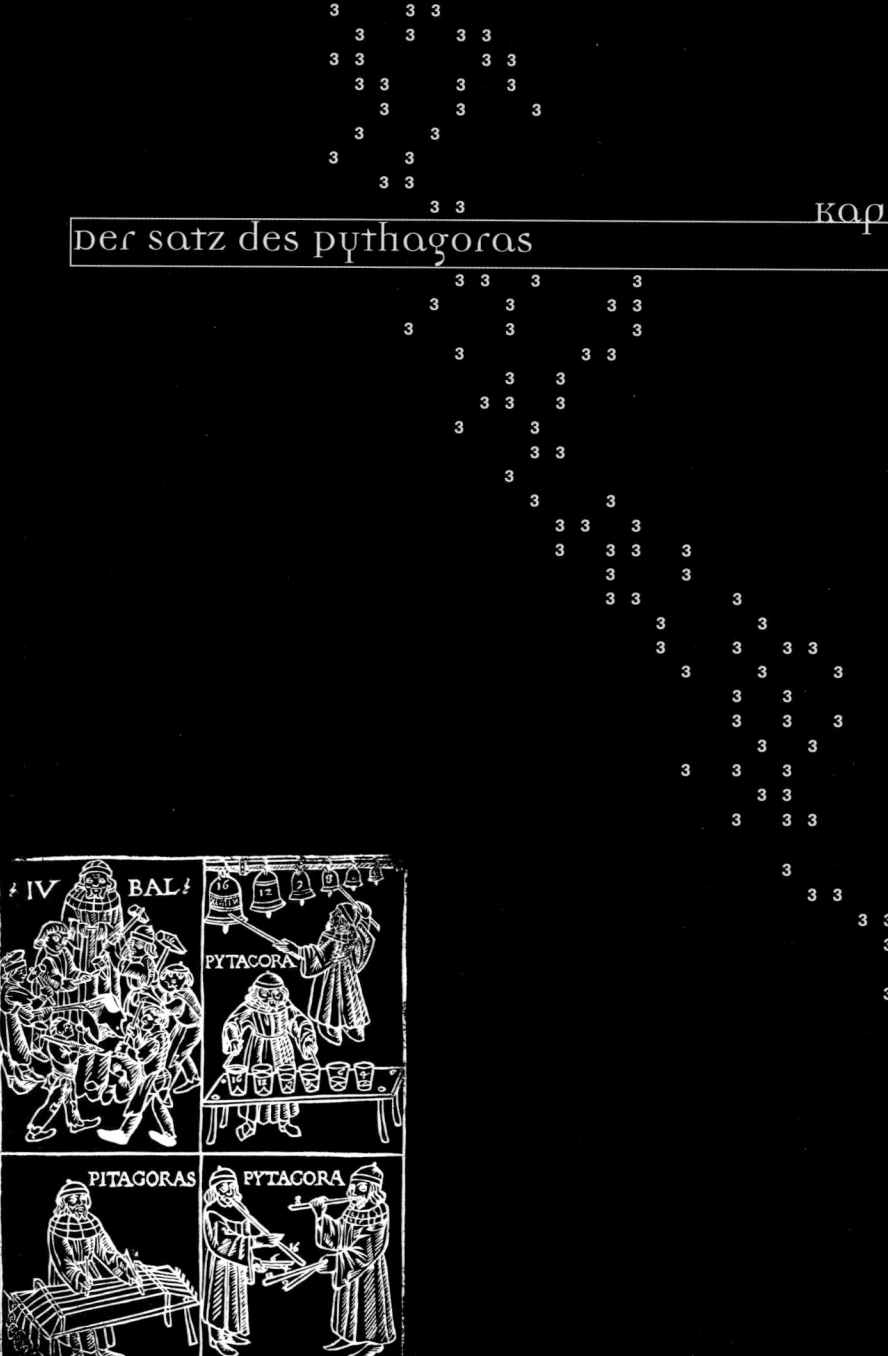

◄ Mittelalterlicher Holzschnitt, auf dem der Beitrag der Pythagoreer zur Entwicklung der Musik gewürdigt wird. Ihre Entdeckung der Beziehung zwischen Zahlen und musikalischen Intervallen war der Ursprung des Konzepts der Sphärenharmonie.

▼ Diese babylonische Tafel (heute als *Plimpton 322* bezeichnet) ist eines der am häufigsten analysierten Artefakte zur Mathematikgeschichte des Altertums. Heute nimmt man an, dass es sich um eine Rechentafel mit pythagoreischen Tripeln handelt, die bereits tausend Jahre vor Pythagoras entstand.

Der Satz des Pythagoras: In einem rechtwinkligen Dreieck ist das Quadrat über der Hypotenuse gleich der Summe der beiden Kathetenquadrate. Das Standardbeispiel ist ein Dreieck mit den Seitenlängen 3, 4, 5. Es gibt eine unendliche Menge solcher so genannter „pythagoreischer Tripel" x, y und z, die die Eigenschaft $x^2 + y^2 = z^2$ haben. Die Dreiecke, die sich aus 5, 12, 13 und 7, 24, 25 bilden lassen, sind weitere Beispiele dafür und waren bereits in der Antike bekannt.

Zu den faszinierendsten mathematischen Artefakten der Babylonier zählt eine Tafel, die heute als Quelle *Plimpton 322* zur Sammlung der Columbia University, New York gehört. Diese offensichtlich unvollständige Tafel verzeichnet vier Zahlenspalten zu je fünfzehn Zeilen. Unter Mathematikhistorikern herrscht inzwischen Konsens darüber, dass es sich hier um Herleitungen pythagoreischer Tripel handelt. Man kann also davon ausgehen, dass die Babylonier bereits zwischen 1800 und 1650 v. Chr. den Lehrsatz des Pythagoras anwendeten – mehr als tausend Jahre vor Pythagoras selbst. Die Annahme wird durch einen weiteren aus dieser Zeit stammenden Fund gestützt: Bei dieser nahe der antiken Stadt Babylon gefundenen Tafel handelt es sich um den ältesten bisher bekannten Beleg für den Lehrsatz. Es wird ersichtlich, dass die Babylonier ihn bereits für geometrische Berechnungen und zur Lösung algebraischer Gleichungen benutzten.

Der Beginn der wedischen Periode in Indien wird auf das erste vorchristliche Jahrtausend datiert. In diese Periode fällt die Grundlegung der hinduistischen Kultur und

Religion durch sakrale Texte wie die *Weden* und *Upanischaden*. Die mathematischen Überlegungen jener Zeit sind in den *Sulbasutras* (Schnurregeln) aufgezeichnet, einem Anhang zu den *Weden*. Es überrascht kaum, dass ein großer Teil dieser Überlegungen Fragen gewidmet ist, die im Zusammenhang mit der Einhaltung religiöser Rituale stehen. Der Begriff *sulba* bezeichnete das Seil, mit dem man Altäre vermaß. Drei Fassungen dieses Textes sind erhalten; der älteste dürfte zwischen 800 und 600 v. Chr. entstanden sein. Baudhajana (ca. 700 v. Chr.) gibt folgende Annäherung an den pythagoreischen Lehrsatz: „Das Seil, das über die Diagonale eines Quadrats gelegt wird, bringt eine Fläche hervor, die doppelt so groß ist wie die des ursprünglichen Quadrats." Eine spätere, allgemeiner gehaltene Definition findet sich bei Katyayana: „Das Seil auf der Diagonalen eines Rechtecks erschafft eine Fläche, die der Summe der Flächen entspricht, die von der vertikalen und der horizontalen Seite erzeugt werden." Ein Beweis für diesen Satz wird zwar nicht geführt, dafür aber die praktische Anwendung an einigen Beispielen beschrieben. Nach damals gültigen Regeln musste ein Altar so gebaut werden, dass bestimmte Flächen ein Vielfaches der Fläche eines anderen, nach demselben Muster angefertigten Altars betrugen. Dies ließ sich nur durch äußerste Genauigkeit erreichen, so dass man bei der Planung und Durchführung eher auf geometrische als auf numerische Methoden zurückgriff. Es ist einfacher, die Fläche eines Quadrats zu verdoppeln, indem man ein Quadrat zeichnet, dessen Seiten der Diagonalen des gegebenen Quadrats entsprechen, als zu berechnen, dass die Seiten des neuen Quadrats um den Faktor $\sqrt{2}$ größer sein müssen. Die Inder waren zwar in der Lage, Quadratwurzeln relativ genau zu berechnen, doch für die aus religiösen Gründen geforderte, absolute Genauigkeit waren diese Näherungswerte nicht ausreichend.

Der älteste uns bekannte mathematische Text Chinas ist das *Zhoubi suanjing* („Regeln der gnomonischen Berechnungen der Chou-Dynastie"), das wohl zwischen 500 und 200 v. Chr. geschrieben wurde, aber auf einem 500 Jahre älteren Text aus der Shang-dynastie basiert. Der Titel legt bereits nahe, dass es sich hier um einen Text handelt, der sich hauptsächlich mit Fragen der Astronomie beschäftigt. Daneben werden aber auch einige grundlegende Problemlösungen aus dem Bereich der Arithmetik und der Geometrie vorgestellt. Zur Diskussion kommen die Eigenschaften rechtwinkliger Dreiecke. Unter der Bezeichnung *gougu* wird der pythagoreische Lehrsatz formuliert und seine Gültigkeit in der Folge geometrisch demonstriert. Dazu wird eine Methode gewählt, die den Namen „Rechtecke aufhäufen" trägt. Eine Zeichnung illustriert diese Methode für ein Dreieck mit den Seiten 3, 4 und 5, das kleinste pythagoreische Tripel. Der Autor des Texts ging offenbar davon aus, dass die Erweiterung der Methode auf Dreiecke mit anderer Seitenlänge dem Leser unmittelbar einleuchtete, denn eine allgemeine Formulierung des Lehrsatzes wird erst durch Kommentatoren des 3. nachchristlichen Jahrhunderts vorgenommen. Einer von ihnen, Liu Hui, führt einen zweiten geometrischen Beweis an, indem er die beiden kleineren Rechtecke so aufteilt, dass sich aus

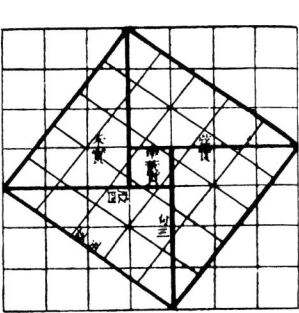

▲ Beweis für den Satz des Pythagoras, dargestellt im chinesischen *Zhoubi suanjing* (das Original datiert in die Zeit zwischen 400–200 v. Chr.). Der Beweis bezieht sich auf das (3, 4, 5)-Dreieck, ein im Altertum bekanntes pythagoreisches Tripel, bei dem gilt: $3^2 + 4^2 = 5^2$.

➤ Der Satz des Pythagoras in einem arabischen Text. Der Beweis wird nach Euklid geführt: mit dem charakteristischen „Windmühlen-Diagramm", also geometrisch.

ihnen das größere bilden lässt. Die Formel $gou^2 + gu^2 = xian^2$ (die unserem $a^2 + b^2 = c^2$ entspricht) wurde in der Folge auf zahlreiche Probleme angewandt. Der Lehrsatz war von großer Bedeutung für die chinesische Mathematik: Er stellte die Grundlage für weitere Rechenoperationen wie die Berechnung von Quadratwurzeln und die Lösung von Quadratgleichungen dar.

Es scheint besonders gut zusammenzupassen, dass Pythagoras (ca. 580–500 v. Chr.) mehr oder weniger ein Zeitgenosse von Buddha, Konfuzius, Mahavira, Laotse und möglicherweise auch Zoroaster war. Die durch ihn entstandene Verschmelzung von Mathematik und Mystik wirkt besonders durch die im 3. Jahrhundert entstandene Erweiterung des Neuplatonismus bis auf den heutigen Tag fort. Die eigentliche Bedeutung Pythagoras' und seiner Anhänger liegt im Bereich der Mathematikphilosophie. Die Überzeugung der Pythagoreer, dass der Mathematik als der einzig wahren Quelle des Wissens eine besondere Bedeutung zukomme, wird durch Mathematiker und Philosophen wie Platon (ca. 428–348 v. Chr.), Plotin (205–270), Iamblichos (ca. 250–330) und Proklos (ca. 411–485) tradiert und gehört zu den Eckpfeilern des Neuplatonismus, der in weiten Bereichen prägend für das westliche Denken war.

So viel ist bekannt: Nach Studien bei den Ägyptern und Chaldäern ließ sich Pythagoras im unteritalienischen Kroton nieder, um dort eine Schule zu gründen. Es dürfte sich bei dieser „Schule" jedoch eher um einen Geheimbund oder Orden gehandelt haben, in dem Wissen nur an einige wenige eingeweihte Mitglieder weitergegeben wurde. Die Pythagoreer lebten in der Gemeinschaft und folgten einem strengen Moral- und Verhaltenskodex. Da Pythagoras selbst keine Schriften hinterließ, können wir nur Vermutungen darüber anstellen, welche mathematischen Ergebnisse tatsächlich von ihm selbst stammen. Angesichts der zahlreichen Hinweise auf Schriften der Pythagoreer liegt der Schluss nahe, dass das ursprüngliche Veröffentlichungsverbot, das sich die Anhänger der Schule auferlegt hatten, in späteren Zeiten gelockert wurde. Ein grundlegender Lehrsatz der pythagoreischen Schule besagt, dass die Zahl das Wesen der Dinge ausmacht, folglich Erkenntnis und Wissen ausschließlich auf der Grundlage von Zahlen gewonnen werden können. Als besonders verehrungswürdig galt den Pythagoreern die Zahl Zehn, die sog. Tetraktys, die gleich der Summe $1 + 2 + 3 + 4$ ist. Diese vier Zahlen entsprechen der Anzahl der Punkte, aus denen sich die Dimensionen des Kosmos herleiten lassen: Die Eins ist der Punkt ohne Ausdehnung und zugleich Ausgangspunkt für die Genese der anderen Dimensionen; zwei Punkte können miteinander verbunden werden und bilden so eine eindimensionale Linie; drei Punkte lassen sich zu einem zweidimensionalen Dreieck verbinden; und vier Punkte bilden ein dreidimensionales Tetraeder. Mit ihrem Entwurf eines Universums, in dem Zahlen philosophische und offenbarende Funktionen zugeschrieben wurden, gingen sie weiter als alle anderen Zahlenmystiker vor ihnen. Darüber hinaus legten die Pythagoreer den Grundstein für die Intervallenlehre in der Musik. In diesem Zusammenhang symbolisiert die Tetraktys die

Der satz des pythagoras

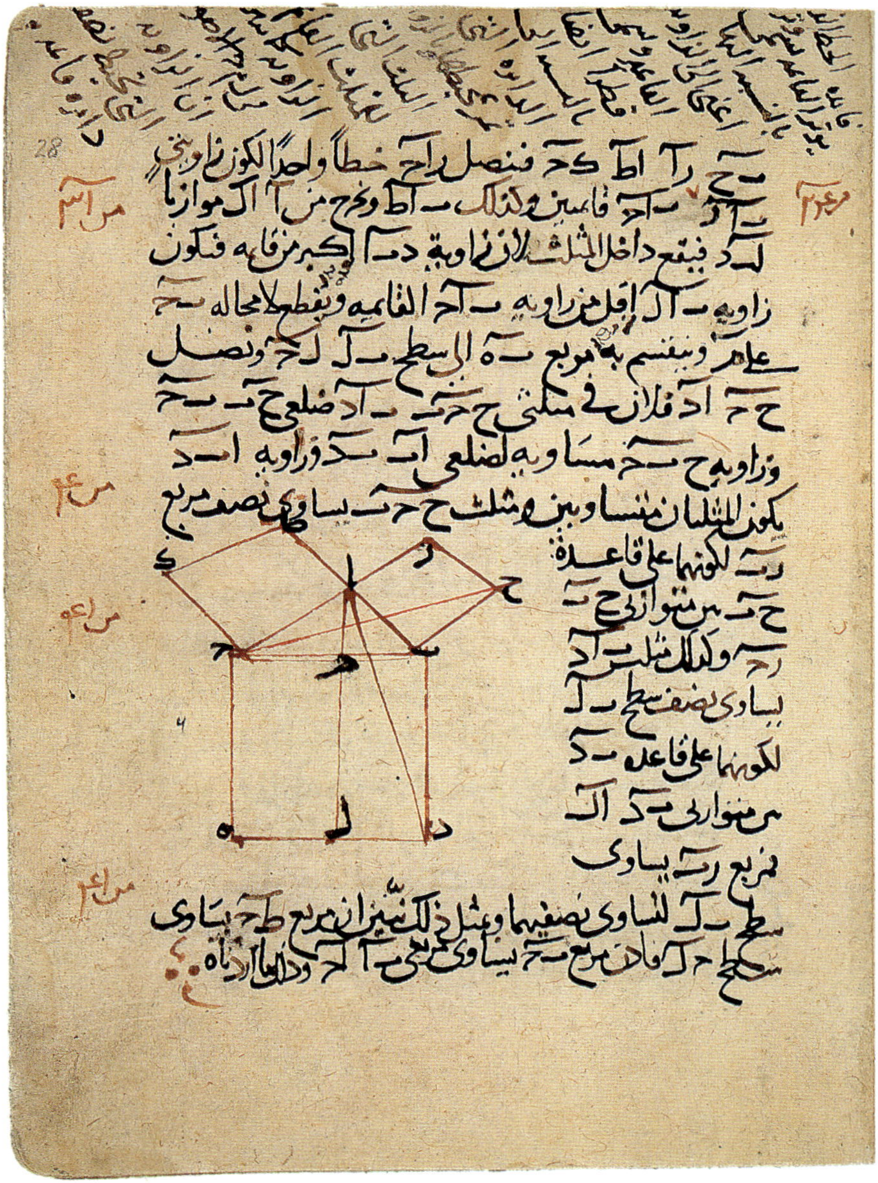
ز آ اط كح فنصل زاح خطاً واحداً لكون زاويتي
ح آ اح قائمتين وكذلك اط ونخرج من آ اك موازيا
لـ د فيقع داخل المثلث لأن زاوية د اكبر من قائمة فتكون
زاوية اك اقل من زاوية اح القائمة ويقطع لا محالة
عليها وينقسم به مربع الى سطح ونصل
ح اد فلان في مثلثي ح اد ضلعي
وزاوية ح مساوية لضلعي وزاوية
يكون المثلثان متساويين ومثلث ح يساوي نصف مربع
لكونهما على قاعدة
ح بين متوازيي ح
وكذلك مثلث اد
يساوي نصف سطح
لكونهما على قاعدة
بين متوازيي اك
فمربع يساوي
سطح لتساوي نصفيهما وبمثل ذلك يتبين ان مربع طح يساوي
سطح حك فاذن مربع ح يساوي مربعي اح وذلك ما اردناه

musikalische Proportion zwischen den Noten, beginnend bei dem Quotienten ½ für die Oktave. Die Berechnung des harmonischen Mittels am Beispiel der Musik ist Ausgangspunkt für das Konzept der Weltharmonie, das mehr als zweitausend Jahre später entscheidenden Einfluss auf Keplers Planetenmodell haben sollte.

Dessen ungeachtet wird mit dem Namen Pythagoras noch immer vornehmlich der nach ihm benannte Lehrsatz in Verbindung gebracht. Wie bereits ausgeführt, war dieser Lehrsatz in Wahrheit bereits lange vor dessen Lebzeiten bekannt. Es wird behauptet, Pythagoras habe ihn von einer Zivilisation übernommen, die wir in diesem Zusammenhang noch völlig unerwähnt gelassen haben: von den Ägyptern. Bedauerlicherweise existieren jedoch keine ägyptischen Quellen, in denen der Lehrsatz ausgeführt würde. Aristoteles schreibt den Pythagoreern den ersten Beweis dafür zu, dass $\sqrt{2}$ eine irrationale Zahl ist. Dies ergibt sich aus der Anwendung des pythagoreischen Lehrsatzes: Wenn die beiden Seiten eines rechtwinkligen Dreiecks die Länge 1 haben, beträgt die Länge der Hypotenuse $\sqrt{2}$. Numerische Näherungswerte waren hinlänglich bekannt; die Pythagoreer jedoch versuchten, diese Zahl als Verhältnis auszudrücken und damit eine Entsprechung zwischen natürlicher Zahl und kontinuierlicher Größe herzustellen. Dies erwies sich jedoch als unmöglich: Das Verhältnis der Länge der Hypotenuse zu den Seiten ist, wie die Mathematiker heute sagen, inkommensurabel mit jeder Maßeinheit. Inkommensurabel bedeutet „nicht messbar", „nicht vergleichbar". Man bezeichnet zwei Größen als inkommensurabel, wenn das Verhältnis eine irrationale Zahl ergibt. Dies gilt beispielsweise für eine Seite und die Hypotenuse eines Dreiecks: Das Verhältnis ist $1:\sqrt{2}$. Dem Philosophen Diogenes zufolge war es Hippasos aus Metapontum, ein Mitglied der pythagoreischen Schule, der die Irrationalität von $\sqrt{2}$ entdeckte. Es bleibt festzuhalten, dass die Entdeckung der Entsprechung von inkommensurablen Größen und irrationalen Zahlen von entscheidender Bedeutung für die griechische Mathematik war. Irrationale Zahlen wurden logisch auf der Grundlage inkommensurabler Größen definiert: In einem geometrischen Zusammenhang konnte man sich ihnen numerisch annähern. Auf eine Definition irrationaler Zahlen auf Grundlage der natürlichen Zahlen einigten sich die Mathematiker erst gut zweitausend Jahre später.

Das Verblüffendste an der Behandlung des Lehrsatzes des Pythagoras durch die Griechen, ist ihr Versuch des Beweises, der am Ende des ersten Buchs von Euklids *Elementen* dokumentiert ist. Es handelt sich dabei um einen allgemein gefassten geometrischen Beweis, bei dem durch eine Abfolge von Konstruktionen die beiden kleineren Quadrate in Rechtecke transformiert werden, die zusammengesetzt dem größeren Quadrat entsprechen. Der Beweis wird ohne den Bezug auf numerische Werte geführt, und das zur Illustration angeführte „Windmühlen-Diagramm" findet sich später in der Mathematik verschiedener eurasischer Kulturen wieder.

202   EUCLIDIS Elementorum

1. *Hyp.* Si fieri poteſt, ſit D ipſarum AC, AB communis menſura. ª ergò D metitur AC — AB (BC). ᵇ ergò AB ⊓ DC, contra Hypoth.

2. *Hyp.* Dic AB ⊓ BC, ſergò AC ⊓ AB, contra Hypoth.

Coroll.

Hinc etiam, ſi tota magnitudo ex duabus compoſita, incommenſurabilis ſit alteri ipſarum, eadem & reliquæ incommenſurabilis erit.

PROP. XVIII.

Si fuerint duæ rectæ lineæ inæquales AB, GK, quartæ autem parti quadrati, quod ſit à minori GK, æquale paral-lelogrammum ADB ad majorem AB applicetur, deficiens figurâ quadratâ, & in partes AD, DB longitudine com-menſurabiles ipſam dividat, major AB tanto plus poterit quàm minor GK, quantum eſt quadratum rectæ lineæ FD ſibi longitudine commenſurabilis: Quòd ſi major AB tanto plus poſſit, quàm minor GK, quantum eſt quadratum rectæ lineæ FD ſibi longitudine commenſurabilis; quartæ autem parti quadrati, quod ſit à minori GK, æquale paral-lelogrammum ADB ad majorem AB applicetur, deficiens figurâ quadratâ, in partes AD, DB longitudine commenſurabiles ipſam dividet.

ª Biſeca GK in H, & ᵇ fac rectang. ADB = GHq: abſcinde AF = DB. Eſtque ABꜫ = 4 ADB ᵈ (4 GHq, vel ⌶Kq) + FDꜫ. Jam primò

◄ Seite aus Newtons Ausgabe der *Elemente* des Euklid mit handschriftlichen Randbemerkungen.

▼ Titelbild der 1710 erschienenen, von Edmond Halley besorgten Ausgabe der Werke des Apollonios. Dargestellt ist die Geschichte des Aristipp, der vor der Küste von Rhodos Schiffbruch erlitt. Als er in den Sand gezeichnete geometrische Figuren entdeckte, war er davon überzeugt, dass die Eingeborenen zivilisierte Menschen seien.

Die Griechen betraten den Schauplatz der Geschichte als Eindringlinge aus dem Norden, die sich in dem Land zwischen dem Ionischen und dem Ägäischen Meer niederließen. Was sie besonders auszeichnete, war das unstillbare Verlangen, von den älteren Nachbarkulturen zu lernen und das von Ägyptern und Mesopotamiern überlieferte Wissen weiterzuführen und zu übertreffen. Die Welt der Hellenen wurde weniger durch die Zugehörigkeit zu einer bestimmten Volksgruppe, als durch kulturelle Identifikation definiert. Zwei Epochen lassen sich für das Antike Griechenland unterscheiden, deren Übergang durch Alexander den Großen markiert wird: die klassische Zeit und der Hellenismus.

Die Beschäftigung der Griechen mit mathematischen Problemen setzt unserer Kenntnis nach erst im sechsten vorchristlichen Jahrhundert ein. Für den Beginn der griechischen Mathematik steht Thales von Milet (ca. 624–548 v. Chr.), der als Erster versuchte, Beweise für geometrische Sätze zu führen. Damit legte er die Grundlage für das umfassende deduktive System Euklids.

Im vierten vorchristlichen Jahrhundert stellte Athen das intellektuelle Zentrum des Mittelmeerraums dar. Hier gründete Platon seine Akademie (nach dem Halbgott Akademos benannt) und später sein Schüler Aristoteles die peripatetische Schule, auch Lyzeum genannt. Platon hatte entscheidenden Einfluss auf die Mathematikphilosophie. In der *Politeia* fordert er nachdrücklich, dass ein Schwerpunkt der Ausbildung eines zukünftigen Herrschers auf der Mathematik liegen solle. Im *Timaios* findet sich eine Abwandlung pythagoreischer Positionen, in der vier der platonischen Körper den vier Elementen (Erde, Luft, Feuer, Wasser) zugeordnet werden und das Dodekaeder als Symbol des gesamten Kosmos angesehen wird. Der Einfluss der aristotelischen Philosophie auf die Mathematik dagegen war nicht nur förderlich. Die von Aristoteles eingeführten Regeln des logischen Denkens hatten allerdings zweifellos einen positiven Effekt auf die mathematische Beweisführung. Seine Ablehnung gegenüber unendlichen und infinitesimalen Größen, gepaart mit der Überzeugung, dass bei vollkommenen Figuren wie dem Kreis und der Geraden auch eine vollkommene Bewegung möglich sein müsse, wirkte sich eher hinderlich aus.

Die Akademie Platons und das Lyzeum des Aristoteles waren bedeutende Zentren der mathematischen Lehre und Forschung. Aristoteles wurde zum Lehrer und Erzieher Alexanders des Großen, dessen Reich sich auf dem Höhepunkt seiner Macht bis nach Nordindien ausdehnte, nach seinem Tod aber unter seinen zerstrittenen Heerführern zerfiel. Ein Teil des einstigen Riesenreichs jedoch ging unter der aufgeklärten Herrschaft Ptolemäus' I. als Zentrum des Wissens hervor: die Stadt Alexandria mit dem Museion, der bedeutendsten Schule des Altertums, und der berühmten Bibliothek.

Das wichtigste Werk der griechischen Mathematik sind zweifellos die *Elemente* des Euklid (ca. 325–265 v. Chr.). Aus dem Kommentar des Proklos (ca. 410–485) zu den *Elementen* geht hervor, dass Euklid während der Herrschaft Ptolemäus' in Alexandria lehrte. Angesichts der überragenden Bekanntheit der *Elemente* tritt zuweilen die Tat-

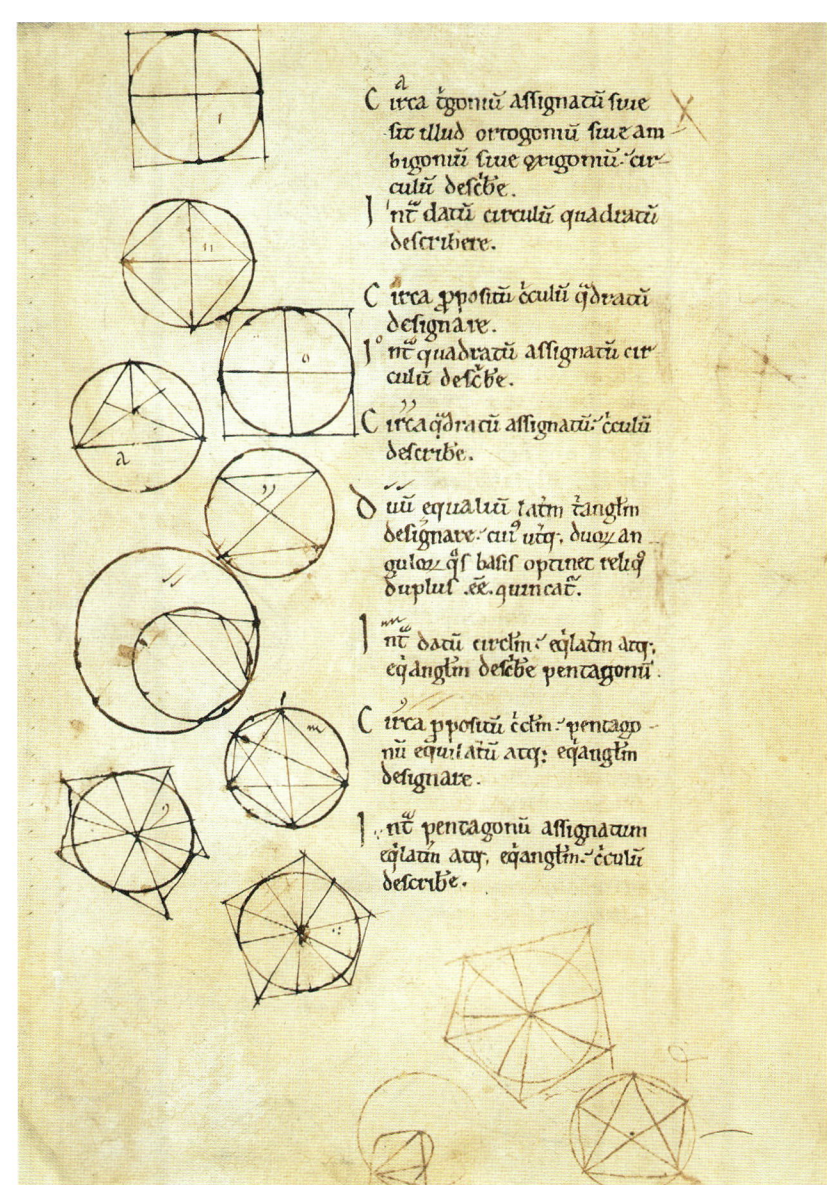

▶ Mittelalterliche lateinische Hand-
schrift, eine Übersetzung aus dem
Arabischen, die Adelhard von Bath
zugeschrieben wird, vielleicht aber
auch eine Kopie seines Textes ist. Die
Lehrsätze sind hier ohne Beweise
wiedergegeben und mit Diagrammen
illustriert. Die einzigen Kommentare
zu den Sätzen finden sich im ersten
Buch dieses Manuskripts. Dies könnte ein Beleg für die These sein, dass
im Mittelalter das Erlernen der Geometrie auf die einfacheren Bücher
der *Elemente* beschränkt war.

sache in den Hintergrund, dass Euklid noch eine ganze Reihe weiterer Werke – über Optik, Astronomie, Mechanik und Musik – verfasst hat. Die *Elemente* stellten über Jahrhunderte hinweg das Standardwerk zur Geometrie dar und drängten alle früher geschriebenen Werke derart in den Hintergrund, dass sie nicht einmal mehr in Abschriften erhalten sind. Die *Elemente* sind kein Kompendium der zeitgenössischen griechischen Mathematik, sondern bieten wesentliche Grundlagen der sich zu dieser Zeit herausbildenden Wissenschaft.

Die 13 Bücher der *Elemente* befassen sich mit Fragen der ebenen Geometrie, der Zahlentheorie, der Proportionenlehre und der Geometrie des Raums. Das erste Buch beginnt recht unvermittelt mit einer Liste von 23 Definitionen und Axiomen. So lautet Definition 1: „Ein Punkt ist, was keine Teile hat", Definition 2: „Eine Linie ist breitenlose Länge". Es folgen fünf Postulate und fünf „allgemeine Begriffe", wobei das fünfte Postulat, das so genannte Parallelenpostulat, das berühmteste ist. Mit diesem Postulat wird die Existenz höchstens einer Parallele (zu einer gegebenen Geraden durch einen nicht auf ihr liegenden Punkt) fixiert, wobei Punkt und Gerade in einer gemeinsamen Ebene liegen. Auch alle weiteren Abschnitte beinhalten grundlegende Definitionen, die sich auf das in der Folge abgehandelte Thema beziehen. In Euklids Augen besaßen die Definitionen im Vergleich zu den Postulaten einen selbstverständlichen Charakter, während der heutige Leser sie wohl als Axiome einstufen würde. Die Postulate sind eher prozedural, wie aus dem 1. Postulat deutlich wird, dem zufolge gefordert sein soll, „dass man je zwei Punkte durch eine Strecke verbinden kann", während es in der 4. Definition heißt: „Eine gerade Linie (Strecke) ist eine solche, die zu den Punkten auf ihr gleichmäßig liegt". Insgesamt gesehen, zeigen sich hier die Grenzen einer Geometrie, die sich auf Methoden der Konstruktion mit Lineal und Zirkel stützt.

Die Bücher I bis IV befassen sich mit der geometrischen Konstruktion ebener Figuren wie Quadrate, Parallelogramme, Dreiecke, Kreise und mit dem Zirkel konstruierte Vielecke. Es wurde behauptet, vor allem Buch II enthielte die Grundlagen dessen, was man später „geometrische Algebra" genannt hat, bei der geometrische Konstruktionen dieselben Funktionen wie Zahlenoperationen haben. Gleich, ob man dieser These zustimmen mag oder nicht; festzuhalten ist in jedem Fall, dass die Theoreme, die Euklid in den ersten Büchern der *Elemente* anführt, ausschließlich auf der Grundlage geometrischer Konzepte formuliert werden. Größen werden durchweg geometrisch, als Strecken oder Figuren, dargestellt. Die Theoreme beziehen sich auf die Konstruktion und das Verhältnis derartiger Größen. Numerische Konzepte wie die Länge, bleiben unerwähnt, so dass ein Quadrat oder Rechteck beispielsweise als geometrische Figur behandelt wird, die sich aus einer Strecke konstruieren lässt. Es wird nirgends erwähnt, dass sich die Fläche eines Rechtecks über das Produkt der Längen seiner Seiten berechnen lässt. Geometrisch dargestellte Größen fungieren also als das grundlegende Konzept der *Elemente* und bilden die Basis für das gesamte Werk.

Buch V ist einer allgemeinen Proportionenlehre gewidmet, die möglicherweise auf Eudoxos von Knidos (ca. 409–355 v. Chr.) zurückgeht. Zwei fundamentale Entdeckungen werden Eudoxos zugeschrieben: die Proportionenlehre und die Exhaustionsmethode. Mit der in den *Elementen* ausformulierten Proportionenlehre ließ sich dem Problem der Inkommensurabilität begegnen, so dass auch Größen verglichen werden konnten, deren Verhältnis nicht durch natürliche Zahlen ausgedrückt werden kann. Zu Beginn von Buch V führt Euklid eine Reihe von Definitionen für Proportionen und ihren Gebrauch an. Die Bevorzugung von Proportionen gegenüber Brüchen hat Vorteile. So lässt sich eine Regel aufstellen wie: „Die Fläche von Kreisen steht im Verhältnis zu ihrem Durchmesser". Diese kann dann auf verschiedene Theoreme angewendet werden, ohne auf das irrationale π zurückgreifen zu müssen. Darüber hinaus ist das Verhältnis von Größen des selben Typus dimensionslos (ohne Maßeinheit) und kann daher in Proportion zu anderen Verhältnissen gesetzt werden. Das Verhältnis wird also als grundlegende Beziehung zwischen Größen definiert, und die auf dieser Definition aufbauende Proportionenlehre ermöglicht es, verschiedene Verhältnisse miteinander zu vergleichen. Buch VI wendet dann die Proportionenlehre auf ähnliche Figuren an und kommt auf dieser Grundlage zu einer Verallgemeinerung des pythagoreischen Lehrsatzes, der nicht länger auf Quadrate über den Seiten eines Dreiecks beschränkt ist, sondern auf jede konstruierbare Figur erweitert wird.

Die Bücher VII bis IX befassen sich mit der Zahentheorie. Wenn Euklid von Zahlen spricht, sind immer ganze Zahlen gemeint. In Buch VII wird deutlich, dass Zahlen im Wesentlichen geometrisch behandelt werden. So stellt Euklid fest: „Die größere Zahl beträgt ein Vielfaches der kleineren, wenn sie durch diese geteilt wird" und ferner, dass das Produkt zweier Zahlen der Fläche eines Rechtecks entspricht. Als „euklidischer Algorithmus" wurde die Regel bekannt, nach der sich der größte gemeinsame Teiler zweier Zahlen finden lässt. Buch IX enthält den berühmten indirekten Beweis für die Existenz von unendlich vielen Primzahlen, wobei Euklid den Begriff des Unendlichen allerdings zu vermeiden sucht. Er stellt das Axiom auf, „Es gibt mehr Primzahlen als jede vorgelegte Anzahl von Primzahlen", um im Folgenden den Beweis nur für drei gegebene Primzahlen zu führen. Die geforderte Erweiterung auf jede vorgelegte Größe aber wird nicht vorgenommen. Darüber hinaus nennt dieses Buch ein Gesetz zur Bildung vollkommener Zahlen. Eine Zahl heißt vollkommen, wenn sie gleich der Summe ihrer Teiler, einschließlich der 1, aber außer der Zahl selbst ist. Die erste vollkommene Zahl ist 6, die zweite 28 (ihre Faktoren sind 1, 2, 4, 7 und 14, die addiert 28 ergeben).

Buch X enthält eine detaillierte Analyse inkommensurabler Strecken, wobei hier nun irrationale Zahlen mit inkommensurablen Strecken explizit identifiziert werden. Beweise für alle verschiedenen Inkommensurabilitäten werden geliefert, von einfachen Quadratwurzeln bis hin zu quadratischen Irrationalitäten der Form $\sqrt{(\sqrt{a}+\sqrt{b})}$. Eine Diskussion darüber, wie sich Irrationalitäten numerisch darstellen lassen, wirft ein interessantes

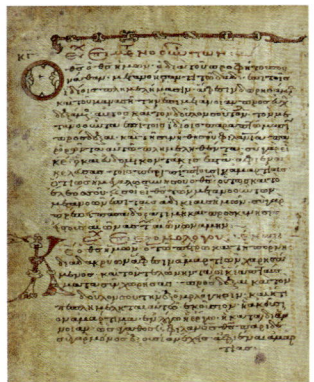

▲ Das Archimedes-Palimpsest, ein byzantinisches Manuskript aus dem 10. Jahrhundert, das später abgeschabt und mit einem liturgischen Text neu beschrieben wurde; eine durchaus übliche Verfahrensweise in einer Zeit, in der Pergament kostbar war. Der ursprüngliche Text wurde elektronisch wieder sichtbar gemacht, es handelt sich um das Fragment eines verschollenen Werks des Archimedes – *Die Methode*.

Licht auf das Problem, dem sich der Verfasser der *Elemente* gegenübersah. Es existierte ein Notationssystem auf der Basis des euklidischen Algorithmus, mit dem sich einzelne Irrationalitäten, nicht aber Summen oder Produkte auf einfache Weise darstellen ließen. Eine Kuriosität stellt Lemma 1 dar (ein Lemma ist ein Hilfssatz zur Herleitung anderer Sätze), in dem festgestellt wird, dass die Summe zweier Quadratzahlen ein Quadrat ist. Ohne Bezug auf den am Ende von Buch I geführten Beweis zu nehmen, wird hier also der pythagoreische Lehrsatz als Element der Zahlentheorie angeführt. Überhaupt legt Buch X am ehesten den Eindruck nahe, dass die diskutierten numerisch-geometrischen Vorgänge nur eine Vorstufe zu wesentlich komplexeren und fortgeschritteneren Problemen wie der Flächenberechnung und Fragen der Quadratur darstellen. Deutlich wird aber auch, dass die behandelten Irrationalitäten alle mit Lineal und Zirkel konstruiert werden können; Quadratwurzeln beispielsweise werden ausgeklammert.

Die letzten drei Bücher der *Elemente* handeln von der Geometrie der Körper und wenden die Eudoxische Exhaustionsmethode zur Anlegung von Flächen und Inhalten durch wiederholte Annäherung an. Archimedes schreibt den ersten Beweis, dem zufolge der Inhalt eines geraden Kreiskegels ein Drittel des Inhalts eines geraden Kreiszylinders mit gleicher Grundfläche und Höhe beträgt, Eudoxos zu. Auch Buch XII könnte in wesentlichen Teilen auf die Arbeiten von Eudoxos zurückgehen. Buch XIII schließt mit einem Beweis, dass es nicht mehr als fünf reguläre platonische Körper gibt, die sich aus Dreiecken, Quadraten und Fünfecken konstruieren lassen. Alle Körper werden stereometrisch konstruiert und es werden Angaben über den Abstand von den Begrenzungsflächen zum Zentrum des Körpers gemacht. Hier finden sich schließlich numerische Werte für die in Buch X beschriebenen Inkommensurabilitäten. Die *Elemente* sind – neben der Bibel – das einflussreichste Buch aller Zeiten.

Alexandria blieb auch weiterhin ein Zentrum des Wissens. Apollonios von Perge (ca. 262–190 v. Chr.), der häufig als der „Große Geometer" bezeichnet wird, forschte und unterrichtete hier. Sein bekanntestes Werk ist eine Arbeit über Kegelschnitte, die so genannte *Konika*. Auch Archimedes und wesentlich später Ptolemäus und Diophantos (um 250) kamen nach Alexandria. Als im 4. Jahrhundert aus dem goldenen ein silbernes Zeitalter wurde, verblasste allmählich auch die intellektuelle Freiheit Alexandrias. Hypatia (ca. 370–415), Tochter des Theon aus Alexandria, ist die erste Mathematikerin, von der wir Kenntnis haben. Sie stand der platonischen Schule in Alexandria vor, allerdings zu einer Zeit, in der das erstarkte Christentum immer weniger Toleranz gegenüber dem zeigte, was als heidnische Wissenschaft und Philosophie angesehen wurde. Ihr Tod durch die Hand einer christlichen Sekte wird häufig mit dem Beginn des Untergangs Alexandrias als wissenschaftlich-kultureller Mittelpunkt gleichgesetzt. Das Zentrum mathematischer Gelehrsamkeit jedenfalls verlagerte sich nach Osten: nach Bagdad.

zehn mathematische klassiker

◄ Titelblatt eines im 16. Jahrhundert weit verbreiteten Textes, die *Suan Fa Thung Tsung* (1593). Der mit „Diskussionen über schwierige Probleme zwischen Lehrer und Schüler" betitelte Abschnitt erklärt den Gebrauch eines Rechenbretts für mathematische Berechnungen.

Die Anfänge der chinesischen Zivilisation liegen an den Ufern der Flüsse Yangtzekiang und Huang He (der Gelbe Fluss) in der Zeit der Lungshan-Kultur im zweiten vorchristlichen Jahrtausend. Die historische Periode beginnt mit der Shangdynastie, die von etwa 1766 bis 1122 v. Chr. dauerte. Sie wurde durch die Choudynastie abgelöst, deren Sippengemeinschaften die damalige Hauptstadt eroberten und bis ins 8. vorchristliche Jahrhundert hinein herrschten. Zwischen 481 und 249 v. Chr. löste sich das Reich aufgrund von Kämpfen zwischen einzelnen Lehnsherren auf. Die Zerfallsphase während der Choudynastie, auch *Zeit der Streitenden Reiche* genannt, hatte zugleich eine Blüte des Geisteslebens zur Folge, die unter anderem den ersten rein mathematischen Text – *Zhoubi suanjing* – sowie Gelehrte und Philosophen wie Konfuzius und Laotse hervorbrachte. Die relativ kurze Dauer der Ch'in-Herrschaft war nicht nur durch die Einigung des Reichs, sondern auch durch den Bau der chinesischen Mauer sowie Bücherverbrennungen geprägt. Während der folgenden Handynastie (206 v. Chr.–220 n. Chr.) fand eine neuerliche Auseinandersetzung mit den bedeutenden Texten der Vergangenheit statt: Etliche der vernichteten Manuskripte wurden von den Gelehrten aus dem Gedächtnis rekonstruiert und aufgeschrieben, andere Werke, die der Zerstörung entgangen waren, wurden wieder „ausgegraben". Aus dieser Zeit stammt die Bearbeitung eines der einflussreichsten Texte der chinesischen Mathematik: die Überarbeitung des *Chiu-chang suan-shu* („Mathematik in neun Büchern") durch Liu Hui sowie die Kommentare zum *Zhoubi suanjing*. Nach einer Bildungsreform während der Suidynastie (518–617) und der Tangdynastie (618–907) wurde Mathematik offizielles Unterrichtsfach an der Schule für Verwaltungsbeamte. Grundlage des Unterrichts waren die *Suan-ching shih shu* („Zehn mathematische Klassiker"), eine Sammlung der damals wichtigsten zur Verfügung stehenden Werke, die sowohl das *Zhoubi suanjing* wie die „Mathematik in neun Büchern" enthielt und auch in den kommenden Jahrhunderten von überragender Bedeutung blieb.

Die Mathematik in neun Büchern

Die Beschäftigung der Chinesen mit magischen Quadraten scheint in ihrem Ursprung eher mythisch als mathematisch begründet zu sein. Der Sage nach besaß der im dritten vorchristlichen Jahrhundert herrschende Kaiser Yü zwei Diagramme, die ihm von einem Drachenpferd aus dem Gelben Fluss und einer Schildkröte aus dem Fluss Lo übergeben wurden. Erst im 13. Jahrhundert werden magische Quadrate erwähnt, die größer als 3 · 3 sind. Von nun an scheinen die magischen Eigenschaften nicht länger von Interesse zu sein. So konzentrierte sich beispielsweise Yang Hui auf die numerischen Eigenschaften verschiedener Zahlenquadrate und Zirkel. Arabische Mathematiker hingegen beschäftigten sich bereits seit dem 9. Jahrhundert mit magischen Quadraten.

Die „Neun Bücher" nehmen eine Schlüsselstellung innerhalb der chinesischen Mathematik ein. Es ist nahezu unmöglich, aus den späteren Kommentaren und Hinzu-

➤ Das „Problem des Zerbrochenen Bambus" aus Yang Huis *Xiangjie jiuzhang suanta* (1261), einem detaillierten Kommentar zu den Rechenmethoden in den „Neun Büchern". Das sich ergebende rechtwinklige Dreieck fand bei einer ganzen Reihe von Problemen Anwendung, so auch beim Satz des Pythagoras.

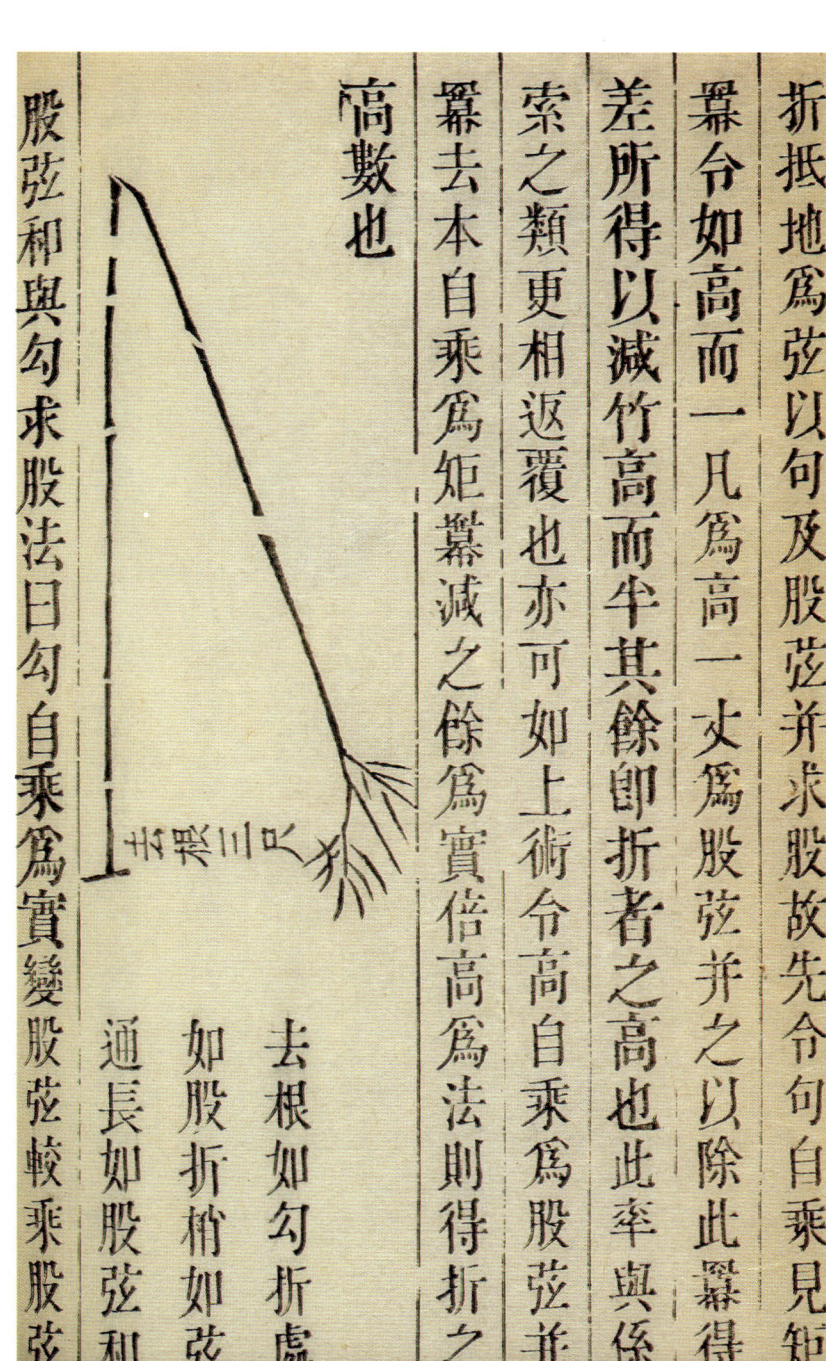

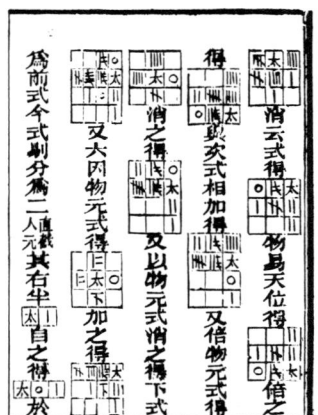

▲ Seite aus Chu Shi-Chiehs *Ssu-Yuan Yü-Chien* (1303), etwa „Der Jadespiegel der vier Unbekannten". Dargestellt ist die „Matrix-" oder „Ordnungs-Notation", die bei der Suche numerischer Lösungen algebraischer Probleme verwendet wurde.

fügungen den Wortlaut des Originals herauszufiltern. Die älteste erhaltene, allerdings unvollständige Fassung des Textes stammt aus dem 13. Jahrhundert; eine nahezu komplette Ausgabe erschien im 18. Jahrhundert. Die „Neun Bücher" enthalten 246 Probleme. Jedes Problem wird einzeln vorgestellt, es folgt eine numerische Lösung sowie eine Erklärung, wie diese Lösung zu erreichen ist. Logische Herleitungen oder Beweise fehlen. Ein großer Teil des Werks befasst sich mit praktisch ausgerichteten rechnerischen Fragestellungen zur Aufteilung von Land und Waren sowie zur Ausführung größerer Bauvorhaben. Besonders interessant sind die aufgezeigten Methoden zum Ziehen von Quadratwurzeln und Lösen von Gleichungen.

Die Chinesen rechneten mit Hilfe von Stäbchen aus Elfenbein oder Bambus, die in bestimmter Anordnung auf einer Fläche ausgelegt wurden. Es gab spezielle, wie ein Schachbrett aufgeteilte Zahlenbretter. Entscheidend war die Anordnung der Stäbchen, die, wurde sie auf Papier übertragen, die Fortsetzung längerer Rechenoperationen ermöglichte. Die aus dem Rechnen mit dem Zahlenbrett hervorgehende Notationsweise entspricht einem dezimalen Stellenwertsystem, wobei die Einer von 1 bis 9 additiv aufgeführt werden: ein vertikaler Strich steht für jeweils einen Einer, ein horizontaler Strich für die 5. Zweifellos waren dadurch die Werte schneller zu erkennen, so dass auch das Rechnen schneller ging. Der Einsatz eines eigenen Symbols für die 5 wurde auf den Abakus übertragen, der erst im 16. Jahrhundert allgemeine Verbreitung gefunden zu haben scheint. Ähnlich wie die Babylonier, kannten auch die Chinesen offenbar kein Symbol für die Null. Bei der Anordnung der Stäbchen auf dem Zahlenschachbrett wurde für die Null eine Stelle freigelassen. Allerdings nicht bei der Übertragung von Ergebnissen auf Papier, so dass sich nur aus dem Zusammenhang erkennen ließ, ob die entsprechende Zahl beispielsweise 18, 108 oder 1800 heißen musste. In einer chinesischen Übersetzung eines indischen Texts aus dem 8. Jahrhundert wird die Null durch einen Punkt bezeichnet. Erst wesentlich später, nämlich im 13. Jahrhundert, kommen der Kreis und das Viereck als Symbole für die Null in Gebrauch.

Beim Ziehen von quadratischen und kubischen Wurzeln wurde zunächst die Ordnung der Größe der Wurzel nach „Augenschein" bestimmt und dann jeder Einer einzeln berechnet. In den „Neun Büchern" findet sich ein Beispiel für die Berechnung der Quadratwurzel von 71824. Es ist leicht zu erkennen, dass die Wurzel zwischen 200 und 300 liegen muss und damit einer dreistelligen Zahl der Form abc entspricht, bei der a gleich 2 ist. Aufgabe ist es also, den Wert von b und c zu ermitteln. Die von Liu Hui angeführte Begründung für die numerische Prozedur stützt sich auf ein geometrisch orientiertes Argument zur Zergliederung von Quadraten. Nachdem der Wert für die Wurzel durch grobe Annäherung als zwischen 200 und 300 liegend ermittelt ist, wird das Quadrat 200 · 200 aus der graphischen Darstellung entfernt, so dass eine Figur in Form eines rechten Winkels, ein sogenannter „Gnomon" stehen bleibt. Dann ermittelt man den höchsten möglichen Zehnerwert, der in den Gnomon passt. Das ist in diesem Fall 60, so dass sich ein

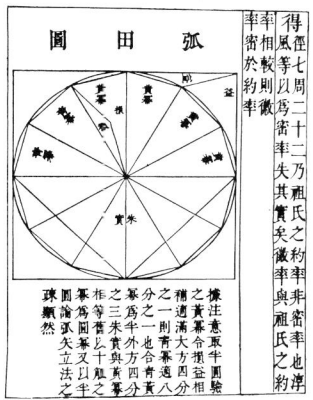

▲ Liu Hui, im 3. Jahrhundert Kommentator der „Neun Bücher", beschrieb eine Methode der Exhaustion, um einen annähernden Wert für π zu errechnen. Das Diagramm des Dai Zhen (1724–1777) zeigt die Methode, wie man mit Vielecken annähernd einen Kreis erhält.

weiterer Gnomon konstruieren lässt. Dieser Prozess wird fortgesetzt, bis die gefragte Lösung ermittelt ist. Wenn es sich bei dem Lösungswert nicht um eine ganze Zahl handelt, werden entweder weitere Gnomone konstruiert, um die Stellen hinter dem Komma zu errechnen oder der Rest wird als Bruch wiedergegeben. Auf ähnliche Weise wird beim Ziehen kubischer Wurzeln vorgegangen, wobei nun ein Kubus zergliedert wird.

Tatsächlich entspricht dieses geometrische Vorgehen der Anwendung der Binomialerweiterung, deren numerische Koeffizienten durch das Pascal'sche arithmetische Dreieck dargestellt werden können. Diese algebraische Methode war in China mit Sicherheit im 11. Jahrhundert gebräuchlich, möglicherweise aber auch schon früher, erlaubte sie es doch, jede n-te Wurzel zu berechnen. Es bleibt unklar, ob die Kenntnis des arithmetischen Dreiecks über indische Quellen nach China gelangte oder unabhängig von äußeren Einflüssen erarbeitet wurde. Jeder Schritt beim Ziehen einer Quadratwurzel setzt die Lösung einer Quadratgleichung voraus. Entsprechend erfordert auch das Ziehen von Wurzeln höherer Ordnung – zum Beispiel einer Kubikwurzel – die Lösung von Gleichungen höherer Ordnung oder Polynomen. Zur Lösung von Polynomen wandten die Chinesen daher eine Methode an, die ihrer Methode des Wurzelziehens ähnelte, ohne dabei jedoch auf das geometrische „Gerüst" der Gnomone zurückzugreifen zu müssen. Wie in anderen vergleichbaren Kulturen schien die Berechnung einer einzigen Wurzel vollkommen ausreichend zu sein. Bei der Notierung von Gleichungen wurde nicht eine Variable wie z. B. x benutzt, sondern auf dem Rechenbrett wurden lediglich die numerischen Koeffizienten ausgelegt. Die chinesischen Mathematiker scheinen sich nicht mit Fragen der Unendlichkeit oder Endlichkeit von Dezimalstellen beschäftigt zu haben. Der von ihnen verwendete Algorithmus ermöglichte in jedem Fall ein für ihre Zwecke angemessenes Ergebnis, so dass Rechnungen einfach beendet wurden, wenn die erforderliche Genauigkeit erreicht war.

Darüber hinaus handeln die „Neun Bücher" von Problemen, die den Systemen linearer Gleichungen mit mehr als einer Unbekannten gleichkommen. Liu Hui stellt in seinem Kommentar fest, dass sich die allgemeine Methode ohne Bezugnahme auf ein konkretes Beispiel nur schwerlich erklären ließe. Bei der dann ausgeführten Methode werden die Koeffizienten des Gleichungssystems durch Stäbchen dargestellt und so angeordnet, dass sich eine Matrix ergibt. Durch Rechenoperationen werden einige der Koeffizienten eliminiert, bis man zu numerischen Lösungen gelangt. Das Verfahren ist im Wesentlichen mit dem identisch, was wir heute „Gauß'sche Elimination" nennen.

Ein weiteres Problem, mit dem sich chinesische Mathematiker beschäftigten, waren die unbestimmten Gleichungen mit mehreren möglichen, teilweise unendlich vielen Lösungen. Zwei Typen von Fragestellungen werden vorgestellt: Zum einen geht es um das so genannte „chinesische Restklassenproblem", zum anderen um das, was unter der Bezeichnung „Aufgabe der 100 Vögel" bekannt geworden ist. In den „Zehn Klassikern" wird folgendes Beispiel angeführt: Gegeben sind die Preise für Hühner, wonach ein

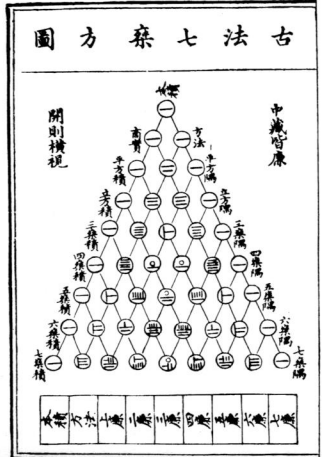

▲ Das Titelblatt von Chu Shi-Chiehs *Ssu-Yuan Yü-Chien* (1303) zeigt, was später als „Pascal'sches Dreieck" bekannt wurde. Diese Darstellung wurde allerdings dreihundert Jahre vor Pascal angefertigt.

Hähnchen 5 qian, eine Henne 3 qian und drei Küken 1 qian kosten. Angenommen, jemand kauft 100 Tiere für 100 qian, wieviel Hähnchen, Hennen und Küken hat er dann erworben? Drei mögliche Lösungen werden angeführt, von denen eine lautet: 4 Hähnchen, 18 Hennen und 78 Küken.

Für das Restklassenproblem werden nicht nur Ergebnisse, sondern auch mögliche Lösungswege aufgezeigt. Aber auch hier fehlt ein Beweis. In den „Neun Büchern" wird das Problem folgendermaßen dargestellt: Gegeben ist eine unbekannte Menge von Objekten, bei der, „wenn man sie in Dreiergruppen zählt, zwei übrig bleiben; wenn man sie in Fünfergruppen zählt, drei übrig bleiben; und wenn man sie in Siebenergruppen zählt, zwei übrig bleiben". Die Aufgabe besteht darin, die Menge der Objekte zu bestimmen. Die angegebene Lösung ist ihrer Form nach eher prozedural als erklärend und sieht vor, dass man das kleinste gemeinsame Vielfache der Zahlen 3, 5 und 7 ermittelt. Eigenartigerweise scheint das Problem nach seiner Behandlung in den „Neun Büchern" erst im 13. Jahrhundert wieder von dem Mathematiker Quin Jiu-Shao aufgegriffen worden zu sein.

Quin Jiu-Shao studierte bei den Beamten des kaiserlichen astronomischen Büros in der Hauptstadt des Sung-Reichs Astronomie. Von 1244 an bis zum Tod seiner Mutter, Anfang 1245, bekleidete er in der Provinzverwaltung des heutigen Nanking einen hohen Staatsposten. Während der dreijährigen Trauerzeit für seine Mutter verfasste Quin Jiu-Shao die mathematische Arbeit *Shu-shu chiu-chang*.

Das *Shu-shu chiu-chang* beschreibt die Methoden zur Lösung individueller und simultaner Kongruenzen, wie sie im Restklassenproblem anzutreffen sind. Ihre Lösungen entsprechen dem, was wir heute mit dem Begriff „chinesischer Restklassensatz" bezeichnen. Mit Hilfe dieses Satzes ließen sich Probleme lösen, die bei der Verwendung verschiedener Zyklen – wie des Monatszyklus, des Sonnenjahres und des nicht natürlichen sexagesimalen Zyklus – auftauchten. Auch Gauß, der die Methode fünf Jahrhunderte später wiederentdecken sollte, führte die Problemstellung von Kalenderzyklen als Beispiel an. Es ist nicht eindeutig nachvollziehbar, wie Quin Jiu-Shao auf den Satz kam, dessen Formulierung ausgezeichnete mathematische Fähigkeiten voraussetzt und damit das Niveau des traditionellen Kommentars übersteigt. So viel jedenfalls lässt sich mit Sicherheit sagen: Quin Jiu-Shao stellte einmal mehr die Fähigkeit der chinesischen Mathematiker unter Beweis, sich praktischen, aus dem Alltag heraus entstehenden Problemen äußerst innovativ zu widmen.

Kapitel 6

Mathematische Sutras

◄ Bildausschnitt: Mit Astrolabium
und Sterntafeln erstellt ein Astrologe
ein Horoskop bei der Geburt des
Timur-Leng (1336–1404), des
zukünftigen Mongolenherrschers.

Die ältesten Zeugnisse der indischen Mathematik sind uns aus der Harappa-Kultur überliefert, die in der Zeit um 3000 v. Chr. im Industal heimisch war. Diese frühen, nur schwer zu entziffernden Quellen befassen sich offenbar mit Handelsberichten, Maßen und Gewichten sowie der Ziegelsteinherstellung. Um 1500 v. Chr. wurde die Harappa-Kultur durch Eindringlinge aus dem Norden zerstört.

Die frühesten Texte der wedischen Literatur sind vorwiegend religiösen und zeremoniellen Inhalts. Am bedeutungsvollsten im Kontext der Mathematikgeschichte sind die Appendizes zu den Hauptweden, die so genannten Wedangas. Sie sind als Sutras verfasst – kurze, poetische Aphorismen, die in dieser Form typisch für die Sanskritliteratur sind und das Wesentliche eines Gedankens in möglichst konzentrierter und einprägsamer Form wiedergeben. Die Wedangas werden in sechs Themenbereiche untergliedert: Phonetik, Grammatik, Etymologie, Vers, Astronomie und Rituale. Vor allem im Kontext der Astronomie und der Rituale finden sich aufschlussreiche Informationen über das zeitgenössische Mathematikverständnis. Die Wedanga über Astronomie trägt den Titel *Jyotisutra*, die zu den rituellen Regeln *Kalpasutra*. Interessant ist hier vor allem ein *Sulbasutras* („Schnurregeln") genannter Textteil, in dem Anleitungen zur Konstruktion von Opferaltären gegeben werden.

Die ältesten *Sulbasutras* sind 800–600 v. Chr. entstanden. Die Beschäftigung mit der Geometrie gründete auf der Notwendigkeit, den in den wedischen Schriften geforderten Regeln zu Größe, Form und Ausrichtung von Altären (vgl. Kapitel 3) Folge zu leisten. Das bedeutendste Theorem der *Sulbasutras* bezieht sich auf rechtwinklige Dreiecke und entspricht dem, was wir als pythagoreischen Lehrsatz bezeichnen.

Es gibt Hinweise darauf, dass die mathematischen Überlegungen konkret ausgerichtet waren. Dies lässt sich z. B. am angegebenen Näherungswert für $\sqrt{2}$ zeigen, der bis auf fünf Dezimalstellen genau ist: „Vergrößere das Maß um ein Drittel und dieses Drittel wiederum um ein Viertel, abzüglich des vierunddreißigsten Teils dieses Viertels".

Angesichts der Bedeutung, die die hindu-arabischen Ziffern für das dezimale Positionssystem haben, sollten wir einen kurzen Blick auf die Geschichte der Ziffern in Indien werfen. Kharosthi-Ziffern finden sich bereits in Inschriften aus dem vierten vorchristlichen Jahrhundert. Es existieren gesonderte Symbole für eins und vier, zehn und zwanzig. Zahlen bis Einhundert werden additiv dargestellt. Die ältesten Zeugnisse für das Brahmi-Ziffernsystem stellen die aus dem dritten vorchristlichen Jahrhundert stammenden, über ganz Indien verstreuten Aschoka-Säulen dar. Dieses Ziffernsystem hatte bereits wesentliche Weiterentwicklungen erfahren, da es Zahlzeichen für die Zehner und Symbole für Einhundert und Tausend enthält. Mit dem Bakhshali-Ziffernsystem schließlich, dessen Einführung mit einiger Sicherheit in das dritte Jahrhundert datiert werden kann, tritt das erste uns bekannte Stellenwertsystem auf, das über ein eigenes Symbol für die Null verfügt. Mit nur zehn Zahlzeichen war es möglich, jede auch noch so große Zahl darzustellen. Das Gwalior-Ziffernsystem aus dem 9. Jahrhundert zeigt deut-

➤ Szene aus dem Akbar Nama, einer
Bildchronik aus dem späten 16. Jahrhundert des indischen Mogulreichs.
Dargestellt ist die Geburt des Mongolenherrschers Timur-Leng, dessen
Nachfahren das Mogulreich be-
gründeten.

liche Ähnlichkeiten mit unseren heutigen Zahlen und liefert den ersten eindeutigen Beleg für die Verwendung der Null in indischen Inschriften. Aus Kambodscha, also Indiens kulturellem Einflussbereich, stammt eine noch ältere Quelle, die die Verwendung der Null beweist. Es handelt sich dabei um eine Khmer-Inschrift aus dem Jahr 683.

Die klassische Periode der indischen Mathematik beginnt um die Mitte des ersten Jahrtausends. Die wohl bedeutendsten Mathematiker dieser Zeit waren Aryabhata (476–550), Autor des *Aryabhatiya*, und Brahmagupta (598–670), der 628 ein Lehrbuch der Mathematik mit dem Titel *Brahmasphutasiddhanta* („Vervollkommnung der Lehre Brahmas") schrieb. Beide beschäftigten sich vor allem mit mathematischer Astronomie und der Analyse von Gleichungen.

Das aus 33 Versen bestehende *Aryabhatiya* beginnt mit einer Segnung, um dann Algorithmen zur Berechnung von Quadraten, Kuben, Quadratwurzeln und kubischen Wurzeln vorzustellen. Die folgenden 17 Verse sind Fragen der Geometrie gewidmet, weitere elf arithmetischen und algebraischen Problemen. Der zehnte Vers gibt als Wert für π den Quotienten 62 832/20 000 an – also 3,1416 – und erzielt damit ein Ergebnis, das an Genauigkeit erst knapp eintausend Jahre später übertroffen wurde. Zudem enthält das Werk eine Sinustabelle. Anders als Ptolemäus, der von der Sehne als Basiswert ausgeht, benutzten die indischen Mathematiker die halbe Sehne und drückten sie durch den Radius aus. Abgesehen von einem konstanten Faktor ist diese Auffassung des Sinus der unsrigen vergleichbar. Indem er den Quadranten in 24 gleiche Teile unterteilt und von grundlegenden Ergebnissen und Formeln wie $\sin 30° = \frac{1}{2}$ ausgeht, berechnet Aryabhata eine Sinustabelle für Winkel von 3°45′. Darüber hinaus schreibt man ihm eine Formel zur approximativen Berechnung des Sinus ohne Gebrauch der Sinustabelle zu, mit der sich Ergebnisse, die bis auf mehrere Dezimalstellen genau sind, erzielen lassen. Darauf aufbauend entwickelte Brahmagupta eine Interpolationsformel, mit der sich auf arithmetischem Wege der Sinus von Winkeln mit einem Zwischenwert ermitteln lässt. Die Trigonometrie wurde im Norden von den Arabern, im Süden von den Mathematikern aus Kerala weiterentwickelt. Dass die arabische und schließlich auch die westliche Welt Kenntnis von den Arbeiten der indischen Mathematiker und Astronomen erhielt, ist vor allen Dingen einer Übersetzung des *Brahmasphutasiddhanta* zu verdanken.

Brahmagupta war einer der bekanntesten Mathematiker der Ujjain-Schule. Das *Brahmasphutasiddhanta* stellt eine umfassende Abhandlung des astronomischen Wissens seiner Zeit dar. Einige der mathematischen Abschnitte befassen sich mit der Unbestimmtheitsanalyse, die bei der Berechnung von Kalendern und in der Astronomie eine Rolle spielt. Aryabhata hatte lineare unbestimmte Gleichungen noch gelöst, indem er mittels des in den *Elementen* beschriebenen euklidischen Algorithmus die Größe der Koeffizienten so lange reduzierte, bis sich die Gleichungen bequem durch „Versuch" und „Irrtum" auflösen ließen. Brahmagupta führt nun einen Algorithmus für die Lösung von Gleichungen der Form $ax^2 \pm c = y^2$ (geometrisch eine Hyperbel) in ganzen Zahlen an

▲ Astronomen beobachten die Sterne mit einem Theodoliten, um Horizontal- und Vertikalwinkel zu bestimmen. Zusätzlich ziehen sie die Siddhantas zu Rate, die Sanskrittexte über Astronomie und Trigonometrie.

und stellt damit eine Relation her, die im Abendland unter der Bezeichnung „Pell'sche Gleichung" bekannt wurde. Bhaskara Atscharja entwickelte Brahmaguptas Verfahren weiter zu einer „zyklischen" Methode, die *chakravala* genannt wird, und führte eine Lösung für ein berühmtes Problem an, nämlich die Gleichung $61x^2 + 1 = y^2$. Dies entspricht exakt der im 17. Jahrhundert von Pierre Fermat als offene Fragestellung formulierten Gleichung, deren Lösung erst einhundert Jahre später Joseph-Louis Lagrange gelang. Selbst dann noch war der *chakravala*-Algorithmus wesentlich effizienter, nach dem die kleinsten Lösungen $x = 226\,153\,980$ und $y = 1\,766\,319\,049$ sind.

Weder im *Aryabhatiya* noch im *Brahmasphutasiddhanta* werden die aufgezeigten Lösungen bewiesen. Daraus den Schluss zu ziehen, die Autoren wären nicht in der Lage oder nicht daran interessiert gewesen, die Gültigkeit der von ihnen aufgestellten Regeln zu beweisen, wäre allerdings verfehlt. Die Einsicht in die Bedeutung der Beweisführung lässt sich bereits bei Bhaskara erkennen, der die Annäherung an π durch den Jainismus als $\sqrt{10}$ ablehnte, da sie zwar numerisch relativ exakt, aber nicht durch eine nachvollziehbare Herleitung belegt sei. Daher wird die bloße Auflistung von Ergebnissen und Prozeduren durch Beweise ergänzt, die wiederum Ausgangspunkt für weiterführende Herleitungen sind.

Bhaskara Atscharja (1114–1185) war der bekannteste Mathematiker, der aus der Ujjain-Schule hervorging. Einige der von ihm formulierten Gedanken fanden Eingang in die in Europa im 17. Jahrhundert systematisch ausgebaute Infinitesimalrechnung. Bis ins 19. Jahrhundert wurden seine Werke immer wieder neu aufgelegt. Ein von indischen Astronomen untersuchter Aspekt waren die Planetenbewegungen, insbesondere die des Mondes. Auf der Grundlage von Beobachtungen stellten sie nicht nur Zeitpläne von bisherigen Eklipsen auf, sondern berechneten auch den Zeitpunkt zukünftiger Eklipsen mit größter Genauigkeit. Aryabhata und Brahmagupta hatten dafür eine Formel gefunden, die von Bhaskara Atscharja weiterentwickelt wurde. Sein Ergebnis scheint sich auf das Differential des Sinus zu stützen. In seinem Werk *Siddhantasiromani* findet sich eine „infinitesimale" Maßeinheit, genannt *truti*, die 1/33 750 einer Sekunde entspricht.

Newton machte bei seiner Ausformulierung der Infinitesimalrechnung umfangreichen Gebrauch von unendlichen Reihen. Als besonders nützlich erwies sich die Annäherung von Sinus und Kosinus durch entsprechende Polynome mit einer unendlichen Zahl von Termen. Interessant ist, dass es bereits in Kerala Entwicklungen in diese Richtung gegeben hatte. Kerala war ein Zentrum des Seehandels und daher kosmopolitisch geprägt. Inwieweit Kerala auch eine Rolle als Drehscheibe wissenschaftlichen Austauschs spielte, ist noch unerforscht.

Madhava aus Sangamagramma (ca. 1340–1425) war einer der größten Mathematiker des Mittelalters. Seine Arbeiten zu unendlichen Reihen sind verloren gegangen, werden aber in Werken von Autoren des 16. Jahrhunderts immer wieder zitiert. Etliche Erkenntnisse, die man europäischen Mathematikern zuschreibt, gehen offenbar auf Madhava zurück. Dazu gehören die unendlichen polynomischen Erweiterungen von Sinus und Kosinus, die man Newton zuschreibt ebenso wie die Approximationsformeln für kleine Winkel, die Teil der Taylor-Reihen sind. Damit ließen sich trigonometrische Tabellen mit jeder gewünschten Exaktheit aufstellen – Madhavas Tabellen waren bis auf acht Dezimalstellen genau. Zudem finden wir im Werk dieses Mathematikers mehrere unendliche Reihen, die den Wert von π wiedergeben. Eine dieser Reihen, die in Versform abgefasst ist, illustriert, wie innerhalb der indischen Tradition bestimmte Gegenstände an die Stelle von Zahlen gesetzt werden, um sie leichter erinnerbar zu machen:

Götter [33], Augen [2], Elefanten [8], Schlangen [8], Feuer [3], drei [3], Eigenschaften [3], Weden [4], Naksatras [27], Elefanten [8] und Arme [2] – der Weise sagt, dass dies das Maß des Umfangs ist, wenn der Durchmesser des Kreises 900 000 000 000 beträgt.

Liest man die Zahl von rechts nach links und teilt die Summe durch den Durchmesser, erhält man den Wert von π bis auf elf Dezimalstellen genau. Diese Leichtigkeit im Umgang mit unendlichen Reihen war auch in jüngerer Zeit bei einem aus Kerala stammenden Mathematiker zu beobachten – bei dem genialen Autodidakten Srinivasa Ramanujan (1887–1920), dessen unglaubliche Leistungen ihn nach Cambridge brachten.

islamische mathematik: das haus der weisheit

◄ Eines der ersten Astrolabien wurde im 9. Jahrhundert von dem Araber Ahmad ibn Khalaf gebaut. Astrolabien sind eine Art analoge Rechner und können sowohl für die Zeitmessung und Bahnberechnung von Himmelskörpern wie auch zur Sternbeobachtung verwendet werden.

Die Abbasiden-Kalifen hatten es sich zum Ziel gesetzt, aus Bagdad ein neues Alexandria zu machen. Daher ließen sie ein Observatorium, Bibliotheken und eine Akademie, das *Bait al-Hikma* („Haus der Weisheit"), errichten. Massive Anstrengungen wurden unternommen, um die wichtigsten bekannten wissenschaftlichen Werke vor allem der griechischen Antike ins Arabische zu übersetzen. Die von den Arabern vorgenommene Zusammenfassung und Weiterentwicklung des zu ihrer Zeit verfügbaren Wissens führte vor allem auf den Gebieten der Algebra und Trigonometrie zu grundlegenden Ergebnissen. Obgleich Ziffernsymbole, wie wir sie heute kennen, aus einer wesentlich späteren europäischen Entwicklung hervorgingen, gaben die arabischen Mathematiker ganz entscheidende Anstöße für das algebraische Denken. Die Arbeiten einiger älterer Mathematiker lassen sich bereits algebraisch interpretieren. Die explizite Erkenntniss jedoch, dass geometrische Probleme mit den Mitteln der Algebra ausgedrückt, geometrische Prozeduren in algebraische Algorithmen übersetzt und algebraische Prozeduren über ihre geometrischen Wurzeln hinaus erweitert werden können, findet sich erst bei den arabischen Mathematikern.

Ein innerhalb der Geschichte der Algebra bedeutendes Werk stellt die *Arithmetik* des Diophantos von Alexandria (ca. 200–284) dar. Mit der *Arithmetik* wird gleichsam ein neues Kapitel der griechischen Mathematik aufgeschlagen, konzentriert sich Diophantos doch darauf, bestimmte und unbestimmte Gleichungen mit einer oder mehreren Unbekannten numerisch und ohne Rückgriff auf geometrische Rechtfertigungen zu lösen. Die Beschränkung auf Gleichungen, für die nur ganzzahlige Lösungen gesucht werden, eröffnet einen Themenbereich, den wir heute als „diophantische Gleichungen" bezeichnen. Ein Beispiel dafür ist die Suche nach pythagoreischen Tripeln. Die algebraische Bezeichnungsweise des Diophantos wird als synkopierte (verkürzte) Algebra bezeichnet und gilt als Durchgangsstadium zwischen einer rein verbalen und einer vollständig symbolischen Algebra. Die *Arithmetik* wurde ins Arabische übersetzt und von den arabischen Mathematikern aufmerksam aufgenommen.

Abu 'Abdallah Muhammad ibn Musa al-Hwarizmi (ca. 780–850) war einer der bedeutendsten arabischen Mathematiker. Offenbar verbrachte er den größten Teil seines Lebens in Bagdad, wo ihm die Leitung der Bibliothek im neu gegründeten Haus der Weisheit übertragen wurde. Seine Abhandlung über Algebra, *Hisab al-gabr w'al-muqabala*, zu Deutsch sinngemäß „Kurzgefasstes Lehrbuch über die Rechenverfahren durch Ergänzen und Gegenüberstellen", sollte großen Einfluss auf die europäische Mathematik haben. Dies wird unter anderem durch die Herkunft des Wortes „Algorithmus", das von der latinisierten Form des Namens al-Hwarizmi abgeleitet ist, und den Begriff „Algebra", der dem arabischen al-gabr entlehnt ist, deutlich. Mit al-gabr bezeichnet al-Hwarizmi die Operation des „Ergänzens". Die Abschnitte über Algebra handeln von linearen und quadratischen Gleichungen, wobei die Begriffe „Ergänzen" und „Gegenüberstellen" algebraische Verfahren bezeichnen. Al-Hwarizmi führt alle Gleichungen auf sechs Normal-

➤ Türkisches Manuskript aus dem
16. Jahrhundert. Das *Zubdat al-
Tavariq* („Schatz der Geschichte")
von Loqman macht den esoterischen
Charakter islamischer Kosmologie
deutlich. Jedem „Planeten" ist ein
Prophet zugeordnet, darunter auch
Moses und Jesus. Hinter den Häu-
sern des Tierkreises sieht man das
Reich der Engel, Tor zur Gegenwart
Gottes, das den Kosmos umzudrehen
scheint.

formen zurück. Anstatt eine Gleichung in der Form $ax^2 + bx + c = 0$ zu schreiben, wobei x die Unbekannte und a, b und c die Koeffizienten sind, geht al-Hwarizmi von Gleichungen aus, deren Koeffizienten und Ergebnisse immer positiv sein müssen. Eine Gleichung wie die hier angeführte wäre für ihn bedeutungslos gewesen, da die Summe positiver Terme nie gleich Null sein kann. Die Gleichungen $ax^2 + bx = c$ und $ax^2 + c = bx$ wurden daher als zwei verschiedene Normalformen behandelt. Für jeden Gleichungstyp werden algebraische Lösungen angeführt, die durch geometrische Demonstrationen ergänzt werden. Al-Hwarizmis Algebra ist noch verbal, eine Symbolsprache wird nicht entwickelt.

Ein Jahrhundert später hatten die arabischen Mathematiker bereits begonnen, die Algebra vom geometrischen Denken zu befreien, um sie zu einer Methode weiterzuentwickeln, mit der sich unbekannte Gleichungen arithmetisch lösen ließen. Al-Karagi (ca. 953–1029) gründete eine äußerst einflussreiche Algebra-Schule in Bagdad. Sein Hauptwerk trägt den Titel *al-Fahri*, in diesem betrachtet er die Potenzen der Unbekannten und deren Kehrwerte, um dann Regeln für die Auffindung von deren Produkten aufzustellen. In moderner Sprache ausgedrückt, ließ er neben den natürlichen Zahlen auch

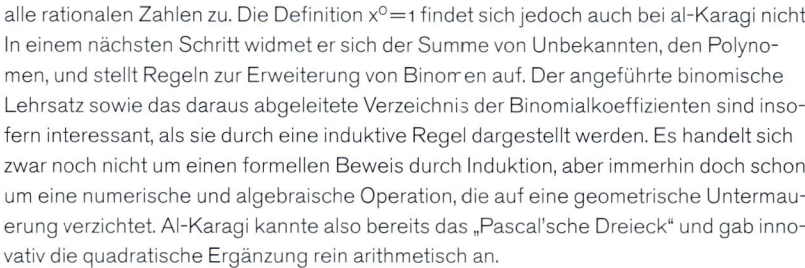

▼ Nasir al-Din at-Tusi (1201–1274) in dem von ihm gegründeten Observatorium zu Maragha auf dem Gebiet des heutigen Aserbeidschan. Persische und chinesische Astronomen arbeiteten in diesem Observatorium zusammen, das sich eines vier Meter langen gemauerten Quadranten rühmte und über eine sehr umfangreiche Bibliothek verfügte. Nach zwölfjährigen Beobachtungen veröffentlichte at-Tusi seine „Ilkhanischen Tafeln" zur Stellung der Himmelskörper.

alle rationalen Zahlen zu. Die Definition $x^0 = 1$ findet sich jedoch auch bei al-Karagi nicht. In einem nächsten Schritt widmet er sich der Summe von Unbekannten, den Polynomen, und stellt Regeln zur Erweiterung von Binomen auf. Der angeführte binomische Lehrsatz sowie das daraus abgeleitete Verzeichnis der Binomialkoeffizienten sind insofern interessant, als sie durch eine induktive Regel dargestellt werden. Es handelt sich zwar noch nicht um einen formellen Beweis durch Induktion, aber immerhin doch schon um eine numerische und algebraische Operation, die auf eine geometrische Untermauerung verzichtet. Al-Karagi kannte also bereits das „Pascal'sche Dreieck" und gab innovativ die quadratische Ergänzung rein arithmetisch an.

Umar al-Hayyam (ca. 1048–1131) schrieb in Samarkand seine *Algebra*, deren Hauptteil sich mit der Lösung kubischer Gleichungen durch geometrische Ansätze beschäftigt. Seine eigentliche Entdeckung aber bestand darin, dass sich die Lösungen kubischer Gleichungen aus den Schnittpunkten zweier Kegelschnitte ergeben. Dabei bezieht er sich explizit auf die beiden ersten Bücher der *Kegelschnitte* des Apollonios. Zum Beispiel kann eine Gleichung der Form $x^3 + ax = c$ durch Ermittlung des Schnittpunkts eines entsprechend konstruierten Kreises und einer Parabel gelöst werden. Er unterscheidet verschiedene Typen von kubischen Gleichungen und gibt eine algebraische Methode an, wie sich kubische Gleichungen, die nicht einem dieser Typen entsprechen, so transformieren lassen, dass sie einem der Haupttypen bzw. einer einfacheren quadratischen Gleichung entsprechen. Obgleich dies wie ein Rückschritt erscheinen mag, ist al-Hayyams Beitrag zur Entwicklung der Algebra unter mehreren Gesichtspunkten als einzigartig zu bewerten. Er erkannte als erster, dass kubische Gleichungen mehr als eine Lösung haben können. Er war sich dessen bewusst, dass seine Arbeit unvollständig war und äußerte die Hoffnung, dass es den Nachgeborenen gelingen möge, Gleichungen dritten Grades, analog zu den Lösungen für quadratische Gleichungen, vollkommen algebraisch zu lösen. Nichtsdestoweniger stellte al-Hayyams analytische Geometrie den Höhepunkt der Verschmelzung von algebraischem und geometrischem Wissen der Araber dar.

Astronomische Studien stellten einen Schwerpunkt der Arbeit arabischer Mathematiker dar. Ihre Weiterentwicklung der Trigonometrie machte es möglich, immer genauere astronomische Tafeln zu erstellen. Der islamische Kalender ist ein Mondkalender, d. h. ein neuer Monat beginnt immer mit Erscheinen der zunehmenden Mondsichel nach dem Neumond. Der Zeitpunkt für die täglich zu verrichtenden fünf Gebete dagegen richtet sich nach dem Stand der Sonne. Überdies muss der Gläubige sein Gebet in Richtung der Kaaba in Mekka richten. Diese Regeln lassen sich allerdings nur auf der Grundlage von astronomischen und geographischen Kenntnissen einhalten. Ursprünglich stützten sich die Araber auf Beobachtungen und astronomische Tafeln der Griechen und Inder, um sich einer möglichst genauen Bestimmung der durch die Religion vorgegebenen Zeitpunkte anzunähern. Die Weiterentwicklung astronomischer Tafeln und der Beobachtungsmethoden führte dazu, dass im 13. Jahrhundert die meisten Moscheen professionelle Astronomen beschäftigten, die sich auf den Gebrauch von Astrolabien, Quadranten und Sonnenuhren verstanden.

Den Arabern wurde schon bald bewusst, dass die Erstellung exakter trigonometrischer Tafeln Voraussetzung für den Fortschritt auf dem Gebiet astronomischer Berechnungen war. Es folgt daher eine kurze Erläuterung der von den Arabern angewendeten Methoden zur Bestimmung von sin 1°. Sinus, Kosinus und Tangens waren in entsprechender Weise definiert worden und eine Reihe von Regeln, wie die für den Sinus der Summe und der Differenz zweier Winkel, waren bekannt. Das Verfahren zur Bestimmung von sin 1° sah nun vor, dass man von den Sinuswerten ausging, die sich auf der Grundlage geometrischer Berechnungen genau ermitteln ließen, wie $\sin 60° = (1/2) \cdot \sqrt{3}$ oder $\sin 30° = 1/2$. Mit Hilfe der Winkelhalbierungsformel wurden die Winkel dann halbiert, bis man zu einem Näherungswert von 1° gelangte. Abu l-Wafa (940–998) nahm den bekannten Wert von sin 60° zum Ausgangspunkt, um sin 72° zu berechnen. Mit Hilfe der entsprechenden Formel war er dann in der Lage, sin 12° zu berechnen, und sich auf der Grundlage der Winkelhalbierungsformel sin (1°30') und sin 45' anzunähern. Da diese beiden Winkel sehr nah beieinander liegen, nahm Abu l-Wafa an, dass die dazwischenliegenden Werte in einem approximativ linearen Verhältnis zueinander stehen und sich der Wert sin 1° durch numerische Verfahren ermitteln lässt. Auf der Grundlage derartiger Verfahren war Abu l-Wafa in der Lage, Sinustafeln zu berechnen, die in Viertelgraden oder 15' fortschreiten, und dabei eine Genauigkeit von acht Dezimalen bzw. fünf Sexagesimalstellen zu erreichen.

Obgleich die theoretischen Grundlagen gelegt waren, sollte der nächste größere Entwicklungsschritt weitere dreihundert Jahre auf sich warten lassen. Der Höhepunkt dieser zweiten Epoche der arabischen Mathematik fällt in die Zeit, in der Bagdad unter mongolischer Herrschaft stand und Ulug-Beg (1394–1449) in Samarkand eine Hochschule und eine Sternwarte errichten ließ. Al-Kasi (ca. 1380–1429), der als erster Direktor dem neu erbauten Observatorium vorstand, gelang es, Sinustafeln von erstaunlicher Präzision aufzustellen. Um sin 1° zu bestimmen, geht al-Kasi von der kubischen Gleichung, die sich bei der Dreiteilung des Winkels ergibt, und dem durch elementare Operationen ermittelten Wert sin 3° aus. In einem iterativen Näherungsverfahren berechnet er dann sin 1° bis auf neun Sexagesimalstellen bzw. 16 Dezimale. Auf dieser Grundlage ließen sich die übrigen Werte der Tafel über festgelegte Verhältnisse vervollständigen. Eine ähnliche Methode sollte zweihundert Jahre später Johannes Kepler anwenden.

Ich war unfähig, mich dem Studium und der anhaltenden Beschäftigung mit dieser Algebra zu widmen, da die widrigen Zeitläufe mich daran hinderten; denn alle Weisen sind uns genommen worden, bis auf eine zahlenmäßig geringe Gruppe, die unter großen Mühen ihr Leben der Aufgabe verschrieben hat, jede Gelegenheit zu nutzen und allen misslichen Umständen zum Trotz sich der Erforschung und Vervollkommnung der Wissenschaft zu widmen …

Umar al-Hayyam

kapitel 8

Die *Artes liberales*

◄ Titelblatt zur *Margarita Philoso-phica* (1503) von Gregor Reisch, das die *Artes liberales* zeigt: Logik, Rhetorik, Grammatik, Arithmetik, Musik, Geometrie und Astronomie. Am unteren Bildrand Aristoteles und Seneca.

Im Jahr 529 schloss Justinian I. im Kampf gegen das Heidentum die Athener Philosophenschule und setzte damit der tausendjährigen Geschichte griechischer Mathematik ein Ende. Viele der Gelehrten wanderten nach Osten in das persische Reich aus, in dem größere intellektuelle Freiheit herrschte. Zweihundert Jahre zuvor hatte Konstantin der Große die Toleranzedikte erlassen, die das Christentum innerhalb des römischen Reichs anerkannten und förderten. Die Zentralgewalt war von Rom nach Konstantinopel verlegt worden, das nun Hauptstadt des Reichs war. Geistliche und weltliche Macht vereinigten sich für kurze Zeit wieder unter Karl dem Großen (742–814). Zu dieser Zeit grenzte Konstantinopel bereits an den sich ausdehnenden Herrschaftsbereich des Islam, dessen geistiges Zentrum Bagdad war. Um der drohenden intellektuellen Unterlegenheit der christlichen Welt entgegenzusteuern, sorgte Karl der Große für die Einrichtung von Kirchenschulen. Sie unterstanden der Verantwortung von Alkuin von York (ca. 732–804), dem eigentlichen Initiator der karolingischen Renaissance.

Das Bildungskonzept der *Artes liberales*, ein fester Kanon von sieben Fächern, war seit der römischen Antike niedergelegt. Unterteilt waren sie in das *Trivium* aus Grammatik, Rhetorik und Dialektik und das *Quadrivium* aus Arithmetik, Geometrie, Astronomie und Musik. Die Mathematik scheint eine Schlüsselrolle innerhalb dieses Kanons innegehabt zu haben, der tatsächliche Wissensstand war jedoch äußerst rudimentär. Boethius (ca. 480–524) legte fest, welche Textgrundlagen für jeden Zweig des *Quadrivium* zum Standard werden sollten. Seine *Arithmetik* war lediglich die gekürzte Fassung eines Werks, das bereits in der Spätphase Alexandrias durch den Pythagoreer Nichomachus (ca. 60–120 v. Chr.) niedergeschrieben worden war; die *Geometrie* basierte auf den ersten vier Büchern des Euklid; bei der *Astronomie* schließlich handelte es sich um eine Kurzversion des *Almagest* von Ptolemäus und bei der *Musik* um eine Zusammenstellung von Auszügen aus griechischen Quellen. Ziel des derart dürftig fundierten Lehrplans schien es eher zu sein, minimale Wissensstandards aufrecht zu erhalten, als eine Grundlage für neue Entdeckungen zu legen. Die Mathematik diente vorwiegend dazu, Kalendarien und das Osterdatum zu errechnen, wozu Kenntnisse der Astronomie erforderlich waren. Für das wissenschaftliche Wiedererwachen des lateinischen Europa sorgte erst der erstaunliche Gedankenaustausch, der an der Schnittstelle der christlichen und islamischen Welt stattfand.

Dem Auftrag des Propheten Mohammed und den Lehren des Korans folgend, überwanden die Araber die geographischen Grenzen ihrer Halbinsel und eroberten das Persische und Teile des Oströmischen Reichs. Die Grenze zum lateinischen Europa verlief nun von Südspanien und Sizilien bis zu den ehemaligen Ostprovinzen Konstantinopels. Spanien, und hier vor allem Toledo, begann, eine entscheidende Rolle in dem intellektuellen Dialog zwischen zwei Kulturen zu spielen, die gleichzeitig in einem ständigen Konflikt miteinander lagen. Es mutet nahezu wie ein Wunder an, dass in einer Epoche, die durch zwei Jahrhunderte Kreuzzüge geprägt war, ein Klima derartiger wissenschaft-

➤ Darstellung der Astronomie in
Gregor Reischs *Margarita Philosophica* (1503). Die Figur hält einen Quadranten, der zusammen mit astronomischen Tafeln zur Bestimmung des
Längengrades und der Feststellung
der Tageszeit verwendet werden
konnte.

▲ Ein Astronom des 14. Jahrhunderts mit einem *horologium cum fistula*. Der Tubus ist auf den Polarstern ausgerichtet, auf diese Weise ließ sich auch nachts die Zeit bestimmen.

◄ Darstellung der Geometrie aus Gregor Reischs *Margarita Philosophica* (1503). Die Abbildung verdeutlicht die praktischen Anwendungsgebiete der Geometrie: von der Konstruktion eines Quadranten bis zur Sternbeobachtung; im Zimmerhandwerk und in der Architektur.

licher Toleranz entstehen konnte. Toledo, einst die Hauptstadt des Westgotenreichs, war im 8. Jahrhundert von den Arabern besetzt worden. Gegen Ende des 11. Jahrhunderts gelang es jedoch christlichen Armeen, die Stadt zurückzuerobern. Nun wurde Cordoba zur Hauptstadt der Mauren auf der iberischen Halbinsel, und dessen Umaijaden-Herrschern schwebte vor, das von den Abbasiden regierte Bagdad an Glanz und wissenschaftlichen Erfolgen zu überbieten. Das Sultanat Granada, die letzte Bastion des Islam in Spanien, bestand immerhin bis 1492, bevor Juden und Mauren aus dem katholischen Königreich vertrieben wurden. Diesem westlichen arabischen Außenposten gelang es schließlich tatsächlich, Bagdad den Rang als Metropole der Künste und Wissenschaften abzulaufen. Christen, Moslems und Juden arbeiteten bei der Erstellung eines Kanons wissenschaftlich bedeutender Werke fruchtbringend zusammen. Übersetzungen aus dem Arabischen, Lateinischen, Griechischen, Hebräischen und Kastilischen und in eben diese Sprachen erfolgten. Für Europa begann damit eine überaus bedeutsame Phase der Wiederentdeckung verloren gegangener Kenntnisse in griechischer Philosophie und Mathematik sowie die Neuentdeckung arabischer und indischer Texte.

Adelhard von Bath (1075–1160) übertrug 1126 die astronomischen Tafeln des al-Hwarizmi und 1142 Euklids *Elemente* aus dem Arabischen ins Lateinische, 1155 erschien seine Übersetzung von Ptolemäus' *Almagest* vom Griechischen ins Lateinische.

Gerhard von Cremona (1114–1187) werden über 84 Übersetzungen zugeschrieben. Er übersetzte Werke der Astronomie und Philosophie, der Mathematik und der Medizin, darunter auch die überarbeitete arabische Fassung des Tabit ibn Qurra von Euklids *Elementen*, was eine Verbesserung zu der bereits vorliegenden Übersetzung des Adelhard von Bath bedeutete. Die erste Übertragung der *Algebra* von al-Hwarizmi wurde 1145 von Robert von Chester angefertigt. Viele Begriffe, die heute selbstverständlich zum mathematischen Wortschatz gehören, wurden in jener Phase geprägt. Die Begriffe „Algorithmus" und „Algebra" sind eigentlich Verballhornungen des Namens al-Hwarizmi und eines Worts aus dem Titel seines Werks. Das arabische „al-gabr" bedeutet „ergänzen" (vgl. Kap. 7) und bezieht sich konkret auf die Methode der Eliminierung negativer Terme aus einer Gleichung. Auch Begriffe wie „Nadir", „Zenith", „Zero" und „Ziffer" sind arabischen Ursprungs.

Etwa zur selben Zeit, zu der Kaiser Justinian die Athener Philosophenschule schließen ließ, wurde die aristotelische Logik in das *Trivium* des Boethius aufgenommen. Sowohl die Lehren Platons als auch die des Aristoteles fanden Eingang in die christliche Theologie. Die kritische Auseinandersetzung mit griechischer Wissenschaft und Philosophie wurde daher als Angriff auf die Autorität der Kirche gewertet. Aristoteles hatte sich mit den verschiedensten naturwissenschaftlichen Themen beschäftigt, darunter Fragen der Mechanik, Optik und Biologie. Doch obwohl er der Beobachtung eine nicht unerhebliche Bedeutung einräumte, schienen sich viele seiner Theorien mit der Erfahrung nicht in Einklang bringen zu lassen. Platon dagegen hatte in seinem Werk

▲ Richard von Wallingford (ca. 1292–1336) – Mathematiker und Astronom in Oxford, später Abt von St. Albans – bei der Konstruktion eines Instruments, vermutlich eines Astrolabiums, mit dem Zirkel.

◄ Himmelskarte mit den Sternkreiszeichen aus dem *Katalanischen Atlas* des Abraham Cresques (14. Jh.).

naturwissenschaftliche Themen nur gestreift, sich sogar häufig verächtlich über die Methoden der Naturwissenschaften geäußert, allerdings der Mathematik einen übergeordneten Rang bei der Beschreibung des Universums eingeräumt. Für Aristoteles hingegen war die Mathematik der Physik untergeordnet. Die bedeutendsten Zentren wissenschaftlichen Forschens waren zu jener Zeit die Universitäten von Paris und Oxford. Von besonderem Interesse ist in diesem Zusammenhang die so genannte Merton-Schule.

Der Begründer der neuen, rational ausgerichteten Naturphilosophie war Robert Grosseteste (1168–1253). Die Mathematik für sich genommen, operiert sozusagen auf theologisch „neutralem" Gebiet, kombiniert mit der Physik jedoch stellte sie eine Herausforderung herrschender kosmologischer Doktrinen dar. Dies lässt sich am Beispiel der Wissenschaft der Optik illustrieren. Der Kosmologie Grossetestes zufolge, die Ähnlichkeiten mit der Urknalltheorie aufweist, entstand das Universum durch einen Blitz und verdichtete sich bei seiner Ausweitung zu Materie. In seinen Überlegungen stützte sich Grosseteste in weiten Teilen auf die Schriften der Araber, vor allem die des Ibn al-Haitam. Er ging davon aus, dass das Licht ein materieller Impuls ist, der sich – ähnlich wie der Schall – in einer geraden Linie fortpflanzt. Auch wenn sich das Licht wie der Schall seiner Auffassung nach mit gleichbleibender Geschwindigkeit fortbewegt, war für ihn klar, dass das Licht schneller ist. Grosseteste experimentierte mit Linsen und beschrieb deren Vergrößerungseigenschaften. In seiner Theorie zur Entstehung eines Regenbogens ging er davon aus, dass Licht durch eine Wolke doppelt, nämlich beim Eintritt in die Wolke und beim Austritt, reflektiert wird. Damit trat er der Auffassung des Aristoteles entgegen, der von der Reflektion des Lichts in den einzelnen Wassertropfen ausging. Roger Bacon (1214–1294), ein Schüler Grossetestes, führte die Theorie seines Lehrers weiter, indem er das scheinbare Zentrum des Regenbogens, dessen Durch-

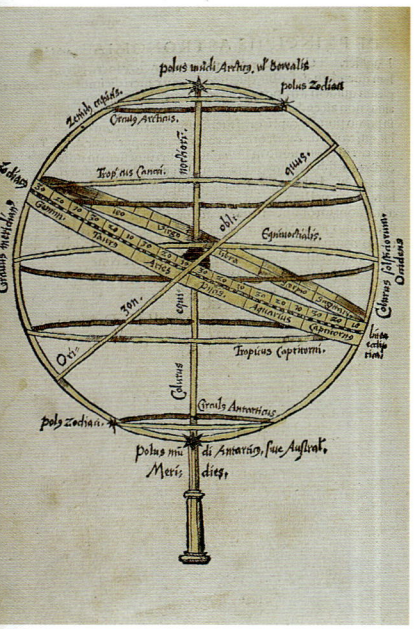

▲ Eine Ringkugel aus dem Buch der Astronomie in Gregor Reischs *Margarita Philosophica* (1503). Sie wurde vorwiegend für Unterrichtszwecke verwendet und zeigt die Erde im Zentrum sowie die Bahnen der wichtigsten Planeten und die Ekliptik auf der Himmelssphäre.

messer sowie seine räumliche Beziehung zur Sonne und zum Beobachter analysierte. Auch Bacon ging davon aus, dass das Phänomen des Regenbogens durch interne Brechung entsteht, nahm aber anders als Grosseteste an, dass nicht die Wolken als Ganzes, sondern die einzelnen Wassertröpfchen das Licht reflektierten. Ende des 13. Jahrhunderts begann der Deutsche Theoderich von Freiberg (gest. um 1311), mit wassergefüllten Glasballons und Kristallkugeln zu experimentieren, um die Brechung des Lichts im Wassertropfen zu simulieren. Ausgehend von seinen Beobachtungen stellte er seine Theorie der internen Brechung und der Aufspaltung der Farben im Innern des Tropfens oder Glases auf. Diese Theorie wird heute für gewöhnlich zwar René Descartes zugeschrieben, doch die Quellen weisen darauf hin, dass bereits dreihundert Jahre zuvor die Wissenschaftler des Mittelalters unübersehbare Fortschritte in der Optik erzielt hatten.

Es sollte noch eine Weile dauern, bis sich die Naturwissenschaften vollständig dem Einfluss der Kirche und der Schriften des Aristoteles entziehen konnten. Bacon sagte vor allem Aristoteles den Kampf an, dessen Werke er, „wenn es in meiner Macht stünde, alle verbrennen lassen würde". Die Bindung an ein philosophisches Dogma hielt er für eine Fußfessel des Fortschritts, die die Ausbildung der empirischen Wissenschaften behinderte. Die offen ausgesprochene Kritik brachte ihn – und andere Gelehrte seiner Zeit – schließlich ins Gefängnis. Wilhelm von Ockham (um 1300–1349) setzte die Angriffe auf Aristoteles fort, indem er die Ansicht vertrat, Theologie und Naturphilosophie müssten als zwei getrennte Wissenschaften behandelt werden, da es die eine mit Offenbarungswissen, die andere mit Erfahrungswissen zu tun habe. Grundlegend für Wilhelm von Ockhams Wissenschaftsauffassung ist die Forderung an die Naturwissenschaften, stets nach den einfachsten Lösungen für gegebene Fakten zu suchen. Was Wilhelm von Ockham der Theologie und der scholastischen Philosophie vorwarf, war ihr Versuch, die physische Wirklichkeit durch ein deduktives System zu erklären, das sich einzig auf Annahmen gründete, die Absolutheit beanspruchten. Gefragt seien dagegen empirische Daten, um induktiv zu Hypothesen zu gelangen, aus denen sich verifizierbare Konsequenzen ableiten ließen. Ziel war es also, eine empirische Philosophie zu begründen, die zu nachvollziehbaren Ergebnissen führte.

Im Jahr 1349 starb Wilhelm von Ockham an der Pest. Es lässt sich nicht mit Sicherheit sagen, ob die zu dieser Zeit über ganz Europa hinwegziehende Pestepidemie Schuld daran war, dass in der Folge der Aufstieg der Mathematik und der Naturwissenschaften jäh gebremst wurde, oder ob die als Reaktion auf die verheerende Plage wieder an Bedeutung gewinnende Kirche jedes Aufbegehren unterdrückte.

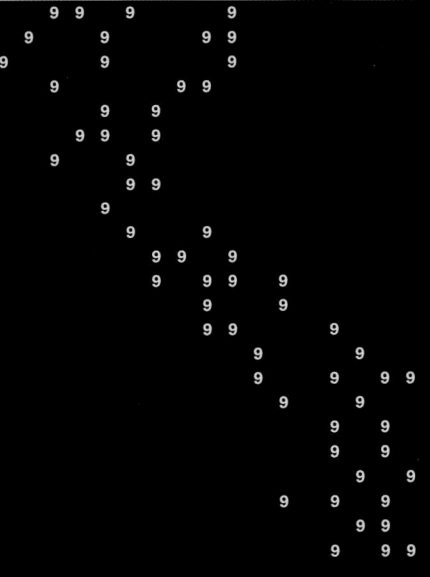

die perspektive der renaissance

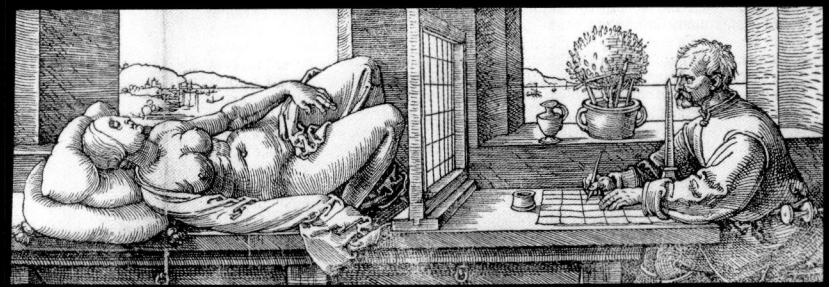

◄ Albrecht Dürer, *Vnderweysung der messung mit dem zirckel und richtscheydt* (Nürnberg, 1525), abgebildet sind Schleier und Gitter zum Erzeugen einer perspektivischen Darstellung.

Die Bedeutung der italienischen Renaissance für die Herausbildung eines neuen europäischen Bewusstseins ist unbestritten. Das wieder erwachte Interesse an der antiken Wissenstradition war gepaart mit dem Bemühen, über die bloße Nachahmung der Alten hinaus einen eigenen Wissenschaftsstil zu entwickeln, neue Ideen und Gedanken zu verfolgen und innovative Wege der Forschung zu beschreiten. Dies wird besonders im einsetzenden Zusammenwirken von Kunst und Geometrie deutlich, das sich vor allem im Gebrauch der Perspektive manifestiert. Zwar hatte sich der für die Malerei der Renaissance charakteristische Naturalismus bereits durchgesetzt, bevor die wissenschaftlichen Studien zur Perspektive Ergebnisse aufweisen konnten, doch die Einbeziehung des Betrachterblickwinkels verlieh den Gemälden zusätzlichen Realismus. Auch für die Architektur war die Entdeckung der Perspektive von eminenter Bedeutung. Die Wiederbelebung des klassischen Stils in der Architektur wurde wesentlich durch Vitruvius' um 30 v. Chr. geschriebenes Werk *De architectura* sowie das Studium antiker Bauten beeinflusst. In den frühen Arbeiten zur Perspektive von Filippo Brunelleschi (1377–1446) und Leon Battista Alberti (1404–1472) werden mathematische Kenntnisse, wie sie Maurer und Architekten in der Praxis anwendeten, um geometrische Konstruktionen ergänzt. Mit der Perspektive in der Malerei aber beschäftigt sich erst Piero della Fran-

▲ Aus dem *Kalender of Shepherdes* (London, 1506), verglichen mit zeitgenössischen perspektivischen Darstellungen mutet dieser Holzschnitt recht unbeholfen an.

◄ *Die Maßnehmer*, flämisches Gemälde aus dem 16. Jh., auf dem eine Reihe mathematischer Instrumente abgebildet ist. Die Szenerie zeigt eine auffällige Nähe zu der Art und Weise, wie in den italienischen *scuole d'abbaco* angewandte Mathematik unterrichtet wurde.

cesca (ca. 1412–1492) in seinem Werk *De prospectiva pingendi* („Über die Perspektive beim Malen").

Er zeigte einige Begabung als Mathematiker, entschloss sich aber, seine Ausbildung in der Werkstatt eines Malers fortzusetzen. Auch als Künstler verfügte Piero della Francesca über außerordentliches Talent. Nur drei Abhandlungen von ihm sind überliefert, deren Entstehungsdaten und genaue Titel sind allerdings unbekannt. Die Leistung seines Werks besteht darin, dass hier fünf regelmäßige Körper, deren ursprüngliche Entdeckung der alexandrinische Mathematiker Pappus im 4. Jahrhundert Archimedes zugeschrieben hatte, sozusagen „wieder entdeckt" werden. Wie Kepler 1619 aufzeigte, gibt es insgesamt 13 archimedische regelmäßige Körper, die eine Erweiterung der fünf regelmäßigen Körper Platons darstellen, indem sie Flächen enthalten, die aus mehr als einem regelmäßigen Polygon konstruiert sind. Fünf der archimedischen Körper lassen sich durch Abstumpfung der Kanten der platonischen Körper konstruieren. Waren diese fünf Körper bislang nur rhetorisch beschrieben worden, so erklärt Piero nun ihre Konstruktion und führt Berechnungen an. Pieros Arbeit stellte einen Meilenstein dar, in einer Zeit, in der regelmäßige Körper in Werken zur praktischen Geometrie nur schematisch wiedergegeben wurden. Die Ergebnisse Piero della Francescas wurden von Luca Pacioli (1445–1517) in seiner 1509 in Venedig erschienenen Abhandlung über den Goldenen Schnitt *De divina proportione* („Göttliches Verhältnis") aufgegriffen und von Leonardo da Vinci (1452–1519) illustriert. Pacioli führte einen sechsten archimedischen Körper an, das Rhombicuboctahedron.

Zwei Manuskripte der Abhandlung *De prospectiva* aus dem 15. Jahrhundert sind erhalten. In der Einleitung wird zwar einschränkend behauptet, das Buch wende sich an Maler. Doch Piero della Francesca und seine Zeitgenossen begriffen die Regeln der Perspektive als Teil der Wissenschaft der Optik. Es geht also nicht ausschließlich darum, sich in die Lage zu versetzen, realistische Bilder malen zu können. Das Auge des Betrachters steht im Zentrum von Pieros Werk. Wenn man sich ein Gemälde wie ein Fenster vorstellt, durch das hindurch der Betrachter auf die dargestellte Szene blickt, dann gibt es nur einen Punkt im Raum, von dem aus der Betrachter den richtigen Blick auf das Bild hat. Das Auge des Betrachters muss sich auf der gleichen Höhe befinden wie der Horizont des Bildes und den Fluchtpunkt fokussieren. Die Transversalen, Hilfslinien für die perspektivische Darstellung des Bildhintergrunds, laufen auf einen Punkt am Horizont zu. Dieser Punkt liegt für gewöhnlich außerhalb des Bildes. Die Entfernung

▲ Piero della Francesca, *Die Geißelung Christi*, 1464, Galleria Nazionale delle Marche, Urbino. Das Bild verdeutlicht viele der in Francescas Abhandlung über die Perspektive erhobenen Forderungen für eine perspektivische Malerei, man beachte die Fußbodenkacheln und die Architekturelemente.

zwischen diesem Punkt und dem Fluchtpunkt stellt zugleich die optimale Entfernung zwischen Betrachter und Bild dar. *De prospectiva* ist im Stil Euklids geschrieben. Wie in den *Elementen* werden Theoreme vorgestellt und durch Beweise belegt. Zeichnungen illustrieren, wie die reale „perfekte" Figur auf die Leinwand übertragen wird, indem man die „verkürzte" Figur mit Hilfe des Fluchtpunkts und der Hilfslinien konstruiert. Piero della Francesca beginnt mit relativ einfachen Aufgaben, wie dem Übertragen eines Quadrats, um zu immer komplizierteren Figuren fortzuschreiten. So zeigt er, wie bei der Übertragung eines mit quadratischen Kacheln ausgelegten Fußbodens die einzelnen Vierecke immer kleiner werden müssen, je weiter sie in den Bildhintergrund rücken. Dann wendet er sich anderen Polygonen zu und erläutert, wie sie perspektivisch verkürzt werden. In einem nächsten Schritt befasst er sich mit Prismen, vom Kubus bis zu

➤ Piero della Francesca, *Madonna mit Kind und vier Heiligen, die Verkündigung*, Galleria Nazionale dell'Umbria, Perugia. Man erkennt hier einerseits deutlich die Verwendung perspektivischer Mittel, andererseits die aus ihrer religiösen Bestimmung resultierende vergrößerte Darstellung der Figuren.

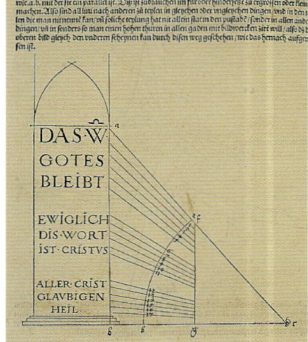

▲ Albrecht Dürer, *Vnderweysung der messung mit dem zirckel und richtscheydt* (Nürnberg, 1525), die Abbildung veranschaulicht die Veränderungen der Schriftgrade auf einer Säule so, dass sie vom Betrachterstandpunkt aus gleich groß erscheinen.

➤ Michelangelo, *Das jüngste Gericht*, Sixtinische Kapelle, Vatikan. Vom Boden aus betrachtet wirken die vergrößerten oberen Figuren ebenso groß wie die unteren Figuren. Dem Effekt liegt das gleiche Prinzip zugrunde wie der Dürer'schen Säule in der Abbildung oben.

verschiedenen Säulenformen und ganzen Säulenreihen. Zum Abschluss wird demonstriert, wie sich ein Kopf aus verschiedenen Blickwinkeln darstellen lässt.

De prospectiva pingendi wurde zum Grundlagenwerk für Maler, Architekten und Bühnenbildner, die die hier aufgezeigten Regeln anwandten und erweiterten. Welche Bedeutung die Einführung der Perspektive auf die Malerei der Renaissance hatte, ist umstritten. Schon vor Piero della Francesca finden sich perspektivische Darstellungen wie Domenico Venezianos *Verkündigung* und Paolo Uccellos *Vertreibung aus San Romano*. Piero della Francescas Gemälde *Die Geißelung Christi* stellt gewissermaßen die Umsetzung der eigenen Abhandlung dar, während in seiner *Verkündigung* die Größe einzelner Figuren durch ihre religiöse Bedeutung bestimmt ist und nicht durch die Regeln der Perspektive. Michelangelo behauptete, keine Zeit für mathematische Genauigkeit zu haben und sich einzig auf die „Zirkel in seinen Augen" zu verlassen. Dennoch kann kein Zweifel daran bestehen, dass die Darstellungen in der Sixtinischen Kapelle streng perspektivisch sind. Andererseits malte Michelangelo im *Jüngsten Gericht* die Figuren im oberen Teil des Bildes wesentlich größer und trug damit der Tatsache Rechnung, dass die Entfernung zwischen ihnen und dem Betrachter größer ist als bei den unteren Bildteilen. Der erzielte Effekt entgeht dem Betrachter einer zweidimensionalen Abbildung dieses Freskos selbstverständlich.

Piero della Francescas Abhandlung über die Perspektive blieb während der Renaissance unveröffentlicht. Sie zirkulierte aber als handschriftliches Manuskript und fand auf diese Weise Eingang in die Veröffentlichungen anderer Autoren. Im 16. Jahrhundert sah man in Piero della Francesca eher den Mathematiker als den Künstler, und sein bahnbrechendes Werk über die Perspektive genoss höchste Anerkennung. Das Interesse an Instrumenten, wie Geometer sie benutzten, wuchs, da sich mit ihnen die perspektivische Wiedergabe leichter bewerkstelligen ließ. Bei der Mehrzahl dieser Hilfsmittel wird die Horizontgerade mittels eines gespannten Fadens markiert, der durch ein Raster aus kreuzweise angeordneten verschiebbaren Drähten läuft. Alternative dazu war ein rechteckiges Gitter, das sich ähnlich wie ein Koordinatensystem nutzen ließ. Ein derartiges Gerät wurde beispielsweise beim Vergrößern von Zeichnungen oder Gemälden eingesetzt.

Albrecht Dürer (1471–1528) wurde in Nürnberg als eins von achtzehn Kindern ungarischer Eltern geboren und lernte zunächst in der Goldschmiedewerkstatt seines Vaters. Als seine außerordentliche künstlerische Begabung offenbar wurde, gab man ihn zu einem Maler und Holzschneider in die Lehre. Die frühen 1490er Jahre verbrachte Dürer mit Reisen, dabei scheint sich auch die Idee von einer neuen, auf der Mathematik basierenden Kunst herausgebildet zu haben. Nach seiner Rückkehr nach Nürnberg begann er, die Arbeiten von Euklid, Vitruvius, Pacioli und Alberti zu studieren. Auf einer seiner späteren Italienreisen besuchte er Bologna, um sich von Pacioli in der Perspektive unterrichten zu lassen. Außerdem plante er ein eigenes Werk über den Nutzen der Mathematik für die Kunst. Zur Zeit der Entstehung seiner berühmten Radierung *Melancholia*

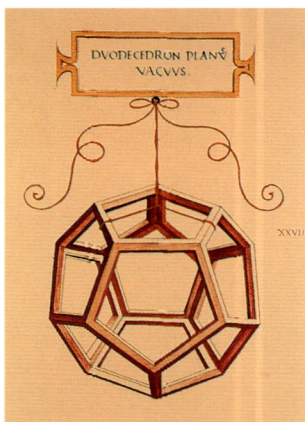

▲ Ein gleichseitiges Dodekaeder, das platonische Symbol des Universums, wie Leonardo da Vinci es in seiner Illustration für Luca Paciolis Schrift *De divina proportione* (1509) dargestellt hat.

(1514) hatte sich Dürer bereits einen Namen gemacht. Zu seinen Auftraggebern zählten Friedrich der Weise, Kurfürst von Sachsen, und Maximilian I., Kaiser des Heiligen Römischen Reiches Deutscher Nation. 1523 vollendete Dürer seine *Vier Bücher von menschlichen Proportionen*, hielt deren mathematischen Inhalt aber für zu komplex und verfasste daher 1525 die leichter zugängliche *Unterweisung der Messung mit dem Zirkel und Richtscheit*. Abgesehen von einigen früheren Werken zur Handelsarithmetik, war dies das erste genuine Mathematiklehrbuch, das in Deutschland gedruckt wurde. Damit wurde Dürer zu einem der bedeutendsten Mathematiker der Renaissance. Die *Unterweisung* befasst sich vor allem mit der Geometrie der Ebene und der Körper sowie mit Methoden der Konstruktion bzw. mit Fragen der Perspektive. Ein wesentlicher Teil des Werks ist der zwei- und dreidimensionalen Konstruktion von Körpern mit Hilfe von Lineal und Zirkel gewidmet.

Die Studien zur Perspektive befassten sich also mit der Frage, wie sich eine Ebene analog zu den kegelförmig ausstrahlenden Sehlinien, die das natürliche Sichtfeld begrenzen, auf eine andere projizieren ließ. Doch die nahe liegende Verbindung der Perspektive mit den Erkenntnissen über Kegelschnitte blieb lange Zeit unerwähnt. Erst Girard Desargues (1591–1661) verband beide Bereiche der Mathematik zur projektiven Geometrie. Desargues gehörte zu dem Kreis um den Mathematiker und Philosophen Marin Mersenne, der eine rege Korrespondenz mit den führenden Gelehrten seiner Zeit unterhielt. 1639 erschien in nur 50 Exemplaren Desargues *Brouillon project*, eine schwer lesbare projektive Darstellung der Theorie der Kegelschnitte. Wesentlich für die perspektivische Geometrie ist, dass „vollkommene" und „verkürzte" Körper vom Standpunkt des Betrachters aus identisch erscheinen. Erweitert man nun dieses Ergebnis über die Ebene der Leinwand hinaus, dann lässt sich ein originales Abbild auf eine unendliche Anzahl von Ebenen projizieren und erscheint vom Standpunkt des Betrachters doch unverändert. Desargues untersuchte nun, welche Eigenschaften der Körper unter den Bedingungen derartiger projektiver Transformationen unverändert bzw. invariant bleiben. Es zählt zu seinen Verdiensten, dass er die konischen Körper wieder vereinte. Anstatt sie als eigene Konstruktionen zu behandeln, begriff er sie als projektive Transformationen des Kreises entlang des Lichtkonus – wenn man einen Kreis neigt, ist er in der Tat eine Ellipse. Dieser Ansatz besticht vor allem dadurch, dass das Theorem durch die entsprechende Projektion und Neuformulierung auch auf andere konische Körper angewandt werden kann. Dennoch liegt Desargues eigentlicher Verdienst weniger in der Etablierung grundlegend neuer Theoreme als in der Entwicklung einer neuen Methode.

Als aber ihr werkleut nit finden konnten, wie sie der sach sollten thun, hätten sie der gelehrten und insonders des philosophen platonis rat, der lehret die, wie sie zwischen zweien ungleichen fürgebnen linien zwo ander linien, die sich vergleichlich gegen denselben hielten, sollten finden. dann durch soliches mochten sie den cubum, das ist ein viereket corpus wie ein würfel, und alle andre ding dupliziren, tripliziren und für und für mehren und vergrössen. dieweil nun solichs ein sehr nutze kunst ist und allen werkleuten dient, auch von den gelehrten in grösser geheim und verborgenheit gehalten wird ...

Albrecht Dürer, *Vnderweysung der messung mit dem zirckel und richtscheydt* (1525), in: Schriftlicher Nachlass, Progress-Verlag: Darmstadt 1963, S. 165.

mathematik fürs volk!

◄ Das Titelbild aus dem späten 16. Jahrhundert wurde häufig verwendet, etwa für Henry Billingsleys berühmte englische Übersetzung aus dem Jahre 1570 von Euklids *Elementen*, mit dem *Mathematischen Vorwort* von John Dee. Diese Illustration stammt aus Thomas Morleys Abhandlung zur Musik.

Das Europa des 16. Jahrhunderts versprach unendliche Möglichkeiten. Die beiden vorhergehenden Jahrhunderte hatten den Kontinent durch eine Reihe von Katastrophen, wie die Pest, erschüttert. Der hundertjährige Krieg zwischen England und Frankreich hinterließ die betroffenen Völker in physischer und moralischer Erschöpfung. Der Niedergang von Konstantinopel zeigte im Jahre 1453 das Ende des Byzantinischen Reiches an. Zur gleichen Zeit erreichten die italienische Renaissance und die humanistische Tradition ihren Höhepunkt. Die Erfindung von Buchdruck und Gravierkunst hatte zur Folge, dass die neuen Ideen viel effektiver verbreitet werden konnten als bisher. Europas Blick richtete sich auf die übrige Welt – es war die Zeit der großen Seereisen, mit dem Ziel, neue Länder zu entdecken und zu handeln. Die steigenden Anforderungen in den Gebieten Navigation und Handel sollten in den beiden folgenden Jahrhunderten den mathematischen Fortschritt revolutionieren: Die Navigation forderte exakte Karten von Ozeanen und Häfen, und Kaufleute brauchten dringend eine effiziente Buchführung. Dabei waren im 16. Jahrhundert weder Kartierung noch Buchführung hinreichend weit entwickelt. Algebra, Trigonometrie, geometrische Projektionen, Logarithmen und Infinitesimalrechnung steckten noch in den Kinderschuhen, so dass die Mathematik zunehmend an Bedeutung gewann.

Die Mathematik war ein wesentlicher Teil der klösterlichen Ausbildung, mit den vier Teildisziplinen Arithmetik, Geometrie, Astronomie und Harmonielehre. Doch das sklavische Studium alter Texte sowie die Anforderungen an die Mathematik von Seiten der kirchlichen Behörden setzten dem, was mit der scholastischen Tradition erreicht werden konnte, enge Grenzen. Mit dem Begriff „Mathematicus" bezeichnete man sowohl einen Mathematiker als auch einen Astrologen – Kepler klagte, dass er weit mehr mit der Berechnung astrologischer Karten als mit seiner astronomischen Arbeit verdiene.

Das wirtschaftliche Wachstum in Europa führte zu einem erhöhten Bedarf an unterschiedlichen Spezialisten für finanzielle und kommerzielle Angelegenheiten. Solche Stellen wurden dann mit Personal aus Gilden und Handwerkstätten besetzt anstatt mit Akademikern. In der Renaissance erhielten die Söhne der Handwerkerklasse in Schulen und Werkstätten eine solide Grundausbildung in elementarer Mathematik. Gerade dort breitete sich die Verwendung hindu-arabischer Ziffern immer weiter aus.

Die neuen Ziffern hielten seit dem 12. Jahrhundert mittels lateinischer Übersetzungen arabischer Texte ihren Einzug in Europa. Aus dem Jahre 1202 stammt die Publikation des *Liber abbaci* („Buch vom Abbacus") von Leonardo von Pisa (ca. 1180 – 1250), auch bekannt als Fibonacci. Obgleich es heute als Meilenstein der Mathematik betrachtet wird, war es in jener Zeit nicht so bekannt wie die eher einführende Schrift *Algorismus vulgaris* von John of Halifax (ca. 1200 – 1256), besser bekannt als *Sacro Bosco*. Der Titel *Liber abbaci* ist jedoch irreführend. Der Begriff „abbacus", mit Doppel-„b" geschrieben, bezieht sich auf das neue Ziffernrechnen und hat nichts mit dem antiken Rechenbrett namens Abakus zu tun. Tatsächlich gab es einen Grundsatzstreit zwischen den

► Robert Recordes *The Castle of Knowledge* (1556) ist ein Text über Kosmologie. Dieses Titelbild illustriert Recordes pädagogische Ziele und den Triumph des Verstands über die Autorität: Die Ignoranz steht unsicher auf einer Kugel, das Wissen sicher und fest auf einem Würfel.

➤ Aus dem 16. Jahrhundert stammender Text über Theorie und Gebrauch des „Kreuzstabs". Mit diesem Messinstrument konnte der Steuermann auf hoher See den Stand von Sonne und Polarstern bestimmen und daraus die Breitenposition berechnen.

Befürwortern beider Rechenformen. Die Begriffe „Algorist", für den Anhänger des Ziffernrechnens, und „Abacist", für denjenigen, der weiterhin den Abakus bevorzugte, wären vielleicht treffender. Ein Spezialist, der die Regeln des Ziffernrechnens beherrschte, hieß damals „maestro d'abbaco".

Im *Liber abbaci* befasst sich Fibonacci vor allem mit der Handelsmathematik. Auf den internationalen Märkten mussten die Händler mit Dutzenden von verschiedenen Gewichts- und Maßeinheiten arbeiten und ständig verschiedenste Währungen umrechnen. Hierfür brauchten sie praktikable Rechenmethoden, um grobe Fehler zu vermeiden. Im Jahr 1494 veröffentlichte Luca Pacioli seine *Summa* (vollständig *Summa di Arithmetica, Geometria, Proportioni e Proportionalità*), heute bekannt als das erste Buch über Methoden des Rechnungswesens sowie als Kompendium über die praktische Mathematik jener Zeit, einschließlich Arithmetik, Algebra und Geometrie. Das erste gedruckte Arithmetikbuch wurde einige Zeit zuvor im Jahre 1478 veröffentlicht, und zwar anonym in Treviso. Allmählich formierte sich eine Klasse von Experten auf den Gebieten der praktischen mathematischen Wissenschaften wie Arithmetik, Navigation und Landvermessung. Die Schreibweisen waren in jener Zeit noch nicht einheitlich. So wurden etwa Brüche als Sexagesimalbrüche oder als Stammbrüche dargestellt. Im 16. Jahrhundert gewannen Dezimalbrüche zunehmend an Bedeutung. Der im englischsprachigen Raum verwendete Dezimalpunkt wurde von Napier eingeführt.

Die zunehmende Tendenz, in Publikationen statt der lateinischen Sprache die jeweilige Volkssprache zu verwenden, machte mathematische Textbücher einem breiteren Leserkreis zugänglich. Zugleich behinderte dies aber ihre Verbreitung über die Sprachgrenzen hinweg. Adam Ries (1492–1559) förderte die Verbreitung der hindu-arabischen Ziffern im deutschen Sprachraum. Robert Recorde (ca. 1510 -1558) war vermutlich der erste Autor, der die Mathematik dem „gewöhnlichen Volk" bekannt machte. Er schrieb die ersten mathematischen Textbücher in seiner Muttersprache Englisch. Sein Werk über die Arithmetik, *The Ground of Artes* (1543), wurde über 150 Jahre publiziert. Die meisten seiner Bücher sind in Dialogform geschrieben und enthalten Diagramme und praktische Beispiele, mit denen er seine didaktischen Ziele besser zu erreichen glaubte. In vielerlei Hinsicht war er eine Art „Einmann-Fernuniversität". Sein meist zitiertes Werk, *The Whetstone of Witte* (1557), ist ein einführender Text zur Algebra, in dem erstmals das Gleichheitszeichen „=" auftaucht.

seit kaufleute mit ihren schiffen zu großen reichtümern gelangen,

kann ich mit gutem recht bei ihnen beginnen.

die schiffe auf see mit segel und mit ruder,

wurden einst erfunden, und noch heute gebaut, mit den gesetzen der geometrie.

ihr kompass, ihre karten, ihre takelagen, ihre anker —

all dies wurde erfunden von geschickten experten der geometrie.

wer die einzelnen teile des schiffs genau betrachtet,

erhält eine großartige demonstration der kunst der geometrie.

zimmerleute, schnitzer, tischler und maurer,

anstreicher und maler, sticker und goldschmiede sollten, wenn sie klug sind,

der geometrie für ihr wissen dank erweisen.

auch der karren und der pflug, welche gut ihre dienste tun,

wurden gebaut mit hilfe der geometrie, genau wie das werk

von schneider und schuster, in allen formen und moden,

wird doch ihre arbeit nicht gepriesen, wenn die proportionen nicht stimmen.

so wirken die weber durch geometrie ihre stoffe,

ihr webstuhl ist ein rahmen ungewöhnlicher schöpfungskraft.

das rad, das spinnt, der stein, der mahlt,

die mühle, die durch wasser oder wind getrieben wird,

all dies sind werke der geometrie, die diesen gewerben fremd ist.

nur wenige könnten sie ersinnen, wenn es sie nicht gäbe.

und alles, was durch gewichte oder maße geformt wird,

könnte ohne den Beweis der Geometrie niemals zuverlässig sein.

uhren, instrumente, die die zeiten messen —

die genialste Erfindung, die je gemacht wurde.

jetzt, da sie schon alltäglich geworden sind, beachtet sie keiner mehr,

die künste, die der mensch verachtet, das werk unbelohnt.

wären sie jedoch selten und einmal zur schau gestellt,

gemacht durch geometrie, dann wüsste der mensch,

dass keine kunst jemals so wunderbar schlau,

so nützlich für den menschen ist, wie die geometrie.

Robert Recorde, *The Pathway to Knowledge* (1551)

In diesen Zeilen sind die beiden gegensätzlichen Sichtweisen der Mathematik erkennbar, die die gesamte Geschichte begleiten: die Mathematik als praktisches Werkzeug einerseits und als ästhetisches Studium andererseits. Recorde war ein glühender Verfechter der Meinung, dass das Recht der Vernunft über der Autorität steht, und er betrachtete die Mathematik als eine noble Kunst auf der Suche nach dem wahren Wissen.

Ein Zeitgenosse und Kollege Recordes, John Dee (1527–1608), durchlief eine ähnlich steile Karriere, gefolgt von tiefem Fall. Beide arbeiteten auch für die Muscovy Company als Berater für Navigation und Kartographie, und 1577 verfasste Dee *The Perfect Arte of Navigation*. Sein größtes Interesse galt jedoch den okkulten Wissenschaften. Zu seinen Studiengebieten gehörten auch die Kabbala (mittelalterliche jüdische Geheimlehre) sowie die Alchemie. Als Hofastrologe Elisabeths I. erstellte er Horoskope und fungierte als Berater bei Reformen des Kalenders. Doch damit wurde er bei Hofe nicht nur bewundert, sondern auch gefürchtet. Und obgleich er Elisabeth schon vor ihrer Krönung als Berater gedient hatte, spürte er, dass ihre Protektion Grenzen hatte. Er sah sich gezwungen, seine Studien öffentlich zu rechtfertigen, wobei er immer wieder versicherte, dass diese dem Wohle des Königreichs dienten. Eine ihm nach der Rückkehr von seinen Reisen durch Europa zugesagte Pension wurde nie ausgezahlt. Dee starb völlig mittellos im Jahr 1608.

John Napier war kein hauptberuflicher Mathematiker, sondern ein schottischer Lord, Baron of Merchiston, der überwiegend mit der Verwaltung seines Anwesens beschäftigt war. Trotzdem fand er die Zeit, über alle möglichen Themen zu schreiben. Dabei befasste er sich auch mit theologischen Lehren, in denen der Papst kritisiert wurde. Obgleich die hindu-arabischen Ziffern zu jener Zeit bereits allgemein verbreitet waren, wurden Berechnungen noch immer recht umständlich mit dem Stift und auf teurem Papier durchgeführt. Napier werden zwei wichtige Erfindungen zugeschrieben, die das Rechnen deutlich vereinfachten – die so genannten „Napier-Stäbe" und die Logarithmen. Bei den Napier-Stäben handelte es sich um Stäbe mit eingravierten Multiplika-

▲ Darstellung der Arithmetik aus der *Margarita Philosophica* von Gregor Reisch. Der Übergang vom römischen Abakus zur Verwendung der hindu-arabischen Ziffern erfolgte erstaunlich langsam, begleitet von einem jahrhundertelangen Konkurrenzkampf zwischen beiden Systemen. So wenig war man mit den neuen Ziffern vertraut, dass der Künstler hier eine völlig bedeutungslose Berechnung darstellt (erkennbar, wenn man das Bild auf den Kopf stellt).

tionstabellen, die man in Form eines Gittermusters zusammenlegen konnte, um dann schnell jede noch so umfangreiche Multiplikation abzulesen. Die Stäbe ersetzten zeitraubende Multiplikationen durch einfache Additionen. Auch die Erfindung der Logarithmen wurde durch den Wunsch nach größerer Geschwindigkeit beim Rechnen inspiriert. Das Wort selbst setzt sich zusammen aus „logos" (Verhältnis) und „arithmos" (Zahl). Viele Mathematiker waren verblüfft über die Beziehung zwischen arithmetischen und geometrischen Reihen, sowie darüber, dass das Produkt zweier Potenzen mit derselben Basis auf die Potenzierung der Basis mit der Summe der Exponenten reduziert werden kann. D es bedeutete eine Rückführung des Multiplizierens auf einfacheres Addieren. Napier erkannte, dass sich dies auf jede Potenz anwenden lässt, und er schuf eine Tabelle nach ihm benannter Logarithmen, die er 1614 in seinem Buch *Mirifici logarithmorum canonis descriptio* („Eine Beschreibung der großartigen Regel der Logarithmen") veröffentlichte. Anstelle einer Zahlenbasis teilte Napier eine Einheitsstrecke in 10^7 Teile, was genügend signifikante Werte für die meisten Berechnungen ergab. Anschließend definierte er das Verhältnis $N = 10^7 (0,9999999)^L$, wobei L der Logarithmus von N ist. Somit ergab sich der Logarithmus von 10^7 als 0, der von 9999999 als 1; die Zahlen dazwischen erhielten Werte zwischen 0 und 1. Seine Tabellen enthielten die Logarithmen trigonometrischer Funktionen anstelle der von natürlichen Zahlen. Dies zeigt, dass es ihm vor allem um die Verkürzung der langwierigen Berechnungen in der Astronomie und Navigation ging. Zu Napiers größten Bewunderern gehörte Henry Briggs, Professor für Geometrie in Oxford. Beide waren sich darin einig, dass eine praktischere Tabelle erstellt werden könnte, indem man festlegt, dass log 1 = 0 und log 10 = 1. Nach dem Tode Napiers, im Jahr 1617, vollendete Briggs allein die erste Logarithmentafel auf der Basis 10, die noch heute gültig ist. Die Tabelle reichte zunächst nur von 1 bis 1000; 1624 erweiterte er sie auf 100.000, wobei beide Logarithmensätze mit einer Genauigkeit von 14 Stellen errechnet wurden. Der Vorteil einer festen Basis bestand darin, dass das Entfernen des Faktors 10^7 aus den Berechnungen die Grundregel der Logarithmen

◄ *Die Botschafter*, Hans Holbein der Jüngere (1533). Die französischen Gesandten drängen Heinrich VIII. zur Scheidung von Katharina von Aragón. Die Auswahl mathematischer Instrumente symbolisiert sowohl das im Quadrivium verwahrte Wissen wie auch die Macht, die das Wissen verleiht.

▼ Eine Seite aus dem 1628 erschienenen *Arithmetica logarithmica* von John Napier, posthum vervollständigt und veröffentlicht von Henry Briggs, dem ersten Professor für Geometrie in Oxford. Diese Ausgabe wurde später von Charles Babbage in seiner Analyse von Tabellenfehlern benutzt.

Chilias 4.			Chilias 4.			Chilias 4.	
Logarithmi	Differ.	Num.	Logarithmi	Differ.	Num.	Logarithmi	Differ.

enthüllte: dass der Logarithmus eines Produkts zweier Zahlen gleich der Summe der einzelnen Logarithmen ist. Moderne Rechenmaschinen haben Logarithmentafeln, trigonometrische Funktionen und Kehrwerte genauso überflüssig gemacht wie den Rechenschieber, doch zu Briggs Lebzeiten wurden die Tafeln als großartiges zeitsparendes Arbeitsmittel gepriesen. Navigatoren, die mit Sinus und Kosinus arbeiteten, erkannten, dass eine häufige Aufgabe, das Multiplizieren zweier siebenstelliger Zahlen, nun darauf reduziert wurde, dass man in die Logarithmentafel schaute, eine einfache Addition durchführte und anschließend die richtige Lösung in Form des inversen Logarithmus von der Tafel ablas. Vor dieser Erfindung dauerte die Berechnung oft eine ganze Stunde, so dass das Ergebnis immer eine Stunde hinter der aktuellen Position hinterherhinkte. Nun brauchte man nur noch wenige Minuten.

Francis Bacon (1561–1626) war weder Mathematiker noch Wissenschaftler. Und doch hatte er, etwa wie Plato, einen enormen Einfluss auf die Philosophie der Naturwissenschaften. Während der Herrschaft Elisabeths war er Berater der Königin. Aber erst mit dem Antritt von König James I. nahm seine Karriere steilen Aufschwung, der 1618 in seiner Ernennung zum Lordkanzler gipfelte. 1621 wurde er wegen Bestechung seines Amts enthoben. Bacons Veröffentlichungen waren wegweisend in dem generellen Bestreben, die Naturphilosophie zu einem der wichtigsten Anliegen von Regierung und Krone zu erheben. Die Schriften *The Advancement of Learning* („Der Fortschritt des Lernens", 1605) und *The Great Instauration* („Die große Erneuerung", 1620) waren König James gewidmet. Bacons Texte beeinflussten spätere Naturwissenschaftler wie Newton und Halley. Bacons hohe Stellung ist ein Indiz dafür, dass die Naturwissenschaften in der Tat Unterstützung in politischen und finanziellen Kreisen fanden. Wissen bedeutete Macht, und die Naturwissenschaften wurden als treibende Kraft für größeren Wohlstand des Landes betrachtet. Diese Sichtweise schrieb Bacon in seinem *Novum organum* (1620) ausführlich nieder. Dabei befasste er sich überwiegend mit der praktischen Anwendung: Die Mathematik diente als Sprache und Werkzeug der Naturwissenschaften. Allerdings besaß Bacon auch die Weitsicht zu erkennen, dass die Mathematik keine statische Disziplin sei und dass sich ganz sicher noch neue Studienzweige entwickeln würden. Die Anwendung der Mathematik durch Kaufleute, Navigatoren und Naturwissenschaftler galt als Beitrag zur Mehrung des nationalen Reichtums.

kein staat, kein zeitalter, kein mensch, kein kind, doch hier mag weisheit siegen,
denn zahlen lehren die teile der sprache, mit denen die kinder beginnen.
die zahlen, ganz gleich ob groß oder klein, beherrschen alles,
so dass derjenige, der nicht rechnen kann, zu den tieren gerechnet wird.
denn was kann tierischer sein, was dümmer als ein mensch,
welchem die einzige kunst fehlt, die dem menschen eigen ist?
übertreffen doch viele tiere die menschen in vielen dingen bei weitem.
aber keines kann rechnen, nur der mensch, in dem dies entspringt.

wenn das rechnen nun (fast) alles ist, was zwischen Mensch und Tiere liegt,
dann komm, oh Mensch, lerne zu rechnen, jene Kunst, von der hier die Rede ist.
willst du ein Krieger sein, oder ein Amt bekleiden
bei Hofe oder in dem Land, in dem du lebst, oder willst du
deine Tage mit Physik und Philosophie oder mit Jura verbringen,
sei gewiss, ohne diese Kunst kannst du niemals zu Ruhm gelangen.
ich ignoriere die Astronomie, Geometrie, Kosmographie, Geographie und vieles mehr,
und auch die Musik mit ihren süßesten Klängen.
all dies kannst du ohne diese Kunst nicht beherrschen, ja nicht einmal einen Teil davon.
du kannst kein Kassenprüfer sein, kein Land vermessen,
keine noch so allgemeine Rechnung durchführen, gäbe es die Zahlen nicht.
willst du gar ein Kaufmann sein, dann mach dieses Buch zu deiner Muse.
denn hier wirst du Regeln finden, die dir nützen, ganz nach deinem Belieben.
übst du auch nur ein Handwerk aus, kannst du hier
Dinge finden, die dir oft bei deiner Arbeit helfen und deinen Geist bereichern.
ja, selbst wenn du nur ein Hirte bist, wird es dir schwer fallen,
deine Arbeit zu verrichten ganz ohne Zahlen.
alle Vorteile aufzuzählen, die die Zahl dem Menschen bringt, würde hier zu lange
dauern. so kann ich nur noch eines sagen und den Rest dann ruhen lassen:
ohne diese Kunst ist der Mensch kein Mensch, sondern nichts als ein Block aus Stein.

Thomas Hylles, *The Arte of Vulgar Arithmeticke* (1600)

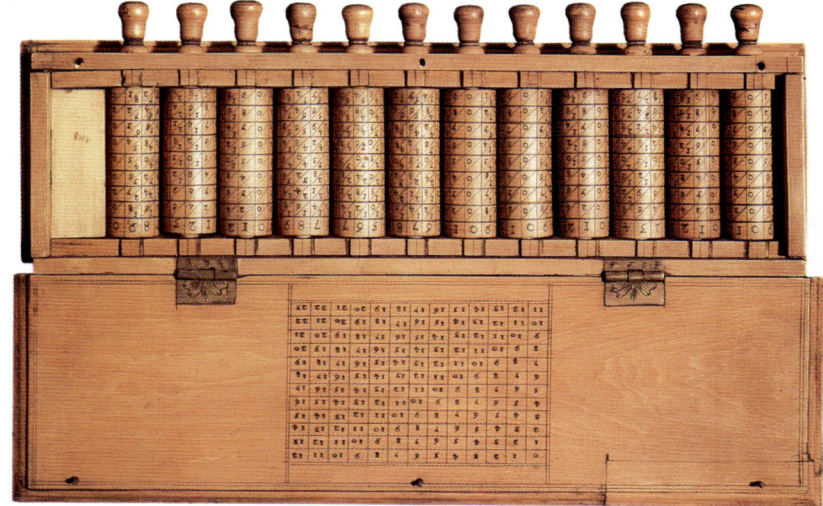

➤ John Napiers weit verbreitete Rechenhilfe, die so genannten „Napier-Stäbe" oder „-Knochen", wurden ursprünglich einfach als vierkantige Stäbe aus Elfenbein oder Holz gefertigt. In dieser späteren Form sind die Stäbe drehbar in einem Kasten befestigt. Das Gerät ersetzt langwierige Multiplikationen durch eine Reihe einfacher Additionen.

Kapitel 11

Die Vereinigung von Algebra und Geometrie

◄ Detailausschnitt aus Newtons *Opticks* (1704). Im Anhang dieses Buchs findet man die kurze Abhandlung *Enumeration of Curves of Third Degree*, in der Newton 72 verschiedene Arten kubischer Gleichungen auflistet und die meisten von ihnen als Kurven darstellt. Zum ersten Mal sehen wir hier zwei rechtwinklig angeordnete Achsen sowie die Verwendung negativer Koordinaten.

Seit der griechischen Antike war die Mathematik in zwei Hauptdisziplinen unterteilt – Geometrie und Arithmetik – erstere befasste sich mit Größen, letztere mit Zahlen. Eine wirklich klare Grenze zwischen den beiden Disziplinen gab es jedoch nie. Die vorhergehenden Kapitel haben bereits gezeigt, wie die einzelnen Kulturen dem einen oder anderen Zweig mehr Gewicht gaben, je nach spezieller Interessenlage. Die Entwicklung der Algebra mit ihrem Verhältnis zur Geometrie lässt sich anhand der Geschichte der Lösung kubischer Gleichungen verdeutlichen – also dem, was man in heutiger Schreibweise darstellt als $ax^3 + bx^2 + cx + d = 0$.

Das Wort *al-gabr* (Ergänzung), aus dem Titel von al-Hwarizmis Abhandlung über die Algebra *Hisab al-gabr w'al-muqabala* (vgl. Kapitel 7), ist der Ursprung unseres Wortes Algebra. Al-Hwarizmi stellte die Lösungen seiner Gleichungen rein sprachlich dar. Den Potenzen unbekannter Mengen wurden Namen verliehen, wie etwa *sai* (Ding) für x, *murabba* (Quadrat) für x^2 und *ka'b* (Kubus) für x^3. Die für die Potenzen verwendeten Namen blieben variabel. So arbeitete Fibonacci in seiner 1202 erschienenen Schrift *Liber abbaci* (vgl. Kapitel 10) mit Übersetzungen aus dem Arabischen und mit eigenen Begriffen – wie etwa *radix* für Wurzel und *cubus* für x^3. *Liber abbaci* war ein bedeutendes Werk in Bezug auf die Überlieferung der hindu-arabischen Ziffern. So beschreibt es die neun indischen Ziffern sowie zephirum (die Null).

Al-Hwarizmis Wunsch (vgl. Kapitel 7), nachfolgende Generationen mögen eine rein algebraische Lösung kubischer Gleichungen finden, wurde fast 400 Jahre später, in der italienischen Renaissance, erfüllt.

Angenäherte Lösungen gab es allerdings schon früher. So veröffentlichte Fibonacci im Jahre 1225 beispielsweise eine kurze Abhandlung über die kubische Gleichung mit einer angenäherten Lösung für einen speziellen Fall, leider jedoch ohne Darstellung einer konkreten Methode. Wer die Geschichte der kubischen Gleichung verfolgt, muss tief in die von Konkurrenzkämpfen geprägte Welt der italienischen Renaissance eintauchen. Neue mathematische Lösungen wurden nur selten veröffentlicht, denn wer seine Entdeckungen zurückhielt, steigerte sein Ansehen bei den Dienstherren. Austausch fand nur in Form von Wettbewerben statt, bei denen Mathematiker sich gegenseitig mit Fragen herausforderten. Der Gewinner eines solchen Wettstreits stieg im Ansehen noch weiter.

Es war Girolamo Cardano (1501–1576), der 1545 unter dem Titel *Ars magna* erstmals die Lösung von kubischen, ja sogar biquadratischen Gleichungen veröffentlichte. Keine dieser Entdeckungen allerdings stammte von Cardano selbst. Die erste wirkliche Lösung datiert zurück auf Scipione del Ferro (ca. 1465–1526), Professor für Mathematik in Bologna. Dieser veröffentlichte seine Ergebnisse nicht, sondern hinterließ sie einem seiner Studenten, Antonio Maria Fior. Fior sah darin seine Chance, reich und berühmt zu werden und forderte andere Mathematiker immer wieder zu einem Wettstreit zu diesem Thema heraus. Leider war Fior anscheinend nur ein leidlicher Mathematiker, der sich auf seine einzige Waffe verließ. Ein anderer Mathematiker mit Namen Niccoló Fontana

79
die
vereinigung
von
algebra
und
geometrie

DE POLYGRAPHIE. 176

Ordre des antiques lettres Numerales.

DC	60000000	L	500000000
DCC	70000000	LX	600000000
DCCC	80000000	LXX	700000000
DCCCC	90000000		
X	100000000	LXXX	800000000
XX	200000000	LXXXX	900000000
XXX	300000000	C	1000000000
XXXX	400000000	C	20000000000

J'ay jusques icy deduict, & descrit par forme d'exemple, le moyen & methode d'escrire en lettres Latines & communes, les nombres & la mode numerale des Anciens: à fin que d'iceux les ignorans en euffent plus facile intelligence. Et quant à ce, qu'en la suscrite description & apposition des figures d'algarithme, j'aurois en quelques endroicts laissé l'ordre & reigle de la vraye supputation & forme de compter, ce n'a esté par erreur, ny aussi par faulte ou omission. Mais par bonne & raisonnable cause j'ay advisé ainsi le faire: & mesmement à fin que par trop grand progression & prolixité ne donnasse ennuy à moy, ny aux lecteurs, qui en la figure subsequente, briefvement cy apres transcrite, verront autres moyens & ordres numeraux, par lesquels les anciens manifestoient leurs grands nombres.

▲ Dieser Text aus dem 16. Jahrhundert will den Leser mit dem Verhältnis zwischen den römischen und den üblichen Ziffern vertraut machen.

(ca. 1500–1557), besser bekannt als Tartaglia, der „Stotterer" (nach einem schweren Säbelhieb, den er als Kind bei einem französischen Angriff auf die Stadt Brescia erlitten hatte, behielt er einen Sprachfehler zurück), arbeitete ebenfalls mit kubischen Gleichungen. 1535 traten Fior und Tartaglia gegeneinander an, und in der Nacht des 12. Februar behauptete Tartaglia, die Lösung ebenfalls gefunden zu haben. Tartaglia gewann den Wettstreit, indem er alle Aufgaben von Fior löste, während Fior nicht eine einzige Frage von Tartaglia beantworten konnte.

Zu jener Zeit wurde die kubische Gleichung nicht als eine einzige Gleichung gesehen, sondern in verschiedene Typen unterteilt, je nachdem, welche Terme gleichgesetzt wurden – ähnlich wie al-Hwarizmis quadratische Gleichungen. Scheinbar hatte Tartaglia also nicht nur den von Fior vorgelegten Gleichungstyp, sondern auch andere kubische Gleichungen gelöst. Die Nachricht von Tartaglias Sieg erreichte auch Cardano, der schließlich Tartaglia überredete, sein Geheimnis als Gegenleistung für ein Empfehlungsschreiben an einen wohlhabenden Dienstherren preiszugeben. Als sich die beiden 1539 in Mailand trafen, übergab Tartaglia die Lösungen Cardano in Form eines verschlüsselten Gedichts. Er nahm ihm dabei aber das Versprechen ab, diese niemals zu veröffentlichen. Cardano entdeckte jedoch später, dass del Ferros Schwiegersohn das Originalmanuskript besaß, und er erhielt die Erlaubnis, es zu lesen. Zusammen mit seinem Assistenten Ludovico Ferrari (1522–1565) hatte Cardano bereits weitere Fortschritte bei der Lösung kubischer und biquadratischer Gleichungen erzielt. Cardano würdigte zwar Tartaglias Werk in angemessener Weise, fühlte sich jedoch nicht länger an sein Versprechen gebunden, nachdem er festgestellt hatte, dass del Ferros Arbeit älteren Ursprungs war. Tartaglia war erzürnt über diesen Betrug. Von nun an sann er auf Rache: Zunächst veröffentlichte er ein Buch, in dem er seine Sichtweise der Ereignisse darstellte, dann eröffnete er einen langen und erbitterten Briefwechsel, in dem Ferrari seinen Meister jedoch verteidigte. Ferrari selbst war ebenfalls kein schlechter Mathematiker. Im Jahr 1548 wurde Tartaglia plötzlich von seinem unbedeutenden Posten als Mathematiklehrer in Venedig auf einen Lehrstuhl in Brescia erhoben. Nun glaubte er, dass ihm ein Wettstreit mit Ferrari weiteren Ruhm und zugleich die ersehnte Rache bringen werde. Doch er hatte Cardanos Gehilfen schwer unterschätzt. Überstürzt reiste er ab, noch bevor der Wettstreit entschieden war. Auf diese Weise wendete sich das Blatt gegen ihn. Als ihm die Behörden in Brescia das Gehalt verweigerten, kehrte er nach Venedig zurück, um dort wieder als Lehrer zu arbeiten.

Anders als Tartaglia, der aus armen Verhältnissen stammte und stets auf der Suche nach einem sicheren Posten war, kam Cardano zu Ruhm und relativem Wohlstand. Cardano war ein typischer Vertreter seiner Zeit – Mathematiker, Physiker, Astrologe, Spieler und Heretiker. Die Aufnahme an der Medizinischen Hochschule wurde ihm fast 15 Jahre lang verweigert, offiziell wegen seiner unehelichen Herkunft, wahrscheinlich aber eher wegen seines Rufs, einen unbequemen Charakter zu haben. Seine Spielsucht trieb ihn fast in den Ruin, dennoch konnte er eine gut gehende Arztpraxis aufbauen. Von 1543 bis 1552 lehrte er schließlich Medizin an der Universität Mailand. Er wurde sogar nach Schottland gerufen, um den Erzbischof von St. Andrew zu behandeln. Nach seiner Rückkehr berief man ihn zum Professor für Medizin an der Universität von Pavia, und die Nachricht von der Genesung des Erzbischofs besiegelte seinen Ruhm endgültig. Cardanos internationaler Erfolg wurde allerdings durch private Skandale getrübt. Seine unglückselige Spielleidenschaft führte immerhin zur Abfassung eines Buchs über Wahrscheinlichkeitsrechnung.

Cardanos erfolgreicher „Angriff" auf die kubische Gleichung führte im Wesentlichen zu einer geometrischen Form der „kubischen Ergänzung", analog zur Methode der quadratischen Ergänzung. Allerdings entsprach die umständliche Darstellung in Worten noch immer ganz dem Stile al-Hwarizmis. Zudem galt es nach wie vor als unzulässig, sich mit kubischen Gleichungen zu beschäftigen, die negative Koeffizienten beinhalten. Indem er komplizierte kubische Gleichungen in einfacher lösbare Formen umwandelte, konnte Cardano gerade einen Schritt weiter gehen als del Ferro und Tartaglia. Er entdeckte, dass er bei einigen Zwischenschritten auf dem Weg zur Lösung die Quadratwurzel einer negativen Zahl ziehen musste. Dabei zeigte er eine besondere intellektuelle Gewissenhaftigkeit, sobald er mit diesen komplexen Zahlen konfrontiert wurde. Obwohl er nämlich glaubte, dass solche Ergebnisse nutzlos waren, schob er sie auch nicht ganz beiseite. Einmal behielt er offensichtlich seine Nerven lange genug, um herauszufinden, dass er bei der Multiplikation dessen, was wir heute „komplexe Konjugationen" nennen, eine echte Lösung erhielt. So entdeckte er die Bedingungen, unter denen kubische Gleichungen eine komplexe Lösung haben, ohne diese neuen Zahlentypen jedoch genauer zu untersuchen. Im Jahre 1572 veröffentlichte Rafael Bombelli (1526–ca. 1572) seine *Algebra*, in der er die Zahlen um Quadratwurzeln, Kubikwurzeln und komplexe Zahlen erweiterte. Zudem erzielte er wichtige Fortschritte bei der alge-

81
die
vereinigung
von
algebra
und
geometrie

braischen Lösung geometrischer Probleme und umgekehrt. Leider jedoch hatte dies kaum Auswirkungen auf seine Zeitgenossen, da seine Herausgeber einen entscheidenden Teil seiner Arbeit einfach ausließen. Dieser wurde erst im 20. Jahrhundert veröffentlicht.

In Kontinentaleuropa ging die Entwicklung der Algebra einher mit der Verwendung der neuen hindu-arabischen Ziffern. Im Jahre 1494 veröffentlichte der Mönch Luca Pacioli seine *Summa de arithmetica, geometrica, proportioni et proportionalita*, die heute als das erste Algebra-Buch gilt. Paciolis Algebra ist noch immer zum größten Teil eine Mischung aus rhetorischen und algebraischen Erklärungen. Die Unbekannte einer Gleichung wurde oft lateinisch als *cosa* bezeichnet, dann auf deutsch als *Coss*. Anfang des 16. Jahrhunderts entwickelte sich in Deutschland rasant das gleichnamige Rechenverfahren, dargestellt in Schriften wie *Die Coss* (1524) von dem berühmten Rechenmeister Adam Ries (1492–1559). Viele Symbole, die wir heute als algebraisch kennen, tauchten in jener Zeit erstmals auf – die Symbole für „+" und „-" stammen aus Deutschland, das Gleichheitszeichen „=" aus England. Der Übergang von einer rhetorischen Algebra über verschiedene individuelle Schreibweisen bis hin zu einer Algebra mit einheitlichen Standardsymbolen dauerte mehrere Jahrhunderte. Ein wichtiges Problem war die Rolle der Potenzen oberhalb von drei. Als die algebraischen Methoden noch auf geometrischen Beweisen fußten und physikalische Dimensionen oberhalb von drei nicht bekannt waren, schien es nicht logisch, mit höheren Potenzen zu arbeiten. Schon allein die Aus-

➤ Newtons *Enumeration of Curves of Third Degree* war ein Triumph der algebraischen und analytischen Geometrie. Mit Hilfe des Calculus entdeckte er ganz neue Eigenschaften der Kurven. Hier handelt es sich um die algebraischen Ausdrücke für die von den untersuchten Kurven begrenzten Flächen.

drucksweise, die man verwendete, verdeutlicht dieses Problem: Die vierte Potenz wurde meist als „Quadrat-Quadrat" bezeichnet. Mitte des 16. Jahrhunderts fühlte sich Robert Recorde verpflichtet, die Verwendung höherer Potenzen ausführlich zu rechtfertigen. Er verwies auf die Tatsache, dass die Fläche eines Quadrats, dessen Seiten selbst quadratische Zahlen darstellen, folgerichtig eine zur vierten Potenz erhobene Zahl darstellt, daher der Ausdruck „Quadrat-Quadrat".

Der Durchbruch eines rein geometrischen Ansatzes kam mit der Veröffentlichung von *La Géometrie* von René Descartes (1596–1650). Diese bedeutende Schrift war eigentlich nur ein Anhang zu dem *Discours de la méthode pour bien conduire sa raison et chercher la vérité dans les sciences* und wurde bei nachfolgenden Ausgaben oftmals weggelassen. Ziel des *Discours* war die Darlegung einer Wissenschaftsphilosophie, die zu korrektem Wissen über ein Universum aus Materie und Kräften führen würde. Eine exakte Beschreibung des Universums in der Sprache der Mathematik erforderte daher, dass die Sprache selbst auf soliden Grundlagen basierte. Trotz ihres Namens ist *La Géometrie* im Wesentlichen eine Vereinigung von Algebra und Geometrie – heute als „analytische Geometrie" bekannt. Die Schrift beweist, dass geometrische Konstruktionen gleichwertig mit algebraischen Verfahren sind. Kurven werden als Gleichungen beschrieben. Descartes brach zudem mit der Tradition, indem er Potenzen als Zahlen betrachtete und nicht als geometrische Objekte: x^2 war nicht länger eine Fläche, sondern eine Zahl in der zweiten Potenz; ihre geometrische Entsprechung war die Parabel, nicht das Quadrat. Dies enthob die Algebra der Verpflichtung dimensionaler Homogenität, einer bisherigen Einschränkung, die forderte, dass jeder Ausdruck in einer Gleichung dieselbe Dimension besitzt. So finden wir zum Beispiel Gleichungen wie $xxx + aax = bbb$, bei denen jeder Term eine kubische Menge darstellt. Tatsächlich diskutierte Descartes ganz freimütig Kurven jeder Potenz x^n. Dieser Schritt war so gewaltig, dass wir in der Mathematik heute bei x^2 gar nicht mehr an ein echtes Quadrat denken. Descartes' Algebra ähnelt bereits stark der modernen. Er verwendet Buchstaben vom Anfang des Alphabets für Koeffizienten und solche vom Ende des Alphabets für Variablen. Das einzige Symbol, das nicht übereinstimmt, ist die Verwendung von æ für =.

Kubische Gleichungen konnten mit Hilfe von Kegelschnitten gelöst werden, analog zur Methode von al-Hayyam, nur dass man nun tatsächlich eine kubische Gleichung konstruieren konnte. Descartes setzte alles daran, algebraische Methoden mit geome-

> wenn wir also irgendein problem lösen wollen, nehmen wir zunächst diejenige Lösung an, die wir bereits erzielt haben, und benennen alle Linien, die für ihre Konstruktion nützlich zu sein scheinen — die unbekannten wie auch die bekannten. Dann müssen wir, ohne einen Unterschied zwischen bekannten und unbekannten Linien zu machen, das problem enträtseln, und zwar so, dass die Relationen zwischen diesen Linien am natürlichsten ersichtlich werden, bis wir eine einfache Menge auf zwei wegen auszudrücken in der Lage sind. Dies stellt dann eine Gleichung (mit einer unbekannten) dar, da die Terme des einen Ausdrucks insgesamt gleich denjenigen des anderen Ausdrucks sind.
>
> René Descartes, *La Géometrie* (1637)

83
die
vereinigung
von
algebra
und
geometrie

➤ Die *Enumeration of Curves of Third Degree* zeigt, dass die Vereinigung von Algebra und Geometrie eine schon beachtlich moderne Form erreicht hatte. Jeder Punkt auf einer Kurve wird von Koordinaten (x, y) angezeigt, deren Werte die jeweils untersuchte Gleichung erfüllen.

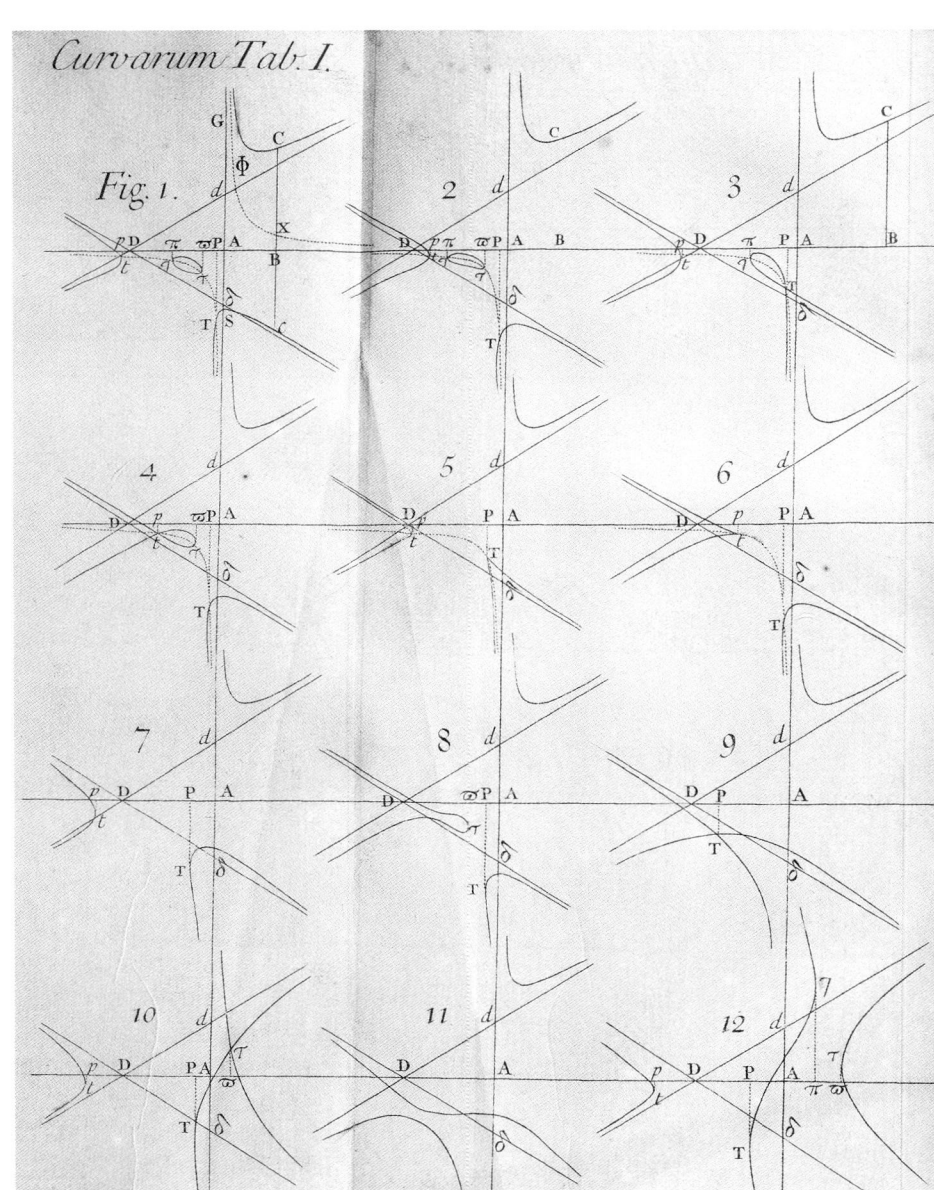

trischen Transformationen so in Beziehung zu setzen, dass man mit Cardanos Formel keine „kubische Ergänzung" mehr vornahm, sondern die kubische Kurve transformierte. Descartes befreite die Geometrie demnach von dem Zwang, mit Lineal und Zirkel durchgeführte Konstruktionen zu verwenden. Vieles von dem, was wir heute als „algebraische Geometrie" bezeichnen, findet man in Descartes' *La Géometrie* – zum Beispiel die Koordinatenachsen und Formeln für die Entfernung zweier Punkte oder den Winkel zwischen verschiedenen Linien. Angesichts des Buchtitels *Discours de la méthode pour bien conduire sa raison et chercher la verité dans les sciences*, unter dem *La Géometrie* veröffentlicht wurde, passt es vielleicht gut, dass die Bedeutung Descartes' darin bestand, den nachfolgenden Mathematikern zu einer neuen Methode oder Sprache zu verhelfen, mit der sie mathematische Probleme ausdrücken konnten. Zudem postulierte er eine gewisse Gleichberechtigung zwischen algebraischen und geometrischen Methoden.

wenn die dritte potenz und die dinge zusammengenommen
gleich einer diskreten zahl sind,
suche zwei weitere zahlen, die sich in diesem wert unterscheiden.
dann wird dir ständig widerfahren,
dass ihr produkt stets exakt gleich
der dritten potenz von einem drittel der dinge ist.
der rest ihrer kubikwurzeln, voneinander subtrahiert,
gleicht dann als generelle regel dem ersten ding.
im zweiten dieser schritte,
wenn die dritte potenz allein bleibt,
wirst du folgende weitere übereinstimmungen beobachten:
du wirst sofort die zahl in zwei teile teilen,
so dass mal die eine, mal die andere eindeutig
exakt die dritte potenz eines drittels der dinge ergibt.
dann, als ständige regel, wirst du die kubikwurzel
dieser teile zusammenaddieren,
und diese summe wird dein gedanke sein.
die dritte dieser unserer berechnungen
wird mit der zweiten gelöst, wenn du sorgfältig bist,
da sie in ihrer natur fast zusammengehören.
diese dinge fand ich, und zwar nicht mit langsamen schritten,
im jahr eintausendfünfhundertvierunddreißig.
mit fundamenten stark und fest
in der stadt, die vom meer umgeben ist.

Lösung von kubischen Gleichungen, die Tartaglia Cardano gab.

Kapitel 12

Das mechanische Universum

◄ *L'atmosphère météorologique populaire* (Paris, 1888) heißt dieser von Camille Flammarion stammende Holzschnitt im Stil des frühen 16. Jahrhunderts. Dargestellt wird das Durchbrechen der mittelalterlichen Welt, als man die dem Universum zugrundeliegenden Mechanismen entdeckte.

▼ Cellarius, *Atlas Coelestis*, 1660, mit einer Illustration des kopernikanischen Planetensystems. Dargestellt ist auch Galileos Entdeckung der Jupitermonde, die Kopernikus noch nicht kannte.

Im 16. Jahrhundert blieb Ptolemäus' *Almagest* (vgl. Kapitel 2) die wichtigste Informationsquelle zur Laufbahn der Planeten. Dieses klobige Gerüstwerk aus Epizyklen und Herleitungen überdauerte in verschiedenen Formen fast zwei Jahrtausende, wahrscheinlich deswegen, weil weder die verwendeten trigonometrischen Tabellen noch die gesammelten Beobachtungsdaten genau genug waren, um die groben Fehler des Systems zu enthüllen. Die kreisenden Glaskugeln des Aristoteles wurden durch eine Schar von Engeln ersetzt – himmlische Geister, die die Himmelskörper drehen. Die Mathematik hatte die Aufgabe, „das Phänomen zu bewahren", nicht es zu erklären. Die Revolution, die bald stattfand, sollte im wahrsten Sinne des Wortes Himmel und Erde in Bewegung setzen. Ein wesentlicher Aspekt dieser Revolution war die Rolle der Mathematik.

Eines der offensichtlichsten Probleme des Systems von Ptolemäus bestand darin, dass die Bewegung eines Planeten in seinen Epizyklen zur Folge hat, dass seine Entfernung zur Erde erheblich variiert. Daher müsste sich auch seine Größe am Himmel sichtbar verändern. Eine solche Veränderung zeigt sich am deutlichsten beim Mond. Wahrscheinlich war dies der Grund, warum Nikolaus Kopernikus (1473–1543) ein helio-

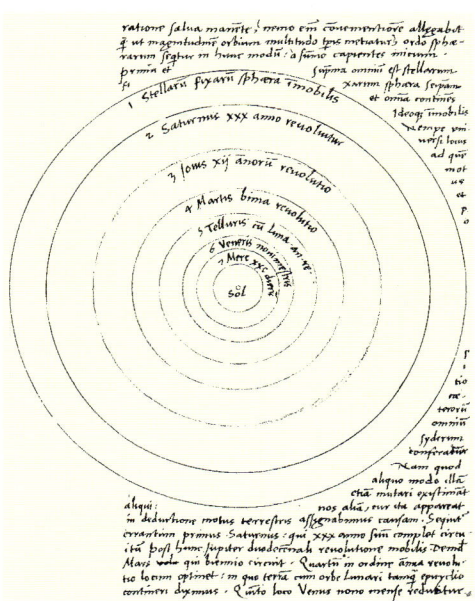

▲ Eine Seite aus Kopernikus' *De revolutionibus* (1543), die die Sonne im Zentrum und die Planeten in der richtigen Anordnung darstellt, mit Fixsternen in der äußeren Hülle. Die Epizyklen, die Kopernikus brauchte, um „das Phänomen zu bewahren", sind hier nicht dargestellt.

zentrisches Universum (mit der Sonne im Zentrum) vorschlug. Kopernikus studierte an der renommerten Universität von Krakau, später auch in Italien, bevor er eine Stelle als Domherr von Frauenburg, einer kleinen Stadt an der Ostseeküste antrat. Kopernikus' eigenes System unterschied sich nicht wesentlich von dem des Ptolemäus: Auch bei ihm wurden die Umlaufbahnen als Kreise und Epizyklen konstruiert. Allerdings verringerte die ins Zentrum gesetzte Sonne die Zahl der benötigten Kreise deutlich, auch wenn Kopernikus' Modell nach Ausarbeitung sogar mehr Epizyklen hatte als das System des Ptolemäus. Das System des Kopernikus stellte die Reihenfolge der Planetenlaufbahnen von der Sonne ausgehend richtig dar, und es ermöglichte eine Schätzung der relativen Entfernung eines jeden Planeten zur Sonne. Die scheinbar retrograde Bewegung der Planeten wurde nun als Folge ihrer relativen Bewegung zur sich ebenfalls bewegenden Erde erklärt. Dies war eine grundlegende Neuerung gegenüber der Annahme, die Planeten bewegten sich in Epizyklen ihrer Umlaufbahnen um eine stationäre Erde. Sein großes Werk *De revolutionibus orbium coelestium* („Über die Revolutionen der himmlischen Sphären") veröffentlichte Kopernikus erst 1543, also in seinem Todesjahr, und das auch nur nach langem Zögern.

Kopernikus setzte eine Revolution in Gang, in der er scheinbar nur eine unfreiwillige Rolle spielte. Die im *De revolutionibus* veröffentlichten Ideen finden sich schon im *Commentariolus*, einem Manuskript, das er bereits um 1510 verfasst und privat weitergereicht hatte. Scheinbar wollte er das ptolemäische System nicht überholen, sondern verbessern. Seine Kritik bestand in der Feststellung, dass sich die Planeten nach diesem System mit unterschiedlicher Geschwindigkeit bewegen müssten, während er selbst die strikte Einhaltung der von Aristoteles beschriebenen perfekten Bewegung in perfekten Kreisen bei konstanter Geschwindigkeit forderte. Diese Forderungen veranlassten ihn zu einigen Annahmen die uns heute noch sehr modern erscheinen. Zu diesen Annahmen gehörte es, die Sonne ins Zentrum des Universums zu stellen und die Erde um die Sonne und zugleich um die eigene Achse kreisen zu lassen. Jener erste heliozentrische Ansatz war genauso klobig wie das System des Ptolemäus. Der *Commentariolus* war nur eine Skizze, die Kopernikus später noch ausarbeiten wollte. Doch er zögerte, als es um die Veröffentlichung ging, trotz Unterstützung von Seiten der Kirchenautoritäten und des Vatikans.

1514 lud man Kopernikus zur Teilnahme am Laterankonzil zur Reform des Kalenders ein, doch er lehnte mit der Begründung ab, dass man den Kalender erst richtig reformieren könne, wenn die Bewegungen der Planeten bekannt seien. Letztlich war er sich seines Gedankengebäudes nicht sicher, da er immer noch nicht beweisen konnte, dass sein System wirklich besser oder genauer war als das von Ptolemäus. Er hatte sich auf die alten astronomischen Tabellen verlassen und scheinbar nur wenige eigene Beobachtungen gemacht. So wurde *De revolutionibus* eigentlich nur durch die begeisterten Bemühungen seines neuen Bewunderers Rheticus in Nürnberg veröffentlicht, zu dieser Zeit eine lutherische Stadt. Kurz bevor das Buch erschien, wechselte Rheticus jedoch von der Universität Wittenberg nach Leipzig, und die Drucklegung wurde Andreas Osiander anvertraut, einem der Mitbegründer des Luthertums. Hier wurde dann auch das berühmte Geleitwort beigefügt, wahrscheinlich von Osiander selbst. Jenes Geleitwort enthielt im Wesentlichen eine Warnung an den Leser: „Wahrheit oder Unwahrheit des kopernikanischen Systems, das ist hier nicht ernsthaft von Bedeutung. Ein Vergleich zwischen verschiedenen Systemen ist nützlich für die Beurteilung, welches leichter verwendbar für Berechnungen ist. Die tatsächlichen himmlischen Bewegungen jedoch sollten von anderen, philosophischen und theologischen Kriterien bestimmt werden." Fairerweise muss man erwähnen, dass auch Kopernikus selbst solche Zweifel hatte. Das Geleitwort wurde wohl vornehmlich zur Beschwichtigung von Martin Luther beigelegt, der ein entschiedener Gegner der Ansichten von Kopernikus war. Der Vatikan hingegen ermutigte ihn zu dieser Zeit offenbar sogar noch. Kopernikus' Schrift wurde erst dann auf die Liste der ketzerischen Bücher gesetzt, als die Gegenreformation bereits in vollem Gange war, also erst etwa 80 Jahre nach der Publikation.

Der *Commentariolus* machte kühne Behauptungen, die im *De revolutionibus* weitgehend fehlten. In der Endfassung hatte Kopernikus sogar mehr Epizyklen als Ptolemäus, und die Planeten drehten sich nicht um die Sonne, sondern um von der Sonne entfernte Punkte. Unbewusst erkannte er die wahre Natur der Planetenlaufbahnen; elliptische Bahnen mit der Sonne in einem der Brennpunkte, statt im Zentrum der Ellipse stehend. Zu jener Zeit betrachtete man die Bewegungen von Erde und Himmel als zwei vollkommen verschiedene Phänomene. Recht behielt Kopernikus mit seiner Auffassung, dass die Erde sich bewegt, leider war er jedoch selbst nicht ganz überzeugt. Einen Namen machte sich Kopernikus mit der Veröffentlichung seiner astronomischen Tafeln im Jahr 1551. *De revolutionibus* dagegen ging sang- und klanglos unter.

Trotzdem hatte der zurückhaltende Domherr unbeabsichtigt eine auf kleiner Flamme brennende Lunte gezündet, die wahrhaftig noch zu Explosionen führen sollte. Johannes Kepler (1571–1630), ein glühender Anhänger von Kopernikus, war außer sich wegen des anonymen Geleitwortes, das den unaufmerksamen Leser glauben ließ, es stamme von Kopernikus selbst. Kepler jedoch besaß den Mut, gegen die Tyrannei der alten Gelehrten zu rebellieren. Seine außergewöhnlichen intellektuellen Fähigkeiten waren so offenkundig, dass der neu etablierte protestantische Staat seine Ausbildung unterstützte. Die Leitung der theologischen Fakultät der Universität Tübingen verhalf ihm zu einer Stelle als Mathematicus in Graz. Kepler repräsentiert eine Phase des Übergangs im naturwissenschaftlichen Verständnis. Seine Meinung zur Astrologie veränderte sich

➤ Keplers Modell der ineinander-
gestellten platonischen Körper aus
dem *Mysterium cosmographicum*
(1596) war sein erster Versuch, die
relative Entfernung zwischen den
Planeten zu erklären. Die äußere
Kugel stellt den Planeten Saturn dar,
in dem sich ein Würfel befindet. Eine
in diesem Würfel konstruierte Kugel
zeigt die Umlaufbahn des Jupiter an,
und so weiter bis hinab zur Umlaufbahn des Merkur.

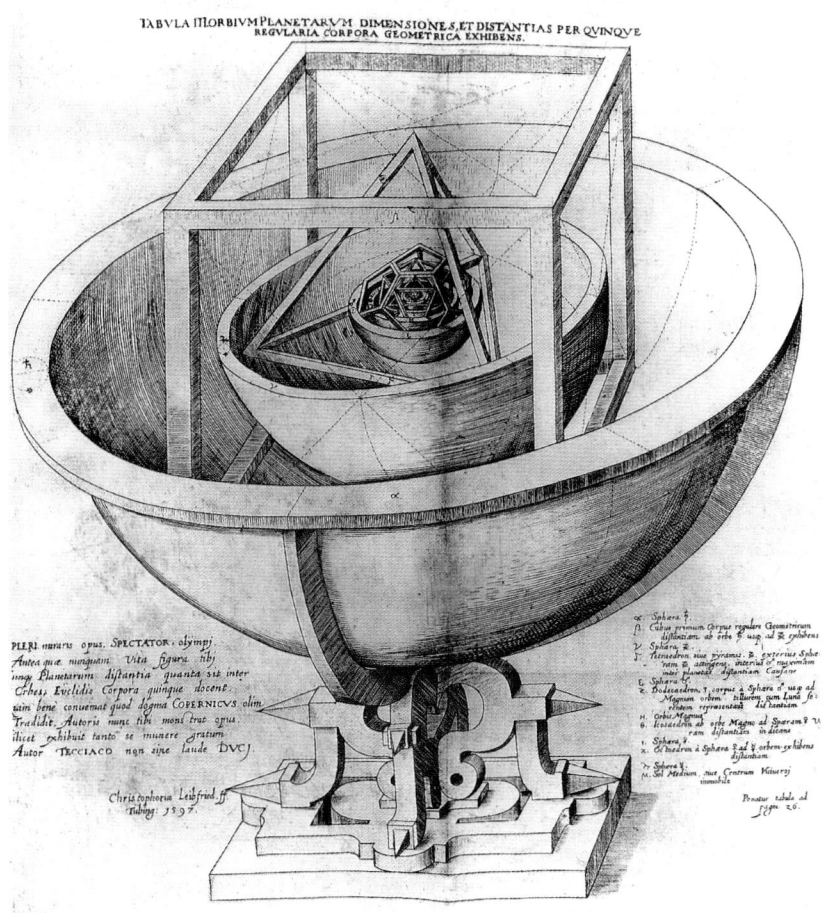

im Laufe seines Lebens: Er hatte keinen Zweifel daran, dass die Planeten einen, wenn
auch unbekannten Einfluss auf den Geist haben. Seine Arbeiten sind ein erstaunliches
Testament über die vorausschreitenden Ideen eines Wissenschaftlers und alle damit
verbundenen Sackgassen.

1595 hatte Kepler, während er eine Klasse unterrichtete, seine erste Vision von kosmischer Harmonie. Er malte eine Figur auf die Tafel, die aus einem gleichschenkligen
Dreieck bestand, mit einem gerade noch darin liegenden Kreis und einem weiteren

Kreis, der das Dreieck umspannte. Er hatte die Idee, dass die beiden Kreise in demselben Verhältnis zueinander standen wie die Umlaufbahnen von Saturn und Jupiter, wie
sie zu dieser Zeit bekannt waren. Diese Inspiration führte zu seinem berühmten „Modell
der fünf platonischen Festkörper". Seit Euklid war bekannt, dass es nur fünf perfekte
Festkörper gab, und man kannte sechs Planeten (einschließlich der Erde und außer
Sonne und Mond). Für jeden Körper ließ sich eine kugelförmige Sphäre konstruieren,
die jede seiner Ecken gerade berührte, sowie eine innere Sphäre, die den Mittelpunkt
einer jeden seiner Begrenzungsflächen berührte. Wenn Kepler die Reihenfolge der Körper richtig wählte, konnte er sie wie die russischen Matrjoschka-Puppen ineinander
stellen. Er war geradezu besessen von dieser Idee und auch von der sich hier darstellen-
den Vereinigung von mathematischer Präzision mit kosmischer Harmonie. Er veröffentlichte seine Ergebnisse 1596, im Alter von 25 Jahren, im *Mysterium cosmographicum.* In
dessen Einleitung unterstützte er erstmals öffentlich das heliozentrische System und
begründete damit posthum den Ruhm des Kopernikus. Obwohl Kepler dem Rat folgte,

nicht gleich ein ganzes Kapitel dafür zu verwenden, den Kopernikanismus mit der Heiligen Schrift in Einklang zu bringen, stellte er doch in seinem Werk unmissverständlich klar, dass das heliozentrische Universum eine absolute und physikalische Wahrheit sei. Er glaubte nicht an die eigentliche Existenz der Körper selbst, sondern daran, dass die ihnen zugrunde liegende Struktur ein Zeichen des großen Architekten selbst sei. Nach weiteren metaphysischen Spekulationen über Themen wie die von Pythagoras postulierte Weltharmonie, liest sich das *Mysterium cosmographicum* plötzlich wie ein Auszug aus einem modernen Buch über mathematische Physik. Kepler beschrieb alle Berechnungen und Schlussfolgerungen, die er durchlaufen hatte: So sei der Saturn doppelt so weit von der Sonne entfernt wie der Jupiter, brauche aber die zweieinhalbfache Zeit für eine Umlaufbahn. Somit sei der Saturn nicht nur weiter weg, sondern bewege sich auch langsamer. Kepler sucht nach einer physikalischen Lösung und ignoriert die Möglichkeit, dass die „Engel immer müder werden", je weiter sie von der Sonne weg sind. Hier finden wir die ersten Diskussionen über eine Art Schwerkraft, die von der Sonne ausgeht und mit der Entfernung von dieser an Stärke verliert. Die Quelle dieser Kraft sei Gott selbst und entstehe, indem der Vater den Heiligen Geist in das ganze Universum aussende. Somit saß der Schöpfer, der zuvor aus dem Sternenreich verbannt worden war, nun genau im Herzen des Sonnensystems. Am Ende des *Mysterium cosmographicum* kehrt Kepler zu astrologischen Themen zurück und erstellt ein Horoskop für den Schöpfungstag: Sonntag, den 27. April 4977 v. Chr. Das Ganze war ein von Fehlern behaftetes Meisterwerk: Die Theorie der ineinander gestellten Körper war falsch, und Keplers Version von der Schwerkraft funktionierte nicht. Kepler war sich dessen durchaus bewusst, und doch glaubte er, der Wahrheit nahe zu sein, und setzte seine Experimente weiter fort.

Was Kepler brauchte, war eine exakte Tabelle astronomischer Beobachtungen, und es gab einen Mann, der eine besaß: Tycho de Brahe (1546–1601). Als dieser Keplers Buch las, erkannte er den genialen Geist des jungen Mannes. Drei Jahre später arbeitete Kepler als de Brahes Assistent in Prag. De Brahe besaß das beste Observatorium weit und breit und dazu die Daten, die Kepler benötigte. Allerdings hatte de Brahe eine eigene Theorie über die Planeten, die er sich weigerte zu veröffentlichen und sogar größtenteils vor seinen Kollegen und Assistenten geheim hielt. De Brahe hatte in seiner Jugend voller Ehrfurcht eine Sonnenfinsternis erlebt, doch noch mehr hatte ihn die Tatsache fasziniert, dass diese sogar vorhergesagt worden war. Im Jahr 1600 trafen die beiden Männer endlich zusammen, und Kepler erhielt die Aufgabe, die Daten des Mars zu studieren, dessen Umlaufbahn offenbar am schwierigsten zu berechnen war. Das Verhältnis zwischen den beiden war immer gespannt. De Brahe, ein Forscher am Ende seiner Tage, wusste, dass er sein Lebenswerk dem jüngeren Kepler übergeben musste. Jeder brauchte den anderen. Nach nur 18 Monaten starb de Brahe, und Kepler wurde unter Kaiser Rudolph II. zum neuen Kaiserlichen Mathematicus ernannt.

◄ *Tycho Brahe und Rudolph II. in Prag*, Eduard Ender, 1855. Brahe demonstriert die Funktion eines Himmelsglobus. Zu Beginn des 17. Jahrhunderts besaß Brahes Observatorium, „Die Insel der Venus", die weltweit exaktesten astronomischen Messungen – Daten, aus denen Kepler seine Theorie über die elliptischen Umlaufbahnen aufstellte.

Nun gehörten die Beobachtungsdaten Kepler, doch die Umwandlung der Zahlen in Umlaufbahnen dauerte lange. 1609 veröffentlichte Kepler sein großes Werk, die *Astronomia nova*. Genau wie seine früheren Arbeiten war auch dies weniger ein Textbuch, als ein Tagebuch, das alle Ideen seiner kreativen Intelligenz aufzeichnete: Der Leser kann jeden Freudensprung und jeden Verzweiflungsschrei Keplers miterleben, während dieser „gegen den Mars zu Felde zieht". Die Schwierigkeit, die Umlaufbahn dieses Planeten zu berechnen, bestand darin, dass sie einer Ellipse stark ähnelt und daher vom kreisförmigen Verlauf deutlich abweicht. Dafür lieferte der Mars aber auch den Schlüssel für alle anderen Umlaufbahnen. Kepler konnte nicht einfach Epizyklen aufeinander stecken wie die Astronomen vor ihm. Seine Aufgabe war es nicht, „das Phänomen zu bewahren", sondern die Gesetze der Bewegung der Planeten zu erforschen und diese geometrisch auszudrücken. Der große Triumph der *Astronomia nova* war die Feststellung, dass sich die Planeten in Ellipsenbahnen um die Sonne bewegen, die in einem der Brennpunkte (Focus) steht. Dies ist heute bekannt als das erste keplersche Gesetz. Hier präsentierte Kepler auch das zweite nach ihm benannte Gesetz: Die von der Sonne zu einem Planeten gezogene Verbindungslinie überstreicht in gleichen Zeiten gleiche Flächen. Dabei gelangt Kepler auch in die Nähe der Gravitationstheorie, indem er die Gezeiten richtigerweise der Anziehungskraft des Mondes zuschreibt. Auch erkennt er darin dieselbe Anziehungskraft, die die Weltmeere davon abhält, ins All abzufließen. Aber er entwickelt nicht das Gesetz, das besagt, dass sich die Lichtintensität umgekehrt proportional zum Quadrat des Abstandes ($1/r^2 = r^{-2}$) verhält. Obgleich er sehr wohl wusste, dass die Intensität des Lichtes einem solchen Gesetz folgt, wurde die Formulierung dieses Gesetzes erst durch Newton vorgenommen. Nach Entdeckung der richtigen Umlaufbahnen der Planeten war er im Zweifel über die Natur der Kräfte, die dahinter steckten. Immerhin: Verbannt waren die „unsichtbaren Engel" und ähnliche Theorien. Das neue Universum war ein Universum der Geometrie und der Kräfte.

Im Jahre 1619 kehrte Kepler mit der Veröffentlichung von *Harmonice mundi* („Weltharmonie"), einer Vereinigung von Mathematik, Physik und Mystizismus, zum Leitmotiv seines Lebens zurück. Hier finden wir auch Keplers drittes Gesetz zur Planetenbewegung: Das Quadrat der Umlaufzeit eines Planeten verhält sich proportional zur dritten Potenz des mittleren Abstands von der Sonne. Die drei Gesetze enthalten versteckt die Gravitationstheorie, die Kepler niemals ausdrücklich formulierte. Seine *Epitome astronomiae Copernicanae* (1618–1621), eine umfassende Darstellung der kopernikanischen Astronomie nicht nur für den Mars, sondern für alle bekannten Planeten, war die wichtigste astronomische Abhandlung seit Ptolemäus' *Almagest*. Doch Kepler war seinen Zeitgenossen mindestens eine Generation voraus, denn diese blieben weiterhin Anhänger der Lehre des Ptolemäus. Selbst Galileis *Dialog über die beiden größten Weltsysteme* enthielt noch Kreise und Epizyklen.

▲ *Astronomen beobachten eine Sonnenfinsternis* von Antoine Caron (1521–1599), wahrscheinlich dieselbe, die 1559 auch den jungen Brahe so beeindruckt hatte.

Wahrscheinlich begegneten sich Kepler und Galilei (1564–1642) nie persönlich, obwohl sie Zeitgenossen waren. 1597 schickte Kepler ein Exemplar seines *Mysterium cosmographicum* an Galilei. Dieser zögerte zu der Zeit noch, die Ansichten des Kopernikus öffentlich zu unterstützen. Er behandelte Kepler im besten Falle unhöflich, wenn nicht gar hinterhältig: Er täuschte Kepler Freundschaft vor, weigerte sich jedoch zugleich, ihm ein neues Teleskop oder auch nur Exemplare seiner Bücher zu schicken. Galilei zog es vor, sich bei potentiellen Dienstherren einzuschmeicheln, statt mit anderen Wissenschaftlern zusammenzuarbeiten. 1609 begann Galilei mit seinem neu erfundenen Teleskop mit seinen berühmten Beobachtungen. Innerhalb eines Jahres hatte Galilei die Leistung des Teleskops verbessert und entsandte seinen *Sidereus nuncius* („Boten der Sterne") in die Welt. Galileis Beobachtungen enthüllten, dass der Mond keine perfekte Kugel mit glatter Oberfläche, sondern mit Bergen übersät ist, dass der Planet Venus verschiedene Phasen durchläuft, genau wie der Mond, und dass Jupiter sein eigenes Satellitensystem besitzt. Die Ringe des Saturn hielt er mit seinem ungenauen Teleskop für zwei Beulen, die die Scheibe des Planeten flankierten. Galilei arbeitete als Mathematiker für die Medici. In Rom wurde er mit der Aufnahme in die Accademia dei Lincei, der ersten naturwissenschaftlichen Akademie der Welt, geehrt, und auch von den Jesuiten wurde er gefeiert. Er war zu einem Medienstar geworden, und da er ohnehin die Volkssprache der lateinischen vorzog, wurden seine Texte überall in Italien verbreitet.

Die Kirche war besorgt über das kopernikanische System, da es den geltenden Interpretationen der Heiligen Schrift zu widersprechen schien. Dagegen waren die Jesuiten bereit, das heliozentrische System anzuerkennen, sofern es eindeutige Beweise gab. Es war nicht das erste Mal, dass die Lehrmeinung im Lichte naturwissenschaftlicher Tatsachen verändert wurde. Die Jesuiten hatten alle Beobachtungen Galileis bestätigt und unterstützten auch Keplers Arbeit. Zahlreiche Bücher berichten über die dann folgende Tragödie, so dass ich hier nur kurz darauf eingehen möchte. Die Kirche akzeptierte, dass Keplers System funktionierte und die „Bewahrung des Phänomens" hierdurch besser gewährleistet war als durch das System des Ptolemäus. Dennoch gab es bislang keinen wirklichen Grund, an die physische Existenz dieses besonderen Planetensystems zu glauben. Um die alte Weltanschauung zu stürzen und die Masse der Laien zur Annahme der neuen Weltanschauung zu bewegen, brauchte man mehr Beweise. Eine Gegenbewegung, die solche Veränderungen zu untergraben versuchte, kam von Seiten der zahlreichen und einflussreichen Theologen des Aristotelismus, die Galilei unklugerweise mit sarkastischer und hitziger Sprache herausgefordert hatte. Galilei, ein arroganter Selbstdarsteller, hofierte die Reichen und Angesehenen, doch sobald ihm die Unterstützung entzogen wurde, hatte er nur noch wenige Freunde in akademischen Kreisen. 1616 hatte er dafür plädiert, die kopernikanischen Lehren nicht einmal zu diskutieren, widersprach dem jedoch 1632 ganz eklatant durch die Veröffentlichung seines *Dialogs über die beiden größten Weltsysteme*. Dabei handelte es sich tatsächlich um ein kopernikanisches Manifest, das zudem eine relativ offene Attacke auf einen der mächtigsten Theologen jener Zeit enthielt. Die Geduld des Vatikans war damit erschöpft, und Galilei wurde umgehend nach Rom zitiert. Während der folgenden Jahre musste er seine Ansichten widerrufen, und er stand regelrecht unter Hausarrest. So führte er zwar ein relativ bequemes Leben und empfing zahlreiche Besucher, doch es war ihm untersagt, jemals wieder etwas zu veröffentlichen oder zu unterrichten. Zeitgenössischen Berichten zufolge war er ein gebrochener Mann. Er hatte sowohl seinen Einfluss als auch den Wandel der vorherrschenden Stimmung falsch eingeschätzt. Es war die Zeit der Gegenreformation und Inquisition. Kepler musste jahrelang seine eigene Mutter gegen den Vorwurf der Hexerei verteidigen und zog von Prag nach Österreich, als der Dreißigjährige Krieg begann. Sowohl Kopernikus als auch Kepler konnten in relativer Freiheit arbeiten, beide konnten schreiben was sie wollten, solange sie nicht die kirchlichen Autoritäten herausforderten. Das von den Jesuiten geleitete „Collegium Romanum" nutzte seine intellektuellen Fähigkeiten bei der Suche nach der Wahrheit zum Aufstöbern von Ketzerei. Die ganze Macht des Papsttums und des Vatikans wurde metaphysisch legitimiert durch ein hierarchisches Modell des Universums. Diese Macht wurde nicht nur durch die Reformation bedroht, sondern auch durch die Physik. Die Unterdrückung des kopernikanischen Systems geschah nicht aus Ignoranz, sondern aus Berechnung. Dafür spricht auch die Tatsache, dass die Jesuiten schon bald nach Galileis Verhandlung das kopernikanische System lehrten, um die Menschen in fernen Ländern wie China und Japan mit dessen visionärer Kraft zu beeindrucken.

philosophie steht in diesem großartigen Buch geschrieben. Ich meine das Universum, das stets offen steht für unseren Blick. Doch wir können es nicht verstehen, wenn wir nicht zuerst seine Sprache verstehen und die Buchstaben interpretieren lernen, in denen es geschrieben ist. Es ist geschrieben in der Sprache der Mathematik und seine Buchstaben sind Dreiecke, Kreise und andere geometrische Figuren, ohne die es dem Menschen unmöglich ist, auch nur ein einziges Wort von ihm zu verstehen; ohne diese wandert man durch ein dunkles Labyrinth.

Galileo Galilei, *Saggiatore* (1623)

Während seiner letzten Jahre konnte Galilei auch weiter an seinem Werk *Untersu-chungen und Ergebnisse auf dem Gebiete der Mechanik* arbeiten, das dann aus Italien geschmuggelt und in Leiden gedruckt wurde. In dieser Schrift kehrt er zu jenen Themen der Mechanik zurück, die ihn ursprünglich inspiriert hatten, sowie zur Erforschung der Beschleunigung. Seine Untersuchungen über die Pendelbewegung ergaben, dass die Schwingungszeit des Pendels unabhängig von der Schwingungsweite und dem Ge-wicht des Pendels ist: Sie hängt nur von der Länge des Pendelfadens ab, sie ist proportional zum Kehrwert der Quadratwurzel seiner Fadenlänge. Seine Experimente mit Körpern, die er von ver-schiedenen schiefen Ebenen herabrollen ließ, sowie die Experimente mit dem freien Fall führten zu zwei wichtigen Entdeckungen: 1. Die Geschwin-digkeit eines Körpers steigt proportional zur Zeit, in der er in Bewegung ist, und 2. die zurückgelegte Entfernung nimmt proportional zum Quadrat der Zeit zu. Man hatte auch immer geglaubt, dass ein schwerer Körper schneller fällt als ein leichter, doch Galilei zeigte, dass dies falsch war. Er stellte fest, dass sie gleich schnell fallen, wenn der Luft-widerstand gleich ist. Tatsächlich fällt eine Kano-nenkugel schneller als eine Feder, doch dies liegt nicht am unterschiedlichen Gewicht, sondern an verschiedenen Luftwiderständen. Somit hatte Galilei zwei Kräfte unterschieden und den Grundstein zur Erforschung fliegender Projektile gelegt. Er trennte die horizontale und vertikale Komponente und entdeckte dann, dass die Flugbahn eines Projektils eine Parabel beschreibt.

Es war Isaac Newton (1642–1727), geboren im Todesjahr von Galilei, der diese ver-schiedenen Elemente zusammenführen und in eine einheitliche Theorie gießen sollte. Um die Verwirrung zu verstehen, die in jener Zeit herrschte, sei daran erinnert, dass es damals noch immer zwei verschiedene Wissenschaften der Mechanik gab, eine „Erd-" und eine „Himmelsmechanik". Für Kepler bewegten sich die Planeten in elliptischen Bahnen, angetrieben durch eine geheimnisvolle magnetische Kraft, die von der Sonne ausging. Die Planeten besaßen dabei eine Trägheitskraft, die sie abbremste und von der Rotationsgeschwindigkeit der Sonne abhängig war. Für Galilei bewegten sich die Plane-ten in Kreisbahnen und die Trägheitskraft hielt sie in Bewegung. Die Situation wurde noch komplizierter, als Descartes, der das keplersche Modell weiter ausarbeitete, ver-kündete, dass die Trägheit Körper in gerader Linie wandern lässt und dass die Bahnen der Planeten nur durch ein System von „Wirbeln" im Sonnensystem kreisförmig oder elliptisch verlaufen. Galileis bahnbrechende Forschungen über Beschleunigung und

soweit zur Autorität der Heiligen Schrift. Und nun, hinsichtlich der Meinungen der Heiligen über die Dinge der Natur, antworte ich, dass in der Theologie allein die Autorität, in der Philosophie jedoch allein der Verstand zählt. So war Lactantius ein Heiliger, der leugnete, dass die Erde rund sei [...]. Heilig ist das Heilige Offizium unserer Tage, welche die Winzigkeit der Erde akzeptiert, aber ihre Bewegungen leugnet. Für mich ist jedoch die Wahrheit viel heiliger als all dies, wenn ich, mit allem Respekt gegenüber den Doktoren der Kirche, aus der Philosophie heraus beweise, dass die Erde rund ist und Antipoden besitzt, und dass sie von höchst unbedeutender Winzigkeit ist, ein flüchtiger Wanderer zwischen den Sternen.

Johannes Kepler, *Astronomia nova*, Einleitung (1609)

➤ Galileos Ausführungen zu den Satelliten des Jupiter, die er zu Ehren seines Arbeitgebers „Sterne der Medici" nannte, illustriert in seinem *Sidereus nuncius* (1610). In einer Zeit, in der noch immer die meisten von einem geozentrischen System ausgingen, war Galileos Entdeckung der Beweis dafür, dass ein anderer Planet das Zentrum eines Orbits sein kann.

Erdmechanik hatten scheinbar nichts mit der Himmelsmechanik zu tun. Es gab keinerlei Übereinstimmung in den Definitionen der physikalischen Schlüsselaspekte wie Masse und Gewicht, Trägheit und Drehmoment, Kraft und Energie, Magnetismus und Schwerkraft.

1687 veröffentlichte Newton, nach viel Überzeugungsarbeit und finanzieller Unterstützung durch Edmond Halley, seine *Philosophiae naturalis principia mathematica*, allgemein einfach als die *Principia* bekannt. Erst nachdem in den 20er Jahren des 18. Jahrhunderts zwei weitere Ausgaben erschienen waren, wurde das Werk weithin anerkannt. Im Folgenden werden einige technische Details der *Principia* erläutert, die Schilderung der Entwicklung des Calculus wird dem nächsten Kapitel überlassen. Die *Principia* enthält Newtons berühmte drei Grundsätze der Mechanik („newtonsche Axiome"). In der traditionellen Reihenfolge (allerdings nicht die, in der sie erschienen sind) besagt der erste Grundsatz, das Trägheitsgesetz, dass „jeder Körper im Zustand der Ruhe verharrt oder in der gleichförmigen, geradlinigen Bewegung, solange keine Kräfte auf ihn einwirken und ihn zwingen, diesen Zustand zu ändern". Dies unterstützt die Theorie Descartes' und lässt sowohl das statische wie auch das dynamische Gleichgewicht der Kräfte zu. Der zweite Grundsatz lautet: „Die Bewegungsänderung ist proportional zur auf sie einwirkenden Kraft und ist ihr gleichgerichtet", heute ausgedrückt als $F = ma$. Der dritte newtonsche Grundsatz lautet: „Die Wirkung ist stets gleich der Gegenwirkung, das heißt, die Kräfte, die zwei Körper aufeinander ausüben, sind von gleichem Betrage, aber entgegengesetzter Richtung." Newton diskutiert verschiedene Typen von Kraftfeldern einschließlich des Gravitationsgesetzes. Newtons genialster Schachzug jedoch war die Gleichsetzung der Kräfte von Kepler und Galilei. In Band III der *Principia*, mit dem Titel „Das System der Welt", finden sich die Schlüsselpassagen, in denen er die auf einen frei fallenden Körper einwirkenden Kräfte mit denen, die auf die Planeten in der Umlaufbahn einwirken, gleichsetzt. Mit einem einzigen Streich waren die beiden Wissenschaften zu einer einzigen verschmolzen: Erd- und Himmelsmechanik folgten denselben Gesetzen. Und der unsichtbare Stoff, der alles zusammenhält, war noch immer die geheimnisvolle Schwerkraft.

Berühmt wurde Newton für seine Entdeckung, oder zumindest Mitentdeckung, der Infinitesimalrechnung (Calculus). Dabei sind die Beweise in der *Principia* allesamt geometrisch; obwohl die Diagramme tatsächlich oft infinitesimale Veränderungen von Kraft und Bewegung darstellen und zeigen sollen, dass die resultierende Bewegung eher eine glatte ist als eine Folge von abrupten, kurzen Veränderungen. Noch immer gab es einige ungelöste Probleme in Newtons Kosmologie. So fehlte ein ersichtlicher Grund, warum sich die Planeten alle in derselben Richtung drehen sollten oder warum sie genau diese Umlaufbahnen besetzen und keine anderen. Newton selbst war verwirrt über die mögliche Existenz einer so mächtigen Kraft, die ganz ohne übertragendes Medium über derart große Distanzen hinweg wirken sollte. Er glaubte nicht an eine

& a Ioue remotior, quam antea erat, diſtabat ſi-
quidem *min.* 12.

Die 11. hora 1. aderant ab Oriente Stellæ duæ
& vna ab occaſu. Diſtabat occidentalis a Ioue *mi.*

Ori.   *   *   ✴   *   Occ.

4. Orientalis vicinior aberat pariter a Ioue *min.* 4.
Orientalior vero ab hac diſtabat *min.* 8. erant ſatis perſpicuæ, & in eadem recta. Sed hora tertia

Ori.   *   *   * ✴   *   Occ.

Stella quarta Ioui proxima ab oriente viſa eſt, reliquis minor, a Ioue diſſita per *min.* 0. *ſec.* 30. & a
recta linea per reliquas Stellas protracta modicũ
in Aquilonem deflectens: ſplendiſſimæ erant o-
mnes, ac valde conſpicuæ. Hora vero quinta eũ
dimidia iam Stella orientalis Ioui proxima, ab illo
remotior facta medium inter ipſum, & Stellam
orientaliorem ſibi propinquam obtinebat locũ,
erantq; omnes in eadem recta linea ad vnguem
& eiuſdem magnitudinis, vt in appoſita deſcri-
ptione videre licet.

Ori.   *   * * ✴   *   Occ.

Die 12. hora 0. min. 40. Stellæ binæ ab ortu
binę pariter ab occaſu adſtabant. Orientalis re-
Ori.   *   * ✴ *   *   Occ.

motior a Ioue diſtabat *min.* 10. longinquior vero
Occidentalis aberat *min.* 8. erantque ambæ ſatis
conſpicuæ, reliquæ duæ Ioui erant viciniſſimæ,
& admodum exiguæ, præſertim Orientalis, quæ
                               quæ

quæ a Ioue diſtabat *min.* 0. *ſec.* 40. Occidentalis,
vero *min.* 1. Hora vero quarta Stellula, quæ Ioui
erat proxima, ex oriente amplius non apparebat.

Die 13. hora 0. min. 30. duæ ſtellæ apparebant
ab ortu, duæ inſuper ab occaſu. Orientalis ac Ioui
Ori   *   *   ✴   * *   Occ.

vicinior ſatis perſpicua diſtabat ab eo *mi.* 2. ab hac
orientalior minus apparens aberat *min.* 4. Ex oc-
cidentalibus remotior a Ioue conſpicua valde ab
eo dirimebatur *min.* 4. inter hanc & Iouem inter-
cidebat Stellula exigua, ac occidentaliori Stellæ
vicinior, cum ab ea non magis abeſſet *min.* 0. *ſec.*
30. erant omnes in eadem recta ſecundum Eclip-
ticæ longitudinem ad vnguem.

Die 15. (nam decima quarta cœlum nubibus
fuit obductum) hora prima talis fuit aſtrorum
poſitus, tres nempe erant orientales Stellæ, nulla
Ori.   * ** ✴   Occ.

vero cernebatur occidentalis: Orientalis Ioui
proxima diſtabat ab eo *min.* 0 *ſec.* 50. ſequens ab
hac aberat *min.* 0. *ſec.* 20. ab hac vero orientalior
min. 2. erátq; reliquis maior: viciniores enim Ioui
erant admodum exiguæ. Sed hora proxime quinta, ex Stellis Ioui proximis vna tantum cerneba-
Ori.   * ✴   Occ.

tur a Ioue diſtans *min.* 0 *ſec.* 30. Orientalioris vero
elongatio a Ioue adaucta erat, fuit n. tunc *m.* 4. At
hora 6. præter duas, vt modo dictũ eſt ab oriente

Kraftübertragung durch den luftleeren Raum, sondern an die Existenz eines Mediums, eines Äthers, über den die Kraft übertragen wird. Ob es sich jedoch bei diesem Äther selbst um Materie handelt, war ungeklärt. Die Vision von Engeln, die die Planeten bewegen, war durch einen universalen Geist ersetzt worden. Und wenn die Schwerkraft alles überlagernd war, müssten doch alle Objekte dazu neigen, sich gegenseitig anzuziehen, und so würde das ganze Universum zusammenbrechen! Selbst Newton brachte daher Gott ins Spiel, als eine Art Beschützer, der das Universum vor dieser alles zerstörenden Kraft schützt. Die ganze Gravitationstheorie wäre sicher rasch vom Tisch gefegt worden, hätte das mathematische Modell zur Schwerkraft nicht wunderbar die beobachteten Fakten bestätigt. Die neue Lehre der Mechanik rief einen ganz neuen Zweig der Mathematik ins Leben: die Infinitesimalrechnung. Betrachten wir im Folgenden die Geschichte, die zu deren Entwicklung führte.

ich, galilei, sohn des vincenzo galilei, florentiner, 27 jahre alt, erscheine persönlich vor diesem tribunal und knie vor euch, höchst eminenter und ehrwürdiger grossinquisitor des obersten kardinals gegen ketzerische vergehen im gesamten christlichen königreich. ich habe vor meinen augen und berühre mit meinen händen die heilige schrift, und schwöre, dass ich immer gläubig war, und noch immer gläubig bin, und mit gottes hilfe in zukunft gläubig sein werde, alles, was gepredigt und gelehrt wird durch die heilige katholische und apostolische kirche. das heilige officium hatte mir eine gerichtliche verfügung auferlegt dahingehend, dass ich die falsche meinung gänzlich aufgeben muss, dass die sonne das zentrum der welt und unbeweglich sei, und dass die erde nicht das zentrum der welt sei und sich bewege, und dass ich diese falsche lehre in keiner weise mündlich oder schriftlich vertreten, verteidigen oder lehren darf, und dass mir gesagt wurde, dass die besagte lehre gegen die heilige bibel verstösst. und während ich ein buch schrieb und druckte, in dem ich diese neue, bereits verdammte, lehre diskutiere und gewichtige argumente zu ihren gunsten vorbringe, ohne jedoch auch nur eine lösung hierfür vorzuweisen, wurde ich durch das heilige officium ausdrücklich der ketzerei beschuldigt, das heißt, zu vertreten und zu glauben, dass die sonne das zentrum der welt sei und unbeweglich, und dass die erde nicht das zentrum und beweglich sei.

daher, in dem wunsche diesen ungeheuren verdacht, der zu recht gegen mich besteht, aus dem geist eurer eminenzen, wie auch aus dem aller treuen christen, mit ehrlichem herzen und ungetrübtem glauben zu entfernen, schwöre ich ab, verfluche und verabscheue die oben beschriebenen irrtümer und ketzereien.

Galileis öffentliche Widerrufung der heliozentrischen Theorie.

13   13 13   13
13   13 13
13   13   13 13
13 13   13 13
13 13   13 13
13   13   13
13   13
13   13
13 13
13 13

die mathematik im umbruch

13 13 13   13
13   13   13 13
13   13   13
13   13 13
13 13
13 13 13
13   13
13 13
13
13   13
13 13   13
13   13 13
13
13 13
13
13

◄ Detailabbildung von Buch 1,
Lehrsatz 1, Theorem 1, aus Newtons
Principia (1687).

Sowohl Newton als auch Kepler stellten die Umlaufbahnen der Planeten im Wesentlichen geometrisch dar. Allerdings haben Ellipsen selbst im Raum keine physische Existenz: Sie sind nur die Wege, die die Planeten in ihrer Laufbahn beschreiben. Besser
wäre es, ein mathematisches Werkzeug zu finden, das die Planeten in ihrer Bewegung
beschreibt, anstatt sich darauf zu beschränken, ihren Weg Punkt für Punkt geometrisch
zu konstruieren. Doch alle diejenigen, die versuchten, eine Abfolge geradliniger Bewegungen in eine wirklich glatte Umlaufbahn zu verwandeln, standen vor den Problemen
der unendlich großen und kleinen Mengen.

Bevor im Folgenden die Erfindung der Infinitesimalrechnung dargestellt wird, werden zunächst frühere Versuche betrachtet, mit denen die allgemeinen Probleme bei
Flächen und Tangenten gelöst werden sollten. Solche Vorstufen des Calculus (der
Infinitesimalrechnung) findet man bereits bei Archimedes, der zwei Methoden entwickelte, eine krummlinig umgrenzte Fläche zu definieren. Eines der bekanntesten Probleme für die frühen Gelehrten war die Berechnung einer Kreisfläche, die so genannte
„Quadratur des Kreises". In einer kurzen Abhandlung über die Kreisberechnung beweist Archimedes zwei wichtige Ergebnisse. Das erste besteht darin, dass die Fläche
eines Kreises gleich der Fläche eines rechtwinkligen Dreiecks ist, dessen Grundlinie
dem Umfang des Kreises und dessen Höhe dem Radius des Kreises entspricht, nach
der Formel πr^2, jedoch ohne die Notwendigkeit, π extra auszudrücken. Das zweite
wichtige Ergebnis war der Beweis, dass der numerische Wert von π zwischen $3+\frac{10}{70}$
und $3+\frac{10}{71}$ liegt. In beiden Fällen bestand die verwendete geometrische Methode darin,
um- und einbeschriebene Vielecke (Polygone) des Kreises zu konstruieren; durch
wiederholtes Verdoppeln der Seitenzahl bei jedem Vieleck unterscheiden sich diese
dann immer weniger vom Umfang des Kreises. Die beiden Polygone kommen sich
sukzessive näher, so dass sich die Flächen von Polygonen und Kreis schließlich gleichen, wenn man diesen Prozess unbegrenzt weiterführt. Um den numerischen Wert
von π herauszufinden, begann Archimedes mit der Um- und Einbeschreibung von
Hexagonen. Er hörte auf, als er ein 96-seitiges Polygon erreicht hatte, obgleich er dies
bis zu jedem beliebigen Genauigkeitsgrad hätte weiterführen können. Das Verfahren
wurde gerechtfertigt durch die Anwendung der von Eudoxus (vgl. Kapitel 4) beschriebenen Exhaustionsmethode. Allerdings umging Archimedes die Behauptung, dass die
Polygone auf irgendeine Weise zum Kreis werden, und entschied den Beweis durch
eine langwierige logische Argumentation. Dieses Zögern ist verständlich, denn so ver-
mied er den gewagten Sprung vom Polygon zum Kreis, für die Griechen zwei vollkommen verschiedene Dinge.

Archimedes beschreibt seine mechanische Methode in seiner Schrift *Die Methode*.
Es handelt sich um ein so genanntes Palimpsest, ein aus dem 10. Jahrhundert stammen-
des Papier mit mehreren Werken von Archimedes, das später unvollständig gereinigt
wurde, um Gebete darauf zu schreiben. Zum Glück waren die ursprünglichen mathema-

▲ Cellarius, *Atlas Coelestis*, 1660. Dieses reich illustrierte Buch gibt einen Überblick über die verschiedenen Planetenmodelle seiner Zeit. Wenige Jahre später sollten Newtons *Principia* (1687) die mathematische Physik und Planetentheorie revolutionieren.

tischen Texte noch erkennbar. (1998 wurde das Papier für 2 Mio. Dollar versteigert.) Die Methode, die Archimedes hier diskutiert, besteht im Wesentlichen darin, dass er eine Fläche in einzelne Linien zerteilt, die Linien transformiert und in einer anderen Fläche wieder aufbaut. Die exakte Transformation erfolgte mit Hilfe der von ihm selbst aufgestellten Regeln über die Hebelfunktion. In gewisser Weise balanciert Archimedes eine bekannte Fläche mit einer unbekannten Fläche aus, wobei die Position des Hebelgelenks ihre relative Größe bestimmt, daher der Ausdruck „mechanisch". Obgleich Archimedes dies als ein nützliches heuristisches Werkzeug für die Lösung mathematischer Probleme beschreibt, wusste er doch, dass es keine gültige Beweismethode war. Somit kehrte er zur Geometrie zurück, als er seine fertigen Ergebnisse präsentierte. Das Hauptproblem bestand in der Annahme, dass sich eine Fläche aus unteilbaren Linien zusammensetzt, da eine Linie nur Länge aber keine Breite besitzt, also ein eindimensionales Gebilde darstellt. Wie dicht wir also in Gedanken die Linien auch bündeln, die Summe eindimensionaler Objekte kann nur eindimensional sein und keine zweidimensionale Fläche ergeben. Trotz solcher Unstimmigkeiten gelingt es Archimedes, einige

▲ Der Astronom und Astrologe
Robert Fludd verfasste mit seiner
Utriusque Cosmi Historia (1617–
1624) ein umfangreiches Werk über
kosmische Harmonie, das die physikalischen und spirituellen Wissenschaften vereint, indem es eine Beziehung zwischen Makrokosmos und
Mikrokosmos herstellt.

Flächen und Volumina exakt zu berechnen, einschließlich der Fläche eines Parabel-
Segments, sowie den Schwerpunkt des Kegels.

Bis zu Beginn des 17. Jahrhunderts wuchs das Interesse an der Berechnung verschie-
denster Kurven und deren Längen, den Flächen unter den Kurven und den räumlichen
Körpern, die entstehen, wenn man diese um sich selbst dreht. Den Anstoß gaben verschiedene mechanische Anforderungen an Statistik und Dynamik. Die mathematische
Berechnung des Schwerpunkts eines Gegenstands sagt etwas aus über dessen Stabilität: eine wichtige Frage in Bereichen wie Architektur und Schiffbau. Man griff prinzipiell
auf die Methoden des Archimedes zurück, denn allmählich setzte sich die Annahme
durch, dass trotz logischer Probleme solche Methoden, die unteilbare oder unendlich
kleine Größen verwenden, zu richtigen Ergebnissen führten.

Die Mathematik konnte nun auch die Konzepte von unendlich großen oder kleinen
Mengen nicht länger umgehen. Kepler verwendete infinitesimale Methoden bei der Berechnung der von einem Planeten in seiner Umlaufbahn beschriebenen Fläche. Noch
beeindruckender ermittelte er in seinem Buch *Nova Stereometria doliorum vinariorum*
(„Neue Raummesskunst der Weinfässer", 1615) das Volumen eines Weinfasses mit Hilfe
vieler unendlich kleiner Scheiben. Galileo glaubte an die reale Existenz der Unendlich-

keit und bezeichnete als Beispiel den Kreis als ein Polygon mit einer unendlichen Anzahl von Seiten. In derselben Zeit veröffentlichte Bonaventura Cavalieri (ca. 1598–1647),
ein Schüler Galileos und seit 1629 Professor für Mathematik in Bologna, ein beachtli-
ches Werk von fast 700 Seiten über die Berechnung von Flächen und Volumina. In seiner *Geometria indivisibilibus continuorum* (1635) diskutierte er verschiedene Methoden
über unteilbare Größen, indem er Flächen so manipulierte, als seien sie aus unteilbaren
Linien, und Volumina, als seien sie aus unteilbaren Flächen zusammengesetzt. Sein
weitreichendstes Ergebnis war eine Formel für die Berechnung der Fläche unter einer
Kurve $y = x^n$ für jede ganze Zahl n.

Man beachte die Vorstufen der Entwicklung des Calculus mit Hilfe der Berechnung
von Kurventangenten: Pierre de Fermat (1601–1665) legte einige wichtige Ergebnisse
vor, ohne sie jedoch zu veröffentlichen. Er verließ sich auf deren Verbreitung durch den
regen mathematischem Schriftwechsel, der von Marin Mersenne (1588–1648) initiiert
wurde. Fermat entwickelte Methoden zur Berechnung von Tangenten für jeden Punkt
einer polynomischen Kurve sowie zur Festlegung ihrer Maxima und Minima. Zudem entdeckte er Cavalieris Regeln für die Flächen unter Kurven in Form von $y = x^n$ wieder und
erweiterte sie so, dass n sowohl positiv als auch negativ sein konnte. Der einzige Aus-
nahmefall war $n = -1$, denn hier wusste man bereits, dass die Lösung die logarithmische
Funktion ist. Die von Fermat verwendeten Methoden ähneln bis auf die Tatsache, dass
Fermat das Konzept des Grenzwertes nicht anwendete, sehr stark denen, die wir noch
heute in der Differenzialrechnung benutzen. In keiner seiner Schriften zum Thema Infinitesimalrechnung erwähnt Fermat einen der Schlüsselaspekte seines neuen Rechen-
verfahrens, nämlich die Tatsache, dass das Problem der Tangenten und das Problem der
Flächen grundsätzlich invers zueinander sind. Wir sprechen heute von der „Ableitung",
der „Umkehrung der Ableitung" und vom „Integral".

Diese Fülle an Berechnungsmethoden führte bald zur Entstehung eines neuen
Zweigs der Mathematik. Wie so oft in der Geschichte lag die revolutionäre Veränderung
bereits vorher in der Luft. In diesem Fall wurde die Tendenz gleich von zwei Männern aufgegriffen: Isaac Newton und Gottfried Leibniz, die Erfinder der Infinitesimalrechnung.

Isaac Newton wurde Weihnachten 1642 geboren. 1661 schrieb er sich am Trinity
College in Cambridge ein und promovierte dort 1664. 1669 verfasste er die Schrift *De
analysi per aequationes numero terminorum infinitas*, in der er unendliche Potenzreihen
genauso wie endliche Reihen behandelte. Später erweiterte er den Binomialsatz auf
jede rationale Potenz. *De analysi* enthielt zudem die erste Beschreibung des Calculus,
die der Methode durch die Verwendung unendlicher Reihen von Fermat ähnelt, aber
mehr Aussagekraft besitzt. Erstmals wird hier auch die Berechnung von Flächen unter
Kurven ausdrücklich als Umkehrung der Tangentenberechnung beschrieben. 1671 veröffentlichte Newton eine weitere Abhandlung über das, was er nun „Fluxionen und
Fluenten" (Fließende) nannte. Dort stellt er die Mengen x und y als in stetiger Bewe-

gung wachsend oder abnehmend, fließend oder abfließend in Bezug auf die Zeit dar. ẋ und ẏ bezeichnen die Fluxionen oder Wachstumsgeschwindigkeiten. Die Mengen, von denen x und y selbst Fluxionen sind, werden als x' und y' dargestellt. Newton hatte die Vorstellung, dass die Zeit fließt und durch die stetige Bewegung im Raum aus Punkten Linien werden und aus Linien Flächen etc. Die Zeit verläuft in diesem Schema objektiv und unabhängig von allen Geschehnissen. Alle Körper bewegen sich unabhängig voneinander im Raum. Leider behielt Newton den Großteil seiner Ergebnisse für sich. *De analysi* wurde erst 1711 veröffentlicht, und 1736 erschien eine Beschreibung seiner Fluxionsrechnung in englischer Sprache. Seine erste Abhandlung überhaupt erschien 1687 in Form von einigen kurzen und schwer verständlichen Absätzen in der *Principia*. Da die *Principia* nahezu keine Ausführungen zum Calculus enthielt, verwendete Newton für seine gesamte mathematische Physik geometrische Begriffe. Seine beharrliche Weigerung zu publizieren lässt sich vermutlich durch Angst vor öffentlichen Kontroversen erklären.

Ein Kapitel der *Principia* trägt die Überschrift „Die Methode der ersten und letzten Verhältnisse", hier wird die Differenzial- und Integralrechnung geometrisch beschrieben. Ein wichtiger Begriff der Fluxionsrechnung ist das, was Newton „Moment einer Größe" nennt: der gerade noch wahrnehmbare Zuwachs der Größe. Das Moment der Fluxion entspricht dem heutigen Differenzial. Da dies die erste öffentliche Darstellung des neuen Calculus war, überrascht es kaum, dass die wissenschaftliche Welt geradezu überwältigt war. Newton kommt von geometrischen Beweisen zu allgemeinen Lösungen, ohne diese durch Algebra zu manipulieren. In seinem Text gab er zu, dass man Beweise mittels unteilbarer Größen zwar leichter präsentieren könne, drückte aber seine Sorge aus, dass der Beweis durch unteilbare Zahlen auf unsicheren Fundamenten fußt. Newton war nicht der erste, der das Integrations-Problem als Umkehrung der Differentiation betrachtete. Durch seine Arbeit an unendlichen Reihen erweiterte er die Menge an möglichen Funktionen, die damit gelöst werden konnten, erheblich.

und was sind diese fluxionen? die geschwindigkeiten unendlich kleiner inkremente (zuwächse). und was sind diese unendlich kleinen zuwächse? sie sind weder endliche mengen, noch unendlich kleine mengen, noch überhaupt irgend etwas. können wir sie da nicht geister vergangener mengen nennen?

George Berkeley, *The Analyst* (um 1727)

Die Problematik, mit der Newton sich beschäftigte, lässt sich folgendermaßen erläutern: Möchte man von einem Punkt auf einer Kurve die Steigung der Tangente durch diesen Punkt berechnen, wählt man einen zweiten Punkt nahe dem ersten und verbindet die beiden Punkte durch eine Gerade miteinander. Dann lässt sich ein rechtwinkliges Dreieck konstruieren, bei dem diese beiden Punkte die beiden Enden der Hypotenuse darstellen. Das Verhältnis der übrigen Seiten des Dreiecks liefert die Steigung der Geraden, die die beiden Punkte verbindet. Nun stellt man sich vor, dass der zweite Punkt sich langsam dem ersten nähert. Die Steigung der Geraden durch die beiden Punkte nähert sich immer mehr der

► Buch 1, Lehrsatz 1, Theorem 1, aus Newtons *Principia* (1687). Dargestellt wird die Bahn, in der sich ein Teilchen unter dem Einfluss einer von einem festen Punkt ausgehenden Zentripetalkraft bewegt. Newton beweist, dass sich die Fläche, die durch die Bahn eines solchen Teilchens beschrieben wird, proportional zur Zeit verhält, die es für die Zurücklegung der Bahn braucht. Somit verallgemeinert er das zweite keplersche Gesetz.

[37]

SECT. II.

De Inventione Virium Centripetarum.

Prop. I. Theorema. I.

Areas quas corpora in gyros acta radiis ad immobile centrum virium ductis defcribunt, & in planis immobilibus confiftere, & effe temporibus proportionales.

Dividatur tempus in partes æquales, & prima temporis parte defcribat corpus vi infita rectam *A*B. Idem fecunda temporis parte,fi nil impediret, recta pergeret ad *c*,(per Leg. 1) defcribens lineam B*c* æqualem ipfi *A*B, adeo ut radiis *A*S, B S, *c*S ad centrum actis, confectæ forent æquales areæ *A* S B, B S*c*. Verum ubi corpus venit ad B, agat viscentripeta impulfu unico fed magno, faciatq; corpus a recta B*c* deflectere & pergere in recta B C. Ipfi B S parallela agatur *c* C occurrens B C in

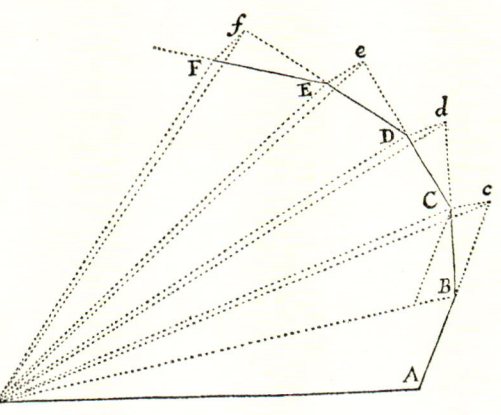

C, & completa fecunda temporis parte, corpus (per Legum Corol. 1) reperietur in C, in eodem plano cum triangulo A S B. Junge S C, & triangulum S B C, ob parallelas S B, C *c*, æquale erit triangulo S B *c*, atq; adeo etiam triangulo S *A* B. Simili argumento fi
vis

deſcripto, ſecetur producta recta VR in H, & umbilicis S, H, axe tranſverſo rectam HV æquante, deſcribatur Trajectoria. Di-co factum. Namq; VH eſſe ad SH ut VK ad SK, atq; a-deo ut axis tranſverſus Tra-jectoriæ deſcribendæ ad diſt-antiam umbilicorum ejus, pa-tet ex demonſtratis in Caſu ſe-cundo, & propterea Trajec-toriam deſcriptam ejuſdem

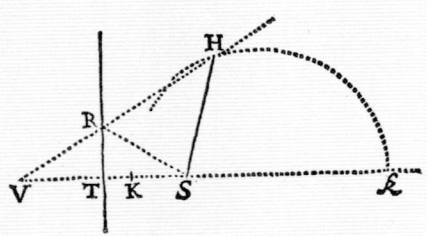

eſſe ſpeciei cum deſcribenda: rectam vero TR qua angulus VRS biſecatur, tangere Trajectoriam in puncto R, patet ex Conicis Q. E. F.

Cas. 4. Circa umbilicum S deſcribenda jam ſit Trajectoria APB, quæ tangat rectam TR, tranſeatq; per punctum quodvis P extra tangentem datum, quæq; ſimilis ſit figuræ $a\,p\,b$, axe

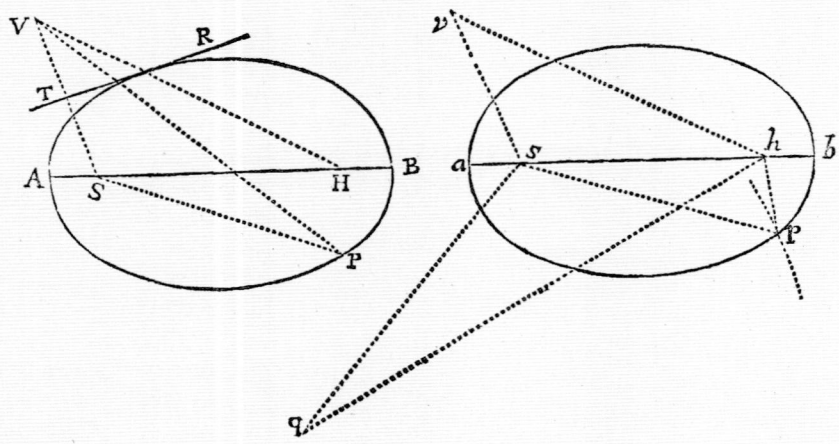

tranſverſa $a\,b$ & umbilicis s, b deſcriptæ. In tangentem TR de-mitte perpendiculum ST & produc idem ad V, ut ſit TV æqualis

◄ Buch 1, Lehrsatz 20, Problem 12, aus Newtons *Principia* (1687) mit der Beschreibung verschiedener Flugbahnen aus Sicht des Brennpunktes einer Ellipse. Newton hatte bereits bewiesen, dass Ellipse, Parabel und Hyperbel dem Umkehrgesetz folgen.

Steigung der Tangente, während zugleich das Dreieck immer kleiner wird. In Newtons Sprache ist unser endgültiges Verhältnis unendlich kleiner Mengen selbst eine Menge. Für den Augenblick schien die Gültigkeit des Calculus zu Newtons Zufriedenheit gelöst zu sein, und ihr weitreichender praktischer Nutzen garantierte zugleich ihre breite Anwendung. Dennoch blieben die Zweifel über die Richtigkeit ihrer Fundamente erhalten, und das Problem der Mathematik mit unendlich großen und kleinen Werten würde gewiss zurückkehren. Kurz nach Newtons Tod veröffentlichte der Philosoph Bischof Berkeley in seiner Schrift *The Analyst* eine leidenschaftliche Attacke auf den Calculus, die tatsächlich einige logische Probleme, derer sich die Mathematiker durchaus bewusst waren, verdeutlichte. Zugleich war dieser Angriff mit religiösem Fanatismus gespickt und brandmarkte die Mathematiker mit ihrem Glauben an die „Geister vergangener Mengen" als Ungläubige.

Gottfried Wilhelm Leibniz (1646–1716) wurde in Leipzig geboren. Dort studierte er Theologie, Jura, Philosophie und Mathematik. Er gilt als einer der letzten großen Universalgelehrten, mit einem tief gehenden Interesse an der Logik und den Grundlagen einer universalen Sprache. Daher passt es vielleicht, dass die heutige Sprache der Infinitesimalrechnung weitgehend von Leibniz stammt. Die Begriffe „Differenzialrechnung" und „Integralrechnung" stammen ebenso von ihm wie die Formelbezeichnung dy/dx und $\int dx$. 1673 besuchte er London, wo er Mitglied der Royal Society wurde. 1676 kehrte er zurück und stellte seine neue mechanische Rechenmaschine vor. Ein Großteil des späteren Streits unter den Anhängern Newtons und Leibniz' im 18. Jh. kreiste um die Frage, ob Leibniz bei diesen Englandbesuchen jemals Newtons *De analysi* zu Gesicht bekam oder nicht. Die beiden Männer unterhielten jedenfalls einen freundschaftlichen Briefkontakt und tauschten ihre Ansichten zu den unendlichen Reihen aus.

Obgleich auch Leibniz' Calculus der Erforschung von Zahlenreihen entsprang, ging er einen ganz anderen Weg: Er war fasziniert von der Addition unendlicher Reihen. Während seines Aufenthalts in Paris beschäftigte er sich mit der Berechnung der reziproken Dreieckszahlen, dargestellt durch den allgemeinen Ausdruck $2/n(n+1)$. Dies umschrieb er geschickt als den Unterschied zwischen zwei Termen, $2(1/n - 1/(n+1))$, und schon durch Ausschreiben der ersten Terme wurde deutlich, dass sich alle Terme aufheben, außer dem ersten und dem letzten. Die Ausweitung der Summe auf eine unendliche Zahl von Termen ergab die Lösung 2. Leibniz experimentierte mit vielen anderen Reihen und sammelte Erfahrungswerte darüber, ob sie konvergierten oder divergierten. Dann erkannte er, dass das Problem der Berechnung einer Kurventangente darin bestand, das Verhältnis (den Quotienten) der Differenz von Ordinaten und Abszissen, also der x- und y-Werte, zu berechnen, da diese unendlich klein wurden, und dass die Quadraturen von der Summe der Ordinaten abhingen oder von unendlich schmalen Rechtecken, aus denen die Fläche unter der Kurve bestand. Genau wie die Summen und Differenzen, die er in numerischen Reihen berechnet hatte, Umkehrprozesse waren, so waren auch das Tan-

genten- und das Quadratur-Problem Umkehrprozesse. All dies hing mit dem unendlich kleinen Dreieck zusammen, demselben Dreieck, das Newton als das „Verhältnis
unendlich kleiner Mengen" bezeichnete. Das Leibniz'sche Schlüsselkonzept war das
Differenzial dx als unendlich kleine Wertveränderung von x. Für eine Funktion $y = f(x)$
ergab sich der Gradient als dy/dx und die Quadratur als $\int y \, dx$. Die Schreibweise des Inte-
grals kann man fast so lesen, dass es die Summe der Rechtecke mit den Seiten y und
dx ist. Leibniz' Manuskripte entstanden 1675, und nach einigen Veränderungen der
Schreibweise veröffentlichte er seine Ergebnisse in den Jahren 1684 und 1686, jeweils
in der Zeitschrift *Acta eruditorum*, deren Mitbegründer er war. Dort finden wir die grundlegenden Theoreme des Calculus – zum Beispiel jenes, das besagt, dass Differentiation
und Integration Umkehrprozesse zueinander darstellen. Leibniz betonte, dass der neue
Calculus einen universalen Algorithmus zur Lösung von Tangenten- und Quadratur-
Berechnungen für eine ganze Reihe von Funktionen liefert, einschließlich „transzendenter" Funktionen, eine von Leibniz geprägte Bezeichnung für Funktionen wie sin x und
ln x, die man als unendliche Potenzreihen ausdrücken kann, die aber keine Lösungen
algebraischer Gleichungen sind.

Leibniz' Ergebnisse ähnelten denen, die auch Newton gewonnen, aber nicht veröffentlicht hatte. Ein Prioritätenstreit über die Entdeckung der Infinitesimalrechnung bestimmte die letzten Jahre im Leben beider Gelehrter. In einem 1699 von einem unbedeutenden Mathematiker bei der Royal Society veröffentlichten Artikel kam zum Ausdruck,
dass Leibniz seine Ideen von Newton erhalten habe. Ein ständiges Hin und Her folgte.
Leibniz ernannte die *Acta eruditorum* zu seinem Sprachrohr, während Newton die Unterstützung der Royal Society genoss, die eigens einen Prüfungsausschuss für die
ganze Angelegenheit ins Leben gerufen hatte. 1705 veröffentlichte die *Acta* eine kritische Zusammenfassung von Newtons neuster Veröffentlichung, und 1712 entschied
der Ausschuss der Royal Society, dass Newton der eigentliche Erfinder sei. 1726, nach
Leibniz' Tod, entfernte Newton aus der dritten Ausgabe der *Principia* alle Verweise auf
Leibniz. Hätte Newton sein *De analysi* bereits 1669 veröffentlicht, wäre der unerfreuliche
Streit vermutlich vermieden worden. Die Briten hielten am Newton'schen Calculus der
Fluxionen und Fluenten bis ins frühe 19. Jahrhundert hinein fest, doch die Entwicklung
der Infinitesimalrechnung zu einem unglaublich mächtigen Werkzeug fand in Kontinen-
taleuropa und in der Sprache von Leibniz statt.

Newtons spätere Jahre waren angefüllt mit öffentlichen Ämtern. 1696 wurde er zum
„Warden of the Mint" („Aufseher der Münze") ernannt, 1699 zum Direktor erhoben. Zu
seinen Aufgaben zählte es, das Münzwesen zu reformieren und Fälscher an den Galgen
zu bringen. 1701 repräsentierte er die Universität von Cambridge für eine zweite Amtszeit
im Parlament. 1699 wurde er, wenn auch nur zum zweiten, ausländischen Mitglied der
französischen Académie des Sciences gewählt: Erstes Mitglied war Leibniz. 1703 wurde
er Präsident der Royal Society und fortan bis zu seinem Tode immer wieder gewählt.

➤ William Blakes *Newton* (1795).
„Für Bacon & Newton, Umhüllt von
düsterem Stahl, ihr Entsetzen hing
wie eiserne Geißeln über Albion …"
William Blake, *Jerusalem*, Kapitel 1.

1705 wurde er von Königin Anne zum Ritter geschlagen. Newton wurde in Westminster Abbey beigesetzt. Von Voltaire stammt der Satz: „Von seinen Landsleuten wurde er zu Lebzeiten geehrt und nach seinem Tode zu Grabe getragen wie ein König, der sich seinen Untertanen gegenüber großzügig erwies."

Leibniz baute sein breites Interesse an Philosophie, Religion und allgemeiner Logik noch weiter aus (und bereitete damit den Weg für George Boole, siehe Kapitel 17). Im Jahr 1700 half er beim Aufbau der Berliner Akademie der Wissenschaften. Ähnliche Pläne für St. Petersburg wurden erst nach seinem Tode verwirklicht.

Im Jahr 1701 antwortete Leibniz auf eine Anfrage der preußischen Königin: „Betrachtet man die Mathematik von den Anfängen der Welt bis in die Zeit von Sir Isaac, war das, was er vollbracht hat, die bessere Hälfte." Und in einem Brief, den Newton 1676 an Leibniz schrieb, heißt es, dass Leibniz' „Methoden zur Berechnung konvergenter Reihen sicherlich sehr elegant sind und das Genie des Autors hinreichend belegen, selbst wenn er sonst nichts anderes geschrieben hätte". Bestand haben also die genialen Leistungen dieser beiden Männer – nicht ihr Disput.

All das, was für Kurvenlinien und für die Flächen, die sie umschreiben, bewiesen wurde,
lässt sich ganz einfach auf alle krummlinig begrenzten Flächen und Inhalte fester
Gegenstände übertragen. Diese Lemmata werden vorausgeschickt, um zu vermeiden,
dass die betroffenen Beweise ad absurdum geführt werden, nach der Methode der alten
Gelehrten der Geometrie. Denn die Beweise werden kürzer mit der Methode der unteilbaren Grögen. Doch da die Hypothese von Unteilbaren etwas streng erscheint und
daher diese Methode für weniger geometrisch (d. h. hier mathematisch, Anm. d. Red.),
beschränke ich die Beweise der folgenden Lehrsätze auf die letzten Summen und Verhältnisse verschwindender und auf die ersten werdender Grögen, das heißt, auf die
Grenzen solcher Summen und Verhältnisse. Somit schicke ich, so kurz wie ich kann, die
Beweise jener Grenzwerte voraus. Auch dieses passiert mithilfe der Methode des Unteilbaren; und nun, da jene Prinzipien bewiesen sind, können wir sie mit größerer Sicherheit verwenden. Also, wenn ich nun zufällig einmal annehmen sollte, dass Mengen aus
Teilchen bestehen, oder wenn ich kurze, krumme Linien als Geraden verwende, würde
man mich nicht so verstehen, dass ich Unteilbare meine, sondern unendlich kleine teil-
bare Mengen; nicht die Summen und Verhältnisse bestimmter Teile, sondern stets die
Grenzwerte von Summen und Verhältnissen; und dass die Kraft solcher Beweise immer
von den in den vorangestellten Lemmata festgelegten Methoden abhängt.
Vielleicht kann man den Einwand vorbringen, dass es kein endgültiges Verhältnis von
unendlich kleinen Mengen gibt; da das Verhältnis vor dem Verschwinden der Mengen
nicht das endgültige ist, und sobald sie verschwunden sind, gibt es gar keines. Doch
mit demselben Argument kann man geltend machen, dass ein Körper, der an einem
bestimmten Ort ankommt und dort anhält, keine endgültige Geschwindigkeit besitzt;
da die Geschwindigkeit vor dem Erreichen des Ortes keine endgültige Geschwindigkeit
ist; sobald der Körper angekommen ist, gibt es keine Geschwindigkeit. Doch die Antwort hierauf ist einfach; denn mit endgültiger Geschwindigkeit ist diejenige gemeint,
mit der der Körper bewegt wurde, nicht bevor er ankommt an seinem letzten Ort, wenn
die Bewegung aufhört, und auch nicht danach, sondern an genau dem Zeitpunkt, an
dem er ankommt; das heißt, die Geschwindigkeit, mit dem der Körper an seinem letzten Ort ankommt und mit der die Bewegung aufhört. Und in ähnlicher Weise ist unter
dem endgültigen Verhältnis unendlich kleiner Mengen nicht das Verhältnis der Mengen
vor ihrem Verschwinden, sondern danach zu verstehen, dasjenige Verhältnis, mit dem
sie verschwinden. In ähnlicher Weise bedeutet das erste Verhältnis entstehender Mengen dasjenige, mit dem sie zu existieren beginnen. Und die erste und letzte Summe ist
diejenige, mit der sie zu existieren beginnen, beziehungsweise aufhören.

Scholium, Abschnitt 1 Buch 1, *Principia* 1726, herausgegeben von Newton.

ozeane und sterne

Alle frühen Zivilisationen haben Karten gezeichnet. Von jeher wurden Landvermesser beim Bau von Straßen und Gebäuden, bei Steuerschätzungen oder für die Kriegsplanung herangezogen. Dies ist einer der ältesten Berufe überhaupt, die auf der angewandten Mathematik beruhen. Bereits auf babylonischen Tontafeln, ägyptischen Papyrusrollen und alter chinesischer Seide finden sich Landkarten.

Bei der Kartierung kleiner Flächen kann man davon ausgehen, dass das Gelände flach ist. Will man jedoch eine größere Region erfassen, wird die Erdkrümmung zu einem signifikanten Faktor. Man weiß nicht genau, wann Menschen erstmals auf die Idee kamen, dass die Erde eine Kugel ist. Manche Theorien besagten, dass nur eine der Halbkugeln bewohnt sei. Eratosthenes, der um 240 v. Chr. Vorsteher des Museions in Alexandria war, fertigte die erste bekannte Karte nach wissenschaftlichen Prinzipien an: Er verwendete Parallelen und Meridiane, die in einem unregelmäßigen Gitter angeordnet waren. Seine Zeitgenossen waren wenig beeindruckt. Zu einem Standardwerk der Kartographie wurde erst Claudius Ptolemäus' *Geographie* aus dem Jahre 150 n. Chr. Auch er geht davon aus, dass die Erde eine Kugel ist. Der wesentliche Beitrag der *Geographie* bestand darin, dass Ptolemäus die Grundlagen für die Projektion einer Kugel auf eine ebene Fläche schuf. Seine Karten wurden von al-Hwarizmi (vgl. Kapitel 7 und 11) neu bearbeitet, der die Kartierung für Zentralasien präzisierte.

◄ Petrus Apianus, *Introductio geographica*, 1533, basierend auf Ptolemäus' *Geographie*. Dieses Bild zeigt die verschiedenen Nutzungsmöglichkeiten des Kreuzstabs bei der Berechnung von Entfernungen am Himmel wie auf der Erde.

➤ Französische „Carte Pisane", etwa aus dem Jahre 1290. Dies ist die älteste Portolan-Karte mit Navigationsrouten in Europa und im Mittelmeerraum.

➤ Die Mittelmeerregion und Nordafrika auf einer Weltkarte aus dem Jahr 1500 von Juan de la Cosa, der 1492 mit Christoph Columbus segelte.

Die Projektion der kugelförmigen Erde auf eine flache Karte führt unweigerlich zu Verzerrungen, und allein die vorherrschenden Interessen des Kartierers bestimmen, welche Faktoren am stärksten und welche am wenigsten verzerrt dargestellt werden. Winkeltreue Projektionen minimieren Verzerrungen von Winkeln und Formen, flächentreue Projektionen erhalten die relativen Flächen, und abstands- oder längengetreue Projektionen erhalten die Entfernungen. Außerdem gelten unterschiedliche Anforderungen an Land- und Seekarten.

Als im 14. Jahrhundert Navigation und Handel in Europa zunehmend an Bedeutung gewannen, kamen die so genannten „portolanischen Karten" auf. Diese enthielten ein Netzwerk gerader Linien, die Seefahrern bei der Planung von Schiffsreisen in den europäischen Meeren behilflich waren. Diese vorwiegend in Venedig, Genua und auf Mallorca hergestellten Seekarten waren erstaunlich genau, obwohl noch nicht einmal bekannt ist, ob sie auf einer besonderen Projektion basierten. Über die Verbreitung des Kompasses, einer Erfindung der Chinesen, und den Wissensstand bezüglich der astronomischen Navigation in dieser Zeit weiß man noch sehr wenig. Doch mit der Entdeckung Amerikas und der ersten gedruckten Ausgabe von Ptolemäus' *Geographie* waren die Grundsteine gelegt, aus denen man eine genaue Weltkarte zusammensetzen konnte. Die *Geographie* wurde erst im 15. Jahrhundert in Europa neu bearbeitet und im Jahre 1477 in Bologna erstmals gedruckt. Während der Renaissance verwendete man verschiedene Projektionen, oftmals einfach aus ästhetischen Gründen, wie etwa für

➤ Diese Weltkarte aus dem Jahr 1513 nach Ptolemäus' *Geographie* wurde erst kürzlich in Europa wiederentdeckt.

▼ Verschiedene mathematische Instrumente aus dem Jahr 1701, hergestellt von D. Lusuerg in Rom. Solch eine reich verzierte Sammlung mit geometrischem Quadranten, universeller Sonnenuhr und einem Satz Napier-Stäbe wurde vermutlich für einen wohlhabenden Kunden gefertigt und diente eher als Statussymbol, als der praktischen Benutzung.

die berühmte ovale Weltkarte, die erstmals 1508 von Francesco Rosselli benutzt wurde. Solche Projektionen basierten eher auf graphischen Konstruktionen als auf trigonometrischen Formeln.

Gerhardus Mercator (1512–1594), von seinen Zeitgenossen gerühmt als „Ptolemäus unseres Zeitalters", entwarf die erste Projektion speziell für die Seefahrt. Mercator studierte an der Universität Löwen, graduierte in Philosophie und schloss weitere Studien in Mathematik, Astronomie und Kartographie an. In den 30er Jahren des 16. Jahrhunderts fertigte er eine Reihe von Karten an, etwa von seiner Heimat Flandern und von Palästina. 1544 wurde er wegen Ketzerei verhaftet, auf Betreiben der Universität aber wieder freigelassen. Daraufhin zog er nach Duisburg und wurde von Herzog Wilhelm 1564 als Hofkosmologe eingestellt. In Duisburg entstand dann auch im Jahre 1569 die berühmte Mercatorprojektion für seine Weltkarte. Neu an dieser Projektion war, dass sie die konstanten Peilungslinien als gerade Linien enthielt, was die Karten für die Schiffsnavigation viel einfacher nutzbar machte. Folgt ein Schiff auf einer Kugel einer festen Peilung (außer in Richtung einer der Kardinalpunkte), beschreibt sein Weg eine krumme Linie. Könnte man einer solchen festen Peilung immer weiter folgen, würde man spiralförmig auf einen der Pole zusteuern. Projiziert man diese Peilungslinien als gerade Linien, wird die Arbeit des Steuermanns erheblich vereinfacht. Ein weiterer Vorteil besteht darin, dass die Mercatorprojektion die Winkel bewahrt, so dass eine Kursänderung um beispielsweise 30° bedeutet, dass die neue Peilungslinie in einem Winkel von 30° zum vorherigen Kurs liegt. Dies ist der Grund, warum man für Weltkarten meist diese Projektion bevorzugte, obgleich sie die Konturen in höheren Breitengraden ziemlich stark verzerrt darstellt.

Um exakte Land- und Seekarten zu zeichnen, brauchte man den genauen Längen- und Breitengrad bestimmter Schlüsselorte. Die Breitengrade waren immer relativ einfach herzuleiten: Sie entsprechen exakt der Höhe des Himmelspols. Tagsüber konnte man die Position der Sonne ermitteln und diese mit den Deklinationstabellen abstimmen, welche die Winkelentfernung der Sonne vom Äquator für jeden Tag des Jahres enthielten. Die Längengrade hingegen ließen sich wesentlich schwieriger ermitteln. Die Theorie war bekannt: Nimmt man eine Meridianlinie als Basis der Zeitmessungen, so entspricht jede Entfernung von 15° Länge zum Meridian einer Differenz von einer Stunde, die zwischen der örtlichen Zeitrechnung und der des Meridians liegt. Die örtliche Zeit ließ sich astronomisch oder mit einer Sonnenuhr ermitteln, doch zugleich brauchte man auch die Zeit am Meridian. Ein Vorschlag bestand darin, den Mond als nächtlichen Zeitgeber zu nehmen, indem man die Stunden errechnete, während er den Himmel überquerte. Doch bis man hierfür eine geeignete Methode fand, war auch John Harrisons Seechronometer fast fertig entwickelt, der dann schon bald zur bevorzugten Methode der Längengradbestimmung auf See wurde. Mit einer exakten Uhr an Bord,

➤ Eine Weltkarte aus Mercators *Atlas, sive cosmographica meditationes* (1585). Mercator war der Erste, der das Wort „Atlas" in diesem Zusammenhang benutzte. Die verschiedenen Ausgaben beinhalten Karten von einzelnen Ländern und neu bearbeitete Weltkarten.

▲ Diese aus dem 16. Jahrhundert stammende französische Abbildung zeigt einen Steuermann, der „einen Stern abschießt", um den Breitengrad zu bestimmen. Ein solcher früher Theodolit konnte vertikale und horizontale Winkel messen.

die die Zeit am Meridian anzeigte, musste man nur noch die örtliche Zeit durch den Stand der Sonne oder der Sterne ermitteln. Die Differenz zwischen den beiden Zeiten ergab die Längenposition des Schiffs.

Das Anfertigen von Projektionen wurde durch die steigende Gewissheit, dass die Erde keine perfekte Kugel ist, noch komplizierter. Newton veröffentlichte seinen Beweis für die Abflachung der Erde an den beiden Polen in seinen *Principia* und dieser wurde schließlich auch experimentell bestätigt. War die Erde an den Polen abgeplattet, musste die Länge eines Breitengrades zunehmen, wenn man sich vom Äquator zu den Polen hin bewegte, ebenso wie die Beschleunigung durch die Schwerkraft. 1735 entsandte die Pariser Akademie Missionen nach Lappland und Peru, um die Differenz zwischen einem Breitengrad in der Nähe des Nordpols und am Äquator zu messen. Christiaan Huygens' klassische Arbeit über die Pendelbewegung zeigte, dass dessen Schwingungsdauer von der Erdbeschleunigung abhängig ist. Solche Diskrepanzen wurden bereits 1672 entdeckt: Ein Pendel, das in Paris für die Anzeige der Sekunden eingestellt worden war, musste kürzer gemacht werden, damit es auch in Cayenne genau stimmte. Leider führten Beobachtungsfehler nicht selten zu unvereinbaren Ergebnissen. Manche vermuteten sogar, dass die Erde an den Polen zugespitzt und nicht abgeplattet sei. Im Jahre 1832 lagen dem amerikanischen Astronom Nathaniel Bowditch 52 Messergebnisse aus der ganzen Welt vor. Seiner Übersetzung von Laplaces' *Mécanique céleste* („Himmelsmechanik") fügte er die ausgewerteten Ergebnisse bei und gab den Grad der Abflachung der Erde, die so genannte Elliptizität, als $\frac{1}{297}$ an, ein Wert, der fast hundert Jahre später weltweit angenommen wurde.

Eine tragbare Diptychon-Sonnen-
uhr mit Kompass, die man wie ein
Buch schließen konnte. Das aus
Elfenbein hergestellte Gerät enthält
die Inschrift des Instrumentenbauers
Paul Reinman und stammt aus Nürnberg aus dem Jahr 1599. Der Kordel-
zeiger konnte auf einige verschiedene
Breitengrade eingestellt werden. Dagegen waren die Nadelzeiger jeweils
nur auf einen bestimmten Breitengrad
eingestellt.

Die Erkenntnis über derlei Abweichungen von einer perfekten Kugel, setzte die Suche nach einer Form der Trigonometrie in Gang, die jenseits von Fläche und Kugel solche Sphäroide oder Ellipsoide einfacher handhaben sollte. Die Summe der Winkel eines Dreiecks auf einer Kugel ist größer als 180° doch dieser Überschuss (Exzess) variiert zwischen verschiedenen Orten, wenn die Oberfläche ein Ellipsoid ist. Adrien-Marie Legendre (1752–1833) analysierte diese Fakten im Jahre 1799 und fand eine Formel, die die Längen der Seiten eines Dreiecks zu ihrem Überschuss (Exzess) über 180° in Beziehung setzte. Neue Projektionen wurden dann mit Hilfe der Differenzial- und Integralrechnung definiert, die es ermöglichte, die erforderliche Abweichung durch Formeln zu bestimmen. Johann Heinrich Lambert (1728–1777) veröffentlichte 1772 eine Reihe verschiedener Projektionen, von denen eine, die winkeltreue Kegelprojektion, noch immer verwendet wird. Bei dieser Projektion wird die Erde auf einen Kegel projiziert, der der Kugel umschrieben ist. Der ausgebreitete Kegel ergibt dann eine ebene Karte.

Die Werkzeuge dieses Handwerks wurden schon bald verbessert. Das Astrolabium, von den Griechen übernommen und von den Arabern perfektioniert, war eine Art analoger Computer. Durch Drehung einer Scheibe, in die Projektionen des Himmels und der Umlaufbahnen mehrerer Himmelskörper eingraviert waren, konnten die Zeiten des Auf- und Untergangs der Himmelskörper errechnet werden. Jede Projektion galt für einen festgelegten Breitengrad, so dass ein Astrolabium immer aus einer Reihe verschiedener Scheiben bestand; jede für einen anderen Breitengrad. Mit dem Astrolabium konnte man zudem Höhe und Azimut von Himmelskörpern und die Zeit berechnen. Außerdem ließen sich damit astronomische Entfernungen messen. Die Verwendung von Höhe und Azimut ging auf die Araber zurück. Die Höhe eines Himmelskörpers ergibt sich aus dem Winkel zwischen der Horizontebene und dem Lot des Planeten auf die Horizontebene. Der Azimut entspricht dem Winkel zwischen der Bezugsrichtung und dem auf die Horizontebene projizierten Radius des Planeten. Auch Sonnenuhren waren ein häufig verwendetes Hilfsmittel für die Zeitmessung. Die meisten Sonnenuhren mussten mit Hilfe eines Kompasses richtig ausgerichtet werden. Universale Sonnenuhren wurden im 17. Jahrhundert hergestellt, diese konnten für jeden Breitengrad eingestellt werden. Das See-Astrolabium, eine ziemlich einfache Konstruktion, wurde durch den Quadranten ersetzt. Quadranten, Sextanten und ähnliche Instrumente der Seefahrt, der Astronomie und der Landvermessung wurden durch die Einbindung optischer Instrumente und feinerer Skalen immer genauer.

◄ *Der Astronom* von Johannes Vermeer, 1668. Durch verbesserte Teleskope und den Zugang zur südlichen Halbkugel entdeckten Astronomen immer mehr Sterne am Himmelszelt. Erd- und Himmelsgloben waren nicht nur als Lehrmittel, sondern auch als verzierte Symbole des neuen Wissens weit verbreitet.

Kapitel 15

Die Gleichung fünften Grades

$$a_2 x^2 + a_1 x + a_0 = 0$$

$$x = \frac{-a_1 \pm \sqrt{a_1^2 - 4a_2 a_0}}{2a_2}$$

◄ Für diese allgemeine quadratische Gleichung gibt es zwei Lösungen, die man mit Hilfe der aus der Schule bekannten Formel erhält. Im 16. Jahrhundert wurden auch Formeln zur Lösung kubischer und biquadratischer Gleichungen entdeckt. Nur für die Gleichung fünften Grades konnte man keine algebraische Lösung finden. Manche Mathematiker vermuteten, dass es eine solche Lösung nicht gab. Erst im 19. Jahrhundert wurde der Beweis erbracht, dass sie Recht hatten.

Die Mathematiker des 16. Jahrhunderts stolperten praktisch durch Zufall über die komplexen Zahlen (vgl. Kapitel 11). Bis zum 18. Jahrhundert waren die komplexen Zahlen allgemein als eine Erweiterung der reellen Zahlen akzeptiert. Ihre Handhabung jedoch war noch sehr mit Fehlern behaftet, wie etwa in Eulers *Vollständiger Anleitung zur Algebra* (1770), in der er die Gleichung $\sqrt{-2} \cdot \sqrt{-3} = \sqrt{6}$ (statt $\sqrt{-6}$) aufstellt, die mehrere spätere Autoren verwirrte. Das Thema der komplexen Zahlen wurde von Gauß in seinen *Disquisitiones arithmeticae* (1801) auf eine ganz neue Ebene gebracht. Dort finden wir den ersten Beweis dessen, was wir heute als „Fundamentalsatz der Algebra" bezeichnen. In heutiger Ausdrucksweise besagt dieser, dass sämtliche Wurzeln einer jeden endlichen polynomischen Gleichung mit reellen oder komplexen Koeffizienten selbst entweder reelle oder komplexe Zahlen darstellen. Dies verneinte die seit langem offene Frage, ob die Lösungen höher geordneter Polynome die Konstruktion von höher geordneten Zahlen jenseits der komplexen erforderten. Gauß erkannte die Bedeutung dieses Satzes und lieferte später weitere Beweise.

Zu den widerspenstigsten Problemen der Algebra jener Zeit zählte die Frage, ob Polynome fünften Grades durch algebraische Methoden lösbar seien, das heißt in einer endlichen Anzahl von algebraischen Schritten. Heute lernt man in der Schule die Formel zur Lösung quadratischer Gleichungen. Ähnliche Methoden kannte man bereits seit dem 16. Jahrhundert für kubische und biquadratische Gleichungen (vgl. Kapitel 11). Für die Gleichung fünften Grades konnte man jedoch lange keine Methode finden. Der „Fundamentalsatz der Algebra" stellte eine positive Antwort in Aussicht. Eigentlich garantiert er jedoch nur, dass Lösungen existieren, sagt aber nichts über die Existenz von Formeln aus, mit denen man die exakten Lösungen ermitteln kann; angenäherte numerische und graphische Methoden gab es bereits. Hier kamen gleich zwei mathematische Genies ins Spiel, die beide ein tragisches Schicksal ereilte.

Niels Henrik Abel (1802–1829) wuchs unter ärmlichen Verhältnissen in einem kleinen Dorf in Norwegen auf, einem Land, das nach mehreren Jahren des Kriegs gegen England und Schweden nahezu völlig verarmt war. Ein mitfühlender Lehrer unterstützte seine privaten Studien. Im Jahre 1824 veröffentlichte Abel eine kurze Abhandlung, in der er behauptete, dass die Gleichung fünften Grades mit algebraischen Mitteln nicht lösbar sei und damit auch keine polynomische Gleichung noch höheren Grades. Abel glaubte, dass dies die Eintrittskarte für eine akademische Laufbahn sei, und schickte seine Schrift an Gauß, der an der Universität Göttingen lehrte. Leider fand Gauß anscheinend nicht die Zeit, um die Seiten des Buches aufzuschneiden, und so las er sie nicht. 1826 erhielt Abel von der norwegischen Regierung die Mittel, durch Europa zu reisen. Überzeugt, dass eine Begegnung mit Gauß nicht viel nützen würde, mied er Göttingen und ging stattdessen nach Berlin. Dort freundete er sich mit August Leopold Crelle (1780–1855) an, einem Ingenieur und mathematischen Berater des preußischen Bildungsministeriums, der gerade sein *Journal für die reine und angewandte Mathe-*

matik ins Leben rief. Hiermit fand Abels Arbeit ein gutes Verbreitungsmedium, und er verfasste zahlreiche Beiträge für die ersten Ausgaben des Journals, das sich auch sofort als einflussreiche, führende Fachzeitschrift etablierte. Abel fügte eine erweiterte Version seines Beweises, dass die Gleichung fünften Grades unlösbar sei, an. In Paris wendete er sich an Augustin-Louis Cauchy (1789–1857), der in jener Zeit als der führende Experte für mathematische Analysen galt, leider jedoch ein sehr schwieriger Mann war. Wie Abel es formulierte: „Cauchy ist verrückt, und man kann nichts dagegen tun, und doch ist er momentan der Einzige, der wirklich weiß, wie Mathematik gemacht werden sollte." Eine mögliche Rechtfertigung für die abweisenden Reaktionen von Gauß und Cauchy wäre die Tatsache, dass die Gleichung fünften Grades in gewisser Weise berüchtigt war und die Aufmerksamkeit sowohl hoch geschätzter Mathematiker wie auch verrückter Spinner gleichermaßen auf sich zog. Abel kehrte nach Norwegen zurück, schon stark geschwächt von Tuberkulose. Er schickte auch weiterhin Material an Crelle, starb aber 1829, ohne von seinem wachsenden Ruhm zu ahnen.

Abel hatte gezeigt, dass prinzipiell keine polynomische Gleichung jenseits des vierten Grades durch Radikale wie etwa Quadrat-, Kubik- oder höhere Wurzeln gelöst werden kann. Die Bedingungen jedoch, unter denen konkrete Fälle dennoch gelöst werden konnten, sowie die betreffende Lösungsmethode wurden von Galois entdeckt. Das Leben des Évariste Galois (1811–1832) war kurz, aber ereignisreich. Er war ein außerordentlich begabter Mathematiker, hatte aber ein sehr launenhaftes Naturell, welches durch eine Reihe von Ungerechtigkeiten ungünstig beeinflusst wurde. Er war erbarmungslos gegenüber all denjenigen, die er als weniger talentiert betrachtete als sich selbst, und verabscheute soziale Ungerechtigkeit von Seiten der Autoritäten. Seine hervorragenden mathematischen Fähigkeiten wurden deutlich, als er Legendres *Élements de géométrie* las; veröffentlicht 1794, galt das Werk einhundert Jahre lang als führendes Textbuch zum Thema. Rasch studierte er danach die Werke von Lagrange und später die von Abel. Seine Begeisterung, seine Zuversicht und Ungeduld wirkten sich oft katastrophal auf sein Verhältnis zu seinen Lehrern und Prüfern aus. Vollkommen unvorbereitet unterzog er sich den schwierigen Prüfungen der École Polytechnique (Polytechnische Hochschule), der Wiege der französischen Mathematik, und fiel prompt durch. Für kurze Zeit wurde seine Verbitterung in Zaum gehalten, als er einen neuen Lehrer traf, der seine Fähigkeiten erkannte. Im März 1829 veröffentlichte Galois seine erste Abhandlung über nicht abbrechende Kettenbrüche, behielt aber seine wichtigsten Arbeiten für sich. Galois unterbreitete seine neuen Entdeckungen der Akademie der Wissenschaften. Cauchy versprach, sie vorzulegen, vergaß jedoch nicht nur, dies zu tun; schlimmer noch, er verlor das Manuskript.

Galois' zweiter Fehlversuch, in die Polytechnische Hochschule aufgenommen zu werden, gehört zu den bekanntesten Anekdoten der mathematischen Geschichtsschreibung. Er war es gewohnt, sich mit komplexen Ideen zu beschäftigen, und wurde wütend über die Kleinlichkeit der Prüfer. Als er erkannte, dass er wieder scheitern würde, warf er einem der Prüfer den Tafelschwamm ins Gesicht. Im Februar 1830 schrieb Galois drei weitere Veröffentlichungen und legte sie im Rahmen eines Wettbewerbs um den *Großen Preis in Mathematik* der Akademie der Wissenschaften vor. Der Institutsleiter, Joseph Fourier, verstarb, bevor er sie lesen konnte, und nach seinem Tod waren sie nicht mehr aufzufinden. Solch eine Serie von Enttäuschungen hätte sicher jeden Menschen auf eine harte Probe gestellt. Galois lehnte sich gegen das Establishment auf, das ihm seine Rechte nahm. So stürzte er sich kopfüber in die Politik und wurde zum überzeugten Republikaner – nicht gerade eine weise Entscheidung im Frankreich von 1830. In einem letzten verzweifelten Versuch schickte er eine Notiz an Siméon-Denis Poisson, der in seiner Antwort weitere Beweise verlangte.

Dies war der letzte Strohhalm. 1831 wurde Galois zweimal verhaftet, einmal wegen angeblicher Anstiftung zur Ermordung von König Louis Philippe, dann zum Schutz des Königs, da die Behörden einen Aufstand der Republikaner fürchteten. Mit einer aufgeblähten Anklage wegen illegalen Tragens der Uniform des aufgelösten Artillerie-Batallions, wurde er zu sechs Monaten Gefängnis verurteilt. Aus der Haft entlassen, hatte er eine Affäre, die ihn scheinbar ebenso abgestoßen hat, wie alles andere. In seinen Briefen an seinen ergebenen Freund Chevalier erzählt er von seiner Lebensenttäuschung. Am 29. Mai 1832 wurde er aus nicht geklärten Gründen zum Duell gefordert und nahm an. „Ich sterbe als Opfer einer niederträchtigen Kokotte. In einer elenden Streiterei wird mein Leben ausgelöscht", schreibt er in einem *Brief an alle Republikaner*. Galois kritzelte seine berühmteste Arbeit in der Nacht vor dem schicksalhaften Duell in hektischer Eile aufs Papier. An den Rändern liest man immer wieder ein flehendes „Ich habe keine Zeit, ich habe keine Zeit". So war er gezwungen, es anderen zu überlassen, Zwischenschritte, die für das Verständnis der wichtigsten Ergebnisse nicht notwendig waren, richtig auszuführen. Er wollte nur unbedingt die wesentlichen Teile seiner Entdeckungen niederschreiben: die Anfänge dessen, was wir heute als Galois'sche Theorie kennen. Er übergab sein Testament an Chevalier und trug ihm auf, „Jacobi oder Gauß um ein öffentliches Urteil zu ersuchen, nicht über die Wahrheit, sondern über die Bedeutung dieser Theoreme". Am frühen Morgen stellte sich Galois seinem Gegner und wurde durch einen Pistolenschuss verwundet. Galois starb am folgenden Morgen im Krankenhaus im Alter von zwanzig Jahren.

Galois baute auf die Arbeiten von Lagrange und Cauchy auf, entwickelte aber eine allgemeinere Methode. Ihm gelang der entscheidende Durchbruch zur Lösung der Gleichung fünften Grades. Dabei zielte sein Augenmerk weniger auf die ursprüngliche Gleichung oder graphische Interpretation als auf die Natur der Wurzeln selbst. Um die Dinge zu vereinfachen, ging Galois von so genannten irreduziblen Gleichungen aus, also solchen, die keine rationalen Wurzeln haben; wenn nämlich eine rationale Wurzel für die Gleichung fünften Grades gefunden werden konnte, ließ sie sich auf eine Gleichung

vierten Grades reduzieren, für welche es eine Formel gab. Der Gedankengang ist etwa
der folgende: Es gibt Gleichungen jeden Grades, die eine algebraische Auflösung zulas-
sen, so z. B. die Gleichung $x^n-1 = 0$. Ein Radikal ist die Lösung einer solchen „reinen Gleichung". Jeder algebraischen Gleichung n-ten Grades lässt sich eine Untergruppe der
Permutationen von n Elementen zuordnen. Die Struktur dieser Gruppe, der so genannten „Symmetriegruppe der Wurzeln", gibt nach Galois Auskunft darüber, ob sich die Lösungen der Gleichung durch Radikale darstellen lassen. Die Symmetriegruppe enthält
für die Gleichung fünften Grades $120 = 5! = 5 \cdot 4 \cdot 3 \cdot 2 \cdot 1$ Elemente. Galois' mathematisches Verfahren ist sehr kompliziert. Dies ist vielleicht zum Teil der Grund für seine zunächst zögerliche Akzeptanz. Indem er jedoch die Abstraktionsebene anhob, von den
algebraischen Lösungen der Gleichungen auf die algebraischen Strukturen ihrer zuge-
ordneten Gruppe, konnte Galois die Lösbarkeit einer Gleichung aus den Eigenschaften
einer solchen Gruppe ablesen. Und nicht nur das: Die Theorie lieferte auch eine Methode, mit der die Wurzeln selbst ermittelt werden konnten. Hinsichtlich der Gleichung
fünften Grades bemerkte Joseph Liouville (1809–1882), als er 1846 einen großen Teil
von Galois' Arbeit in seinem *Journal de Mathématiques Pures et Appliquées* veröffentlichte, dass Galois folgendes „schönes Theorem" bewiesen hat: „Damit eine irreduzible
Gleichung vom Primzahlgrad durch Radikale auflösbar sei, ist es notwendig und hinreichend, dass, wenn zwei der Wurzeln bekannt sind, die übrigen sich aus diesen rational
bestimmen lassen" (zitiert nach: H. Meschkowski: Problemgeschichte der Mathematik,
III). Da dies für die Gleichung fünften Grades nicht möglich ist, kann sie nicht durch
Radikale gelöst werden.

Innerhalb von drei Jahren verlor die mathematische Welt zwei ihrer genialsten neuen
Köpfe. Posthum erhielten Abel und Galois schließlich ihre rechtmäßige Anerkennung.
1829 erfuhr Karl Jacobi durch Legendre von Abels „verloren gegangenem" Manuskript,
und 1830 entbrannte ein diplomatischer Streit, als der norwegische Konsul in Paris forderte, Abels Papier zu suchen. Tatsächlich wurde die Schrift von Cauchy wieder entdeckt, aber nur um anschließend bei den Herausgebern der Akademie erneut zu verschwinden! Im selben Jahr erhielt Abel den *Großen Preis für Mathematik* zusammen
mit Jacobi. Leider war er zu dieser Zeit bereits tot. Seine Schrift wurde 1841 endlich veröffentlicht. 1846 gab Liouville einige von Galois' Manuskripten zur Veröffentlichung heraus. In seiner Einleitung beklagte er, dass die Akademie Galois' Arbeit ursprünglich
wegen ihrer obskuren Darstellung zurückgewiesen hatte, dass aber „Klarheit um so
wichtiger ist, wenn man versucht, den Leser von den festgetretenen Pfaden weg in wil-
deres Terrain zu führen". Weiter schreibt er: „Galois ist nicht mehr! Lasset uns nun nicht
in unnützer Kritik verharren; lassen wir die Mängel hinter uns und blicken wir auf die
Verdienste." Die Früchte von Galois' kurzem Leben erschöpften sich also auf kaum 60
Seiten. Die Kontroverse ging weiter. Der Herausgeber des Mathematischen Journals
für Kandidaten der École Normale und der École Polytechnique kommentierte die

Galois-Affaire mit den Worten: „Ein Kandidat von höchster Intelligenz ging verloren wegen eines Prüfers von minderer Intelligenz."

zu allererst möchte ich sagen, dass die zweite seite dieser Arbeit nicht mit Namen, vornamen, fähigkeiten, Titeln und Elogen irgend eines geizigen prinzen vollgestopft sind, dessen geldbörse durch Beweihräucherung geöffnet werden wird — mit der Drohung, diese wieder zu schließen, sobald die weihrauchschale leer ist. sie werden keinerlei respektvolle Hommage, geschrieben in dreimal so großen Lettern wie der eigentliche Text, an einen weisen schutzherrn finden — etwas, das unverzichtbar (ich wollte schon sagen unvermeidbar) ist für einen zwanzigjährigen, der etwas schreiben möchte. ich sage nicht, dass ich alles, was gut ist an meiner Arbeit, dem Rat und der Ermutigung von irgendjemandem verdanke. ich sage dies nicht, weil dies eine Lüge wäre. wenn ich etwas an die großen der welt oder die großen der wissenschaft richten müsste (gegenwärtig ist der unterschied zwischen diesen beiden klassen von menschen nicht ersichtlich), schwöre ich, dass es kein Dank wäre. Den einen verdanke ich, dass ich die erste dieser beiden schriften so spät veröffentlicht habe, den anderen, dass ich all dies im gefängnis geschrieben habe, ein schlechter ort, so scheint es, zum Nachdenken, und wo ich oft erstaunt bin über meine eigene selbstbeherrschung und darüber, dass ich meinen Mund geschlossen halte, angesichts meiner dummen, schlecht gelaunten Neider. ich glaube, ich darf das wort Neider verwenden ohne zu fürchten, dass ich überheblich bin, wenn meine gegner von derart niederem Geiste sind. ich möchte hier nicht sagen, wie und warum ich im gefängnis sitze. vielmehr möchte ich berichten, dass meine Manuskripte derart oft in den Kisten der Messieurs Mitglieder des Instituts verloren gegangen sind, obwohl ich mir in wahrheit eine solche gedankenlosigkeit von seiten derjenigen, die Abels Tod auf dem Gewissen haben, nicht vorstellen kann. für mich, der nicht mit jenem berühmten Mathematiker verglichen werden will, genügt es zu sagen, dass meine Abhandlung über die Theorie der gleichungen im wesentlichen im Februar 1830 bei der Akademie der wissenschaften hinterlegt wurde, dass Auszüge daraus bereits 1829 dorthin gesandt worden waren, dass keinerlei Bericht hierüber herausgegeben wurde, und dass das Manuskript nicht mehr auffindbar ist.

Unveröffentlichtes Vorwort von Galois.

16 16 16 16
16 16 16
16 16 16 16
16 16 16 16
16 16 16 16
16 16 16
16 16
16 16
16 16

die neue geometrie

16 16 16 16
16 16 16 16
16 16 16
16 16 16
16 16
16 16 16
16 16
16 16
16
16 16
16 16 16
16 16 16 16
16 16
16 16 16
16 16
16 16 16 16
16 16 16
16 16 16
16 16
16 16 16
16 16 16
16 16 16
16
16 16 16
16 16
16
16 16
16 16
16
16 16
16
16

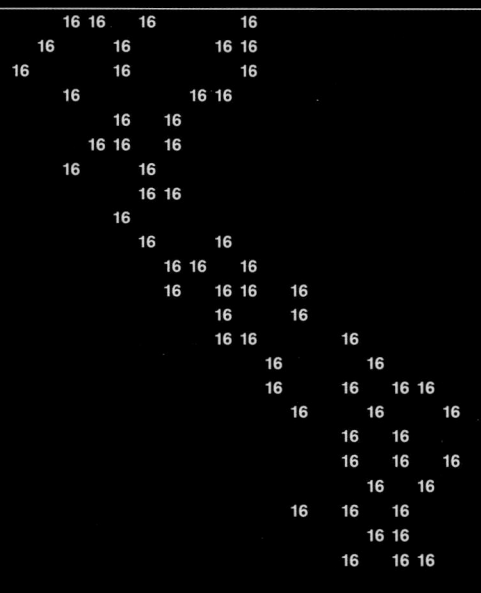

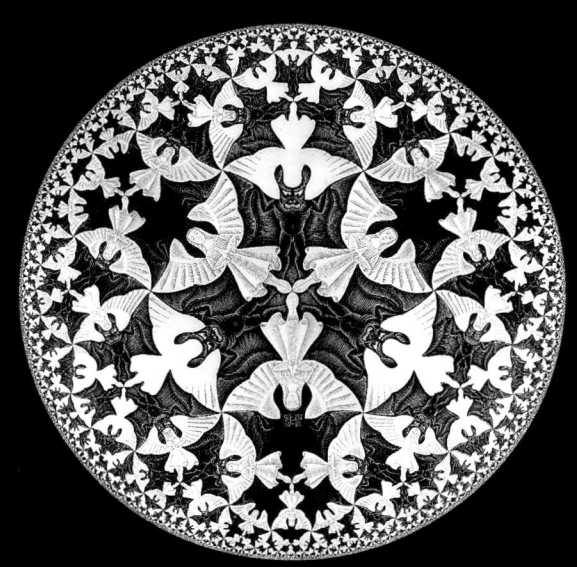

◄ *Kreislimit IV* von M. C. Escher (1898–1972) – künstlerische Darstellung der Hyperbelgeometrie, eine zweidimensionale nichteuklidische Geometrie, vorgeschlagen von Felix Klein (1849–1925) als Alternative zu Eugenio Beltramis Pseudosphäre. In dieser Geometrie ist die Winkelsumme des Dreiecks kleiner als 180° und Euklids Parallelenpostulat hat keine Gültigkeit.

Seit Erscheinen von Euklids *Elementen* im 3. Jahrhundert v. Chr. war die euklidische Geometrie (vgl. Kapitel 4) als die perfekteste aller mathematischen Systeme gepriesen worden. Basierend auf grundlegendsten Annahmen, baut sie ein spektakuläres Gedankengebäude aus mathematischen Theoremen auf. Die euklidische Geometrie war der Urtyp des axiomatischen, herleitenden Systems. Dennoch hatte dieser Tempel der Geometrie einen winzigen Makel, einen wunden Punkt, an dem Mathematiker immer wieder kratzten. Das berüchtigte fünfte Postulat besagt: „Wenn eine gerade Linie beim Schnitt mit zwei geraden Linien bewirkt, dass die inneren Winkel auf derselben Seite zusammen kleiner als zwei rechte sind, dann treffen sich die beiden geraden Linien bei Verlängerung ins Unendliche auf derjenigen Seite, auf der die Winkel liegen, die zusammen kleiner als zwei rechte sind" (zitiert nach: Biographien bedeutender Mathematiker, Wussing/Arnold). Dieses so genannte Parallelenpostulat besagt ganz einfach, dass dann, wenn zwei Linien nicht parallel verlaufen, sie irgendwann an einem Punkt aufeinander treffen werden. Jeder stimmte zu, dass das Postulat richtig sei, doch es erschien zu kompliziert, um es als grundlegendes Axiom, als einen Anfangspunkt der *Elemente* zu akzeptieren. Zunächst galten deshalb alle Anstrengungen dem Versuch, zu beweisen, dass es sich um ein Theorem handelt, welches sich durch die Axiome beweisen lässt, und nicht um ein Postulat. Viele rühmten sich, dies erreicht zu haben, doch bei näherer Betrachtung erwies sich stets, dass sich neue Annahmen in die Beweise einschlichen, welche im Wesentlichen das fünfte Postulat neu formulierten. Ein einleuchtender Ersatz war offenbar schwer zu finden.

„du darfst diesen Ansatz der parallelen nicht weiter verfolgen. ich kenne diesen weg bis zum bitteren ende. ich habe diese bodenlose Nacht durchquert, die alles Licht und alle Freude in meinem Leben ausgelöscht hat. ich flehe dich an, lasse die wissenschaft von den parallelen in ruhe … ich glaubte, ich würde mich für die wahrheit opfern. ich war bereit, ein Märtyrer zu werden, der der Geometrie den Makel nimmt und sie gereinigt an die Menschheit zurückgibt. ich vollbrachte gigantische Arbeitsleistungen; mein schaffen ist weit besser, als das vieler anderer, und dennoch konnte ich keine vollständige Befriedigung erlangen … ohne Trost kehrte ich um, bemitleide mich selbst und die ganze Menschheit."

Brief von Wolfgang Bolyai an seinen Sohn János

Die Mathematiker erforschten auch weiterhin das fünfte Postulat, vor allem al-Hayyam im 11. Jahrhundert und Nasir al-Din at-Tusi im 13. Jahrhundert, deren Arbeiten durch die Initiative des jesuitischen Mathematikers Girolamo Saccheri (1667–1733) ins Lateinische übersetzt wurden. Kurz vor seinem Tode veröffentlichte Saccheri ein Buch mit dem Titel *Euclides ab omni naevo vindicatus* („Euklid befreit von jedem Makel"), in dem er das Parallelenpostulat dadurch zu beweisen versuchte, dass er alle anderen Möglichkeiten ad absurdum führte. Er konstruierte das, was heute unter dem Namen „Saccheri-Viereck" bekannt ist mit zwei Paaren „paralleler" Linien und drei verschiedenen Hypothesen über die Summe der inneren Winkel des Vierecks, nämlich dass die Summe entweder kleiner als, gleich oder größer als vier rechte Winkel, also 360°, sei. Wenn er zeigen konnte, dass die erste und dritte Hypothese zu einer logischen Inkonsequenz führten, dann, so meinte er, habe er bewiesen, dass die zweite Hypothese, die dem Parallelenpostulat entspricht, stimmen musste, also die einzige widerspruchsfreie Geometrie darstellt. Ironischerweise stellte dieser Ansatz eine Rechtfertigung Euklids dar, indem dies Postulat trotz seiner offensichtlichen Komplexität integriert wurde. Die dritte Hypothese konnte Saccheri schnell widerlegen, da diese zu logischen Widersprüchen führt. Dagegen barg die erste Hypothese keine logischen Probleme. Im Gegenteil, er konnte ein Theorem nach dem anderen mit Hilfe dieses neuen Postulats beweisen. Vor seinen Augen entstand die allererste nichteuklidische Geometrie, doch er weigerte sich, dies zu glauben. Sein Ziel war es eigentlich „nur", die Ungültigkeit genau dieser Hypothese zu beweisen, nicht aber eine neue Geometrie zu konstruieren. So kehrte er zu seiner klerikalen Einstellung zurück und verwarf die neue Geometrie aus rein theologischen Gründen. Zukünftige Mathematiker zeigten sich hier weniger ungläubig.

„Noch habe ich die Entdeckung nicht gemacht, doch der Weg, dem ich bislang gefolgt bin, wird fast sicher zu meinem Ziele führen, vorausgesetzt, das Ziel ist überhaupt möglich. Noch habe ich es nicht es nicht, doch habe ich derart herrliche Dinge gefunden, dass ich überwältigt war. Es wäre eine unendliche Schande, wenn diese Dinge verloren gingen, wie auch du, mein lieber Vater, ganz sicher zugeben wirst, wenn du sie siehst. Alles, was ich jetzt sagen kann, ist, dass ich eine ganz neue, andere Welt aus dem Nichts erschaffen habe. Alles, was ich dir bislang geschickt habe, ist im Vergleich dazu wie ein Kartenhaus, verglichen mit einem Turm."

Brief von János Bolyai an seinen Vater, 1823

Die augenscheinliche Besessenheit vom fünften Postulat hatte eine tiefere Bedeutung jenseits logischer Reinlichkeit. Das Wesen des physikalischen Raums selbst stand auf dem Spiel. Die euklidische Geometrie war nicht nur ein klares und robustes mathematisches System, sondern sie erklärte auch, wie der Raum selbst strukturiert war: Die kürzeste Verbindung zwischen zwei Punkten war eine gerade Linie, nicht nur theoretisch, sondern auch in der Praxis. Auf den ersten Blick gab es bereits eine gut etablierte Geometrie, bei der selbst das nicht galt: die klassische sphärische Geometrie. Die kürzeste Verbindung zwischen zwei Punkten auf einer Kugel ist ein Kreisbogen, Teilstück eines großen Kreises, der die beiden Punkte verbindet. Zudem summiert sich die Summe der Winkel eines jeden Dreiecks auf einer Kugel auf mehr als 180°. Wozu also der ganze Wirbel? Alles läuft auf die Unterscheidung zwischen dem hinaus, was wir als „intrinsische" und „extrinsische" Eigenschaften einer Geometrie bezeichnen. Extrinsische Eigenschaften sind diejenigen, die sich von außerhalb des Systems herleiten lassen; intrinsische diejenigen, die sich von innen herleiten lassen. So kann man zum Beispiel die Regeln für die sphärische Geometrie herleiten, indem man eine Kugel von außen betrachtet. Die Frage lautet nun aber: Können wir rein geometrisch, also intrinsisch, feststellen, ob wir auf einer Kugel leben oder auf einer Scheibe? Man sucht daher nach intrinsischen Eigenschaften, die für eine Kugel anders sind als für eine Ebene.

Johann Heinrich Lambert (1728–1777) kam einem vollständigen nichteuklidischen System sehr nahe. In seiner *Theory of Parallel Lines* (1766) verwendete er eine ähnliche

➤ *Möbius-Band II* von M. C. Escher
(1898–1972). Das Möbius'sche Band
verkörpert einen der ersten exotischen
topologischen Räume mit nur einer an
einer Seite begrenzten Oberfläche.
Zwei mit einem Reißverschluss verbundene Möbius'sche Bänder bilden
eine Klein'sche Flasche (siehe Seite
132).

Methode wie Saccheri, um zu zeigen, dass die drei Szenarien mit einem Dreieck gleichzusetzen sind, dessen Winkel kleiner als, gleich oder größer als 180° ist. Dabei demons-
trierte er auch, dass die sphärische Geometrie dem dritten dieser Fälle ähnelt, und spe-
kulierte, dass der erste seiner drei Fälle einer Geometrie auf einer Kugel mit imaginärem
Radius entsprechen könnte. Indem er einen reellen Radius durch einen imaginären er-
setzte, kam er zu Theoremen und Formeln, die man später Hyperbelgeometrie nannte.
Hierbei wird das vertraute sin x und cos x durch sinh x und cosh x (Sinus Hyperbolicus
und Cosinus Hyperbolicus) ersetzt. Somit war die Idee, wenn auch physikalisch unwahrscheinlich, so doch mathematisch korrekt. Später zeigte sich, dass Lamberts Spekulationen gar nicht weit von der Wahrheit entfernt waren.

Bis zu Beginn des 19. Jahrhunderts schlugen alle Versuche, das Parallelenpostulat
zu beweisen, fehl. Langsam dämmerte es den Mathematikern, dass neben der euklidischen vielleicht wirklich andere, in sich konsequente Geometrien möglich sind. Sogar
zwei bis dahin unbekannte Mathematiker traten nun ins Rampenlicht, die unabhängig
voneinander dieselben Entdeckungen machten.

Nicolai Iwanowitsch Lobatschewski (1793–1856) wurde mit 14 Jahren in die erst neu
gegründete Universität von Kasan aufgenommen. Mit gerade 21 Jahren wurde Lobatschewski bereits Dozent, zwei Jahre später Professor. Durch seine methodische Ar-
beitsweise verdiente er sich die Anerkennung seiner Kollegen, die ihn mit verschiedenen administrativen Aufgaben betrauten.

1827 war er Rektor der Universität und begann, das Personal neu zu organisieren,
die Lehre zu liberalisieren, eine Infrastruktur aufzubauen und ein Observatorium zu
gründen. Als im Jahr 1830 die Cholera die Stadt heimsuchte, ordnete Lobatschewski für
alle Studenten, das Personal und deren Familien an, innerhalb der Universitätsmauern
Schutz zu suchen. Durch die strengen hygienischen Regeln, die er ihnen auferlegte,
starben nur 16 von 660 Menschen. 1846 enthob ihn die Regierung, trotz Anerkennung
seiner unermüdlichen Arbeit, seiner Ämter als Rektor und Professor. Lobatschewskis
Augenlicht wurde immer schwächer. Dennoch führte er seine mathematischen Forschungen fort. Seine letzte Publikation musste er diktieren, da er bereits vollkommen
erblindet war.

1826 legte Lobatschewski der Universität seine erste Abhandlung vor, in welcher er
einige seiner Ideen zur Geometrie umriss. Erst drei Jahre später veröffentlichte er im
Boten von Kasan seine Schrift *Über die Prinzipien der Geometrie*. Somit ist 1829 das
historische Entstehungsjahr der nichteuklidischen Geometrie in der Lobatschewski'schen Form. Das Papier besagt, dass das fünfte Postulat nicht bewiesen werden
kann, und Lobatschewski baut eine ganz neue Geometrie auf, indem er das Postulat
durch ein anderes ersetzt. Er bestätigte das, was schon Saccheri und Lambert, wenn
auch nur andeutungsweise, gesehen hatten. Er konstruierte eine Geometrie, die genauso solide und logisch war wie die von Euklid. Selbst für Lobatschewski schienen

manche der hergeleiteten Theoreme im Widerspruch zu den allgemeinen Vorstellungen des Raums zu stehen, und so nennt er seine Entdeckung einfach „imaginäre Geometrie". 1835–1838 erschienen seine *Neuen Grundlagen der Geometrie* und 1840 die *Geometrischen Untersuchungen*. Wegen der Aussagekraft dieses Buchs wurde Lobatschewski von Gauß zur Aufnahme in die Göttinger Akademie der Wissenschaften vorgeschlagen, in die er 1842 tatsächlich gewählt wurde. Dennoch weigerte sich Gauß, seine Arbeit schriftlich zu würdigen, und verhinderte somit eine schnelle Akzeptanz dieser revolutionären Ideen in der Fachwelt. Dies war eine Enttäuschung für Lobatschewski und wurde durch die nachfolgende Entlassung aus der Universität und seine fortschreitende Erblindung noch verschlimmert. 1855 wurde sein letztes Buch, *Pangeometrie*, veröffentlicht. Lobatschewski, der „Kopernikus der Geometrie", starb im darauf folgenden Jahr. Die physikalische Interpretation der nichteuklidischen Geometrie wurde durch Eugenio Beltrami (1835–1900) untermauert, der zeigte, dass die Fläche der Pseudosphäre in Lobatschewskis Geometrie genügt. Damit bestätigte er zugleich auch die früheren Arbeiten von Lambert.

Lobatschewskis neues Postulat lässt sich folgendermaßen erklären: Man stelle sich eine gerade Linie mit unbestimmter Länge vor und wähle irgendeinen Punkt im Raum, der nicht auf der Linie liegt. Euklids Postulat besagt, dass es eine und nur eine Linie gibt, die parallel zur ersten Linie verläuft und durch diesen Punkt geht. Lobatschewski dagegen sagt, dass man mehrere Linien zeichnen kann, die durch diesen Punkt gehen und „parallel" zu der ursprünglichen Linie verlaufen. Parallel in dem Sinne, dass sie keinen Schnittpunkt mit ihr haben. Mathematisch ausgedrückt, führt dies zu einer seltsamen, aber in sich vollkommen schlüssigen Geometrie. Ja, es gibt sogar eine unendliche Zahl solcher Geometrien, von denen jede von dem „Winkel der Parallelität" abhängt.

Gauß' Weigerung, Lobatschewskis Arbeit zu unterstützen, hing vermutlich teilweise damit zusammen, dass er seinem Freund Bolyai gegenüber loyal sein wollte, dessen Sohn János Bolyai (1802–1860) zur gleichen Zeit eine nichteuklidische Geometrie entwickelt hatte. Dieser kam 1829 tatsächlich zu genau denselben Ergebnissen wie Lobatschewski.

János Bolyai entwickelte die, wie er es nannte, „absolute Wissenschaft

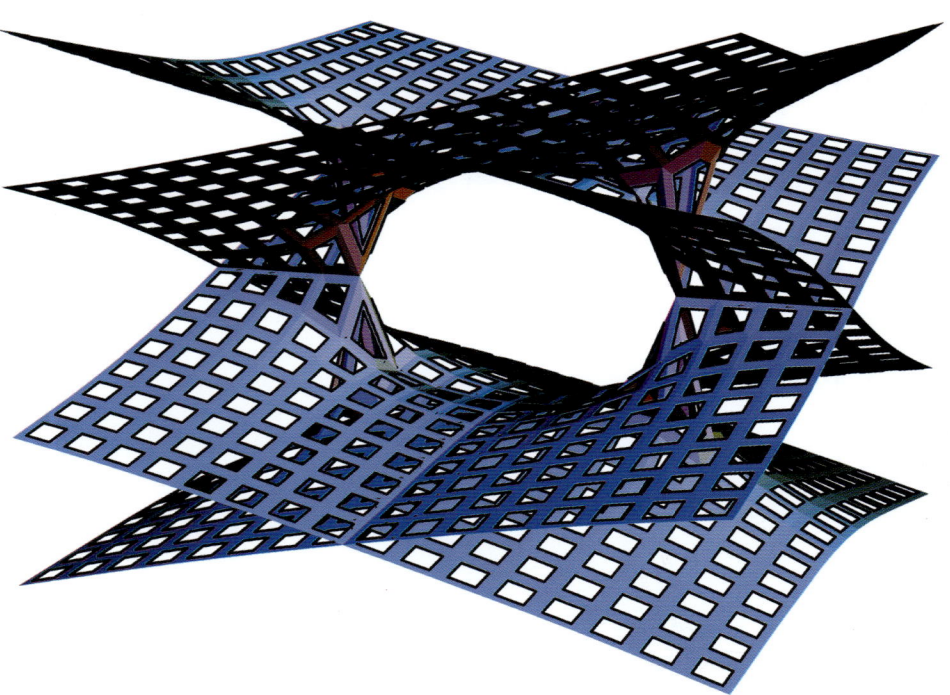

▲ Die Riemann'sche Fläche der Funktion $(z^2 - 1)^{1/4}$. Um ein Gefühl für eine Riemann'sche Fläche zu erhalten, kann man die Zahl $i = \sqrt{-1}$ in einer zweidimensionalen komplexen Ebene als eine gegen den Uhrzeigersinn verlaufende 90°-Umdrehung interpretieren. Vier solcher Umdrehungen des Punktes (1,0) führen ihn dann an den Anfangspunkt zurück, das heißt $i^4 = 1$. Riemann jedoch versuchte, diese beiden zu unterscheiden, indem er multiple komplexe Ebenen schuf, die übereinander gestapelt und zu einer Art Korkenzieher miteinander verbunden sind.

des Raums" nach denselben Prinzipien wie Lobatschewski. Sein Vater publizierte die Arbeit als Anhang seines eigenen Buchs. Die Schrift datiert aus dem Jahr 1829, demselben Jahr, in dem auch Lobatschewskis Artikel erschien, doch sie wurde erst 1832 gedruckt. Verborgen am Schluss eines unbedeutenden Buchs, wäre sie vielleicht der Geschichtsschreibung gänzlich verloren gegangen, wäre sein Vater nicht ein Freund von Gauß gewesen, dem er auch eine Kopie schickte. Gauß' ernüchternde Antwort bestand zwar aus einer grundsätzlichen Zustimmung, doch verweigerte er ihm die öffentliche Unterstützung, da das Preisen dieser Arbeit nur ein Preisen seiner selbst gewesen wäre: Dieselben Ansichten habe er schließlich schon Jahre zuvor selbst vertreten! Bolyai war verzweifelt und angewidert von der Antwort und fürchtete, dass man ihn seiner Entdeckungen berauben wollte. Fortan weigerte er sich, überhaupt noch etwas zu veröffentlichen.

Der Grund für Gauß' Weigerung, die Arbeiten von Lobatschewski und Bolyai anzuerkennen, war scheinbar pure Missgunst. Die Unterstützung durch einen derart anerkannten Meister hätte sich sicher günstig sowohl auf Bolyais Karriere als auch auf Lobatschewskis gesundheitlichen Zustand ausgewirkt. Gauß selbst hatte sich diesem Thema von einer ganz anderen Richtung her genähert. Bei der Betrachtung von Linien auf

▼ Eine weitere Riemann'sche Fläche. Bernhard Riemanns berühmter Habilitationsvortrag verkündete eine neue und weiter gefasste Perspektive der Geometrie. Daraufhin wurde er zu Recht als „neuer Euklid" gefeiert.

einer Fläche stellte er das Theorem auf, dass die „Krümmung" der Fläche in Beziehung zu der verwendeten Metrik (das heißt zu dem für die Entfernungen zwischen zwei Punkten verwendeten mathematischen Ausdruck) steht. Gauß zeigte, dass die Krümmung unabhängig von dem Raum ist, in dem die Fläche existiert; sie ist eine intrinsische Eigenschaft bezogen auf die Summe der Winkel eines Dreiecks auf einer solchen Fläche. In diesem Zusammenhang sind die Ähnlichkeiten mit nichteuklidischer Geometrie offensichtlich.

Nachdem über zweitausend Jahre lang das fünfte Postulat immer mehr kritisiert worden war, bewirkte nun der endgültige Umsturz dieser tragenden Säule, dass auch das übrige Gebäude der euklidischen Geometrie in sich zusammenstürzte. Sie blieb in ihrer Logik weiterhin konsequent, war aber nunmehr nur noch eine von vielen möglichen Geometrien und somit auch nicht länger offenkundig die Geometrie des Raums selbst.

Bernhard Riemann (1826–1866), Sohn eines Pastors, wuchs in bescheidenen Verhältnissen auf, erhielt aber dennoch eine gute Ausbildung in Berlin und Göttingen, wo er 1854 Privatdozent wurde. Die dortige Universität forderte einen Habilitationsvortrag als Einführung für ihre neuen Professoren. Und dies war die spektakulärste Probevorlesung in der Geschichte der Mathematik. Der Vortrag mit dem Titel „Über die Hypothesen, welche der Geometrie zugrunde liegen" beschrieb im weitest möglichen Sinne das, was eine Geometrie als Thema umfasst. Dies war ein enormer Fortschritt gegenüber Euklids „Zirkel-und-Lineal-Geometrie". Riemann definierte die Geometrie als die Lehre von Mannigfaltigkeiten – begrenzte und unbegrenzte, mit beliebiger (möglicherweise unendlicher) Anzahl von Dimensionen, zusammen mit einem Koordinatensystem und einer Metrik zur Definition der kürzesten Entfernung zwischen zwei Punkten. In der euklidischen dreidimensionalen Geometrie ist die Metrik gegeben als $(ds)^2 = (dx)^2 + (dy)^2 + (dz)^2$, das differentiale Äquivalent des Lehrsatzes des Pythagoras. Riemanns Mannigfaltigkeiten umfassen Räume selbst, ohne einen externen Beziehungsrahmen. Die Krümmung des Raums war somit gänzlich in Bezug auf intrinsische Eigenschaften der Mannigfaltigkeiten in jeder Art von Raum definiert. Für Riemann ging es bei der Geometrie im Wesentlichen

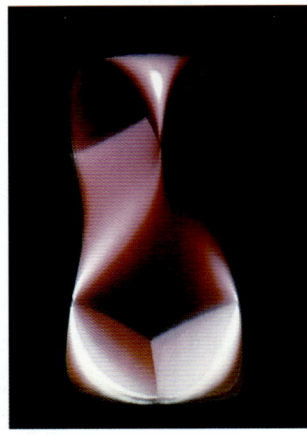

▲ *Die Venus der Etrusker: Red* (1986, NCSA) ist ein „Still" einer animierten dreidimensionalen Projektion einer vierdimensionalen Oberfläche. Diese überraschende Sichtweise, topologisches Äquivalent zur Klein'schen Flasche, verdankt ihren Namen der offensichtlichen Ähnlichkeit mit der weiblichen Figur.

▼ Eine gläserne Klein'sche Flasche, die nur eine Oberfläche besitzt und keine Grenze hat.

um Reihen n-ten Grades. Seine Ideen über Räume waren so allgemein, dass sie fast nicht-räumlich waren. Ja, jede Beziehung zwischen Variablen konnte als ein „Raum" betrachtet werden. Wenn für ein System keine Metrik definiert wird, befinden wir uns in einem Zweig der Mathematik, den man als Topologie bezeichnet: Diese handelt von der Art und Weise, wie Regionen des Raums miteinander verbunden sind.

Riemann hat mathematische Werkzeuge erfunden, die heute kaum noch wegzudenken sind. Es überrascht daher kaum, dass der sonst mit seinem Lob so knauserige Gauß tatsächlich große Begeisterung für die Arbeit eines anderen zum Ausdruck brachte. In Riemanns erweiterter Sicht der Geometrie sind die anderen Geometrien enthalten: die euklidische Geometrie definiert den Raum mit einer konstanten Krümmung von 0, Lobatschewskis Geometrie entspricht einer Krümmung von −1 und die sphärische Geometrie einer Krümmung von +1. Obgleich man Riemann als den „neuen Euklid" betrachten könnte, wird sein Name mit einer sehr spezifischen Geometrie verbunden: derjenigen, die die Ebene als eine Landkarte des Raums interpretiert. Riemanns allgemeine Studien über metrisch gekrümmte Räume ebneten den Weg für die allgemeine Relativitätstheorie.

Kapitel 17

Dialekte der Algebra

$$H = a \begin{bmatrix} 1 & 0 \\ 0 & 1 \end{bmatrix} + b \begin{bmatrix} i & 0 \\ 0 & -i \end{bmatrix} + c \begin{bmatrix} 0 & 1 \\ -1 & 0 \end{bmatrix} + d \begin{bmatrix} 0 & i \\ i & 0 \end{bmatrix}$$

In diesem Kapitel werden zunächst die in England vorangetriebenen Entwicklungen der Algebra behandelt. Anschließend werden die Tendenzen auf dem Festland geschildert. Die daraus resultierende Verzweigung in verschiedene Dialekte der Algebra führte zu einer grundlegenden Neubewertung von dem, was die Mathematik wirklich umfasst.

Die Grundregeln der arithmetischen Algebra:
für alle Zahlen x, y und z gilt:

$x+y=y+x$ — Die Addition ist kommutativ: Die Summe zweier Zahlen ist unabhängig von der Reihenfolge, in der sie addiert werden.

$x \cdot y = y \cdot x$ — Die Multiplikation ist kommutativ.

$x+0=x$ — Die Addition hat ein neutrales Element, die Null, die jede Zahl unverändert lässt.

$x \cdot 1 = x$ — Die Multiplikation hat ein neutrales Element, die Eins, die jede Zahl unverändert lässt.

$x\,(y+z) = x \cdot y + x \cdot z$ — Die Multiplikation steht distributiv über der Addition.

Die Entwicklung der englischen Analysis hinkte immer hinter der im übrigen Europa hinterher. Viel Schuld daran trägt die Newton'sche Fluxions-Schreibweise, die der Leibniz'schen Symbolik $\frac{d}{dx}$ unterlegen war. Die Neurorientierung der Briten verlief zwar zunächst sehr zögerlich, führte dann aber zu einigen bahnbrechenden Entdeckungen, die die Mathematik schließlich stark beeinflussten. Als man 1817 George Peacock (1791–1858) in Cambridge zum Prüfer des mathematischen „Honours"-Examens ernannte, wurde die differenziale Schreibweise endgültig durch die Fluxionssymbole ersetzt. Nach Charles Babbage bestand das Ziel der 1813 gegründeten Analytical Society darin, „die Prinzipien des reinen ‚d-ismus' im Gegensatz zum ‚Punkte-Zeitalter' der Universität zu fördern"; ein weiteres Ziel sei es, „die Welt weiser zu machen, als wir sie vorgefunden haben". Peacock begann in seiner *Treatise on Algebra* (1830), die Algebra als „demonstrative Wissenschaft" zu etablieren. Der erste Schritt bestand darin, die arithmetische Algebra von der symbolischen zu trennen: Die Elemente der arithmetischen Algebra waren Zahlen und arithmetische Operationen. Die symbolische Algebra ist dagegen „eine Wissenschaft, die die Kombinationen von Zeichen und Symbolen ausschließlich im Hinblick auf die Festlegung von Gesetzen betrachtet, die vollkommen unabhängig von den spezifischen Werten der Symbole selbst sind". Diese offenbar bewusst vage Aussage ebnete den Weg für die Erforschung der Algebra im Allgemeinen.

Mit purer Entschlossenheit und durchdringendem Verstand schrieb George Boole (1815–1864), ein bis dahin völlig unbekannter Volksschullehrer aus Lincoln, das erste Lehrbuch über die mathematische Logik. Boole hatte sich mit Augustus De Morgan angefreundet, den er in seinem Streit mit dem schottischen Philosophen Sir William Hamilton (1788–1856) (nicht verwandt mit dem Iren Sir William Rowan Hamilton) zum Thema Logik unterstützte. Diese heute unbedeutende Kontroverse inspirierte Boole, autodidaktischer Mathematiker und Linguist, eine kurze Abhandlung mit dem Titel *The Mathematical Analysis of Logic* zu veröffentlichen. Im selben Jahr erschien auch De Morgans eigenes Buch *Formal Logic*. Zwei Jahre später, höchstwahrscheinlich mit Hilfe De Morgans, wurde Boole zum Professor für Mathematik am neu gegründeten Queens College in Cork berufen. Boole vertrat leidenschaftlich die Auffassung, dass man die Logik als Teil der Mathematik statt als Metaphysik betrachten sollte und dass die Gesetze der Logik nicht aus der normalen Sprache, sondern aus rein formalen Elementen konstruiert werden müssten. Erst dann, wenn die logische Struktur feststehe, könne man ihr eine linguistische Interpretation überstülpen. Er wies die Ansicht zurück, dass die Mathematik die Wissenschaft der Zahlen und Mengen sei. Stattdessen glaubte er, dass jedes konsequente symbolische logische System Teil der Mathematik sei. Zum ersten Mal stoßen wir auf die klar formulierte Meinung, dass es bei der Mathematik nicht so sehr um Inhalt, sondern vielmehr um Struktur geht. Booles *Investigation of the Laws of Thought* (1854) verdeutlichte diese Ideen und konzipierte sowohl eine formale Logik wie auch eine neue Algebra. Die Boole'sche Algebra handelt im Wesentlichen von Klassen von Dingen, und die Variablen wie zum Beispiel x bezeichnen keine Zahlen, sondern den mentalen Akt des Auswählens einer Klasse aus einem gegebenen Universum. So könnte x etwa die Klasse „Mann" aus dem Universum „Mensch" sein. Die Symbolik folgt denselben Gesetzen wie die der arithmetischen Algebra, mit Ausnahme des zusätzlichen Axioms, dass $x^2 = x$. In der Arithmetik trifft diese Gleichung nur dann zu, wenn x gleich 1 oder 0 ist, in der Boole'schen Algebra dagegen immer: Das zweimalige Auswählen der Klasse „Männer" gleicht dem einmaligen Auswählen. Zudem schreibt Boole den Symbolen 1 und 0 besondere Bedeutungen zu: 1 ist das „Universum" und 0 das „Nichts". Diese Ideen bilden heute das Herz der weltweiten Computerrevolution. In den Kapiteln 23 und 24 werde ich noch näher darauf eingehen.

Augustus De Morgan (1806–1871) war ein glühender Verfechter der neuen Algebra. In Indien geboren, besuchte er das Trinity College in Cambridge, konnte jedoch weder dort noch in Oxford Dozent werden, da er sich weigerte, sich der theologischen Prüfung zu unterziehen, die er zur Erlangung des Master-Titels benötigte. Stattdessen wurde er im Alter von 22 Jahren Professor an der neu gegründeten, weltlichen London-University, dem späteren University College. Er weitete Peacocks Trennung zwischen der arithmetischen und der symbolischen Algebra noch aus und machte 1830 folgende Aussage: „Mit einer einzigen Ausnahme hat kein einziges Wort oder Zeichen von Arithmetik oder Algebra auch nur einen Funken von Bedeutung in diesem ganzen Kapitel, das sich mit Symbolen und ihren Kombinationsgesetzen befasst. Dies führt zu einer rein symbolischen Algebra, die von nun an die Grammatik hunderter verschiedener signifikanter Algebren werden kann". Seine einzige Ausnahme war das Gleichheitssymbol, da in einem Ausdruck x=y die Symbole x und y dieselbe Bedeutung haben müssen. Dies mag seltsam erscheinen, wenn man es in einem Buch mit dem Titel *Trigonometry and Double Algebra* (1830) liest. Der Ausdruck „double algebra" (doppelte Algebra) bezieht sich auf die binäre Natur komplexer Zahlen im Gegensatz zur „single algebra" (einfache Algebra) der reellen Zahlen. Dabei begriff De Morgan scheinbar gar nicht das ganze Ausmaß seiner eigenen Thesen: Er erkannte zwar die Ähnlichkeit zwischen einfachen und doppelten Algebren, glaubte aber nicht an die Möglichkeit einer drei- oder vierfachen Algebra. Es sollte sich erweisen, dass er sich hier vollkommen irrte.

Trotz des frühen Todes beider Eltern wurde das geniale Talent von William Rowan Hamilton schon sehr früh erkannt. Bereits im Alter von fünf Jahren las er griechische, hebräische und lateinische Texte. Er besuchte das Trinity College in Dublin und wurde noch während seines Grundstudiums, im Alter von 22 Jahren, Königlicher Astronom von Irland, Direktor des Dunsink Observatoriums und Professor für Astronomie. Eine seiner Lieblingsthesen besagte, dass Raum und Zeit unlösbar miteinander verwoben seien und dass die Geometrie die Wissenschaft des Raums und die Algebra die Wissenschaft der Zeit sei. 1833 legte er der Royal Irish Academy seine Darstellung der komplexen Zahlen a+ib als geordnete Paare reeller Zahlen (a, b) vor, mit den heute einheitlichen geometrischen Interpretationen für Addition und Multiplikation:

$$(a, b) + (c, d) = (a + c, b + d)$$

$$(a, b) \cdot (c, d) = (ac - bd, ad + bc)$$

Dann versuchte er, das System von zweidimensionalen komplexen Zahlen auf drei Dimensionen auszuweiten. Oberflächlich scheint dies nicht allzu schwierig zu sein: Man definiert einfach $z = a + ib + jc$, mit der Länge $\sqrt{(a^2 + b^2 + c^2)}$. Die Definition der Addition war einfach, dagegen funktionierte die Multiplikation überhaupt nicht: Sie war nicht kommutativ. Dies und die höher dimensionalen Zahlen beschäftigten ihn zehn Jahre lang. Dann, am 16. Oktober 1843, spazierte er mit seiner Frau am Royal Canal entlang und hatte ganz plötzlich eine Eingebung: Man nimmt Quadrupel statt Tripel und lässt das Kommutativgesetz außer Acht. So ergibt sich das Quadrupel als $z = a + ib + jc + kd$ mit $i^2 = j^2 = k^2 = ijk = -1$. Dies bedeutete, dass $ij = k$, aber $ji = -k$, das Kommutativgesetz war also nicht gegeben. Dennoch war die Gesamtstruktur in sich schlüssig, und eine neue

Algebra war entstanden. Hamilton hielt an und ritzte die Formel mit einem Messer auf einen Stein der Broughton-Brücke. Noch am gleichen Tag informierte er die Royal Irish Academy darüber, dass er in der nächsten Sitzung einen Vortrag über „Quaternionen" halten wolle, wie er seine Quadrupel nannte.

Die Bedeutung dieser Erkenntnis lag nicht ausschließlich darin, dass man eine ganz neue Algebra geschaffen hatte, sondern auch darin, dass die Mathematik nun die Freiheit besaß, noch weitere Algebren aufzubauen. Zudem handelte es sich hier um die erste ausgearbeitete Theorie dessen, was wir heute unter dem Begriff „nichtkommutative Algebren" zusammenfassen. Die nichtkommutative Eigenschaft bedeutet, dass im dreidimensionalen Raum eine allgemeine Sequenz von zwei Rotationen in Abhängigkeit von ihrer Reihenfolge zu verschiedenen Ergebnissen führt, ganz anders als bei zwei Dimensionen. Hamilton verbrachte den Rest seines Lebens mit der Entwicklung dieser neuen Algebra. 1853 veröffentlichte er seine *Lectures on Quaternions*. Ein Großteil seiner Arbeit war der Anwendung der Quaternionen in der Geometrie, Differenzialgeometrie und Physik gewidmet. Wie wir im folgenden Kapitel sehen werden, formulierte James Clerk Maxwell seine Gleichungen zum Elektromagnetismus in der Quaternionen-Schreibweise. Hamilton glaubte fest daran, ja war geradezu besessen von der Idee, dass in Quaternionen der Schlüssel für eine vollständige Beschreibung der Gesetze des Universums verborgen liege. Er starb 1865, noch vor Fertigstellung seiner *Elements of Quaternions*, welche dann 1866 posthum durch seinen Sohn veröffentlicht wurden.

Algebra und Geometrie wurden zunehmend als rein abstrakte Konstrukte behandelt, von denen die vertraute arithmetische Algebra auf der einen Seite und die zwei- und dreidimensionale Geometrie auf der anderen Seite nur noch Spezialfälle darstellten.

Auf diesem Gebiet der neuen Algebren tauchte nun auch die amerikanische Mathematik langsam auf. Benjamin Peirce (1809–1890), Professor für Mathematik in Harvard und Leiter der geodätischen Landvermessung, wurde durch Hamiltons Arbeiten, die er überall verbreitete, stark beeinflusst. Peirce setzte sich daran, Tabellen für 162 verschiedene Algebren zu konstruieren! Jede Algebra begann mit zwei bis sechs Elementen, die man durch zwei Operationen miteinander kombinieren konnte, wobei die Multiplikation distributiv

PROPOSITION I

Alle Operationen der Sprache, als Instrument des logischen Denkens, lassen sich durch ein Zeichensystem steuern, das aus folgenden Elementen zusammengesetzt ist:

1. Buchstabensymbole wie x, y, etc., die als Subjekte unserer Konzeption fungieren. 2. Funktionssymbole wie +, —, ·, die für diejenigen Operationen des Geistes stehen, mit denen die Konzeption der Dinge kombiniert oder aufgelöst werden, um neue Konzeptionen zu bilden, die dieselben Elemente enthalten. 3. Das Gleichheitszeichen =.

Der Gebrauch dieser Symbole der Logik unterliegt definierten Gesetzen. Dabei stimmen sie zum Teil mit den Gesetzen der entsprechenden Symbole in der Wissenschaft der Algebra überein, und zum Teil unterscheiden sie sich von diesen.

George Boole, *An Investigation of the Laws of Thought* (1854)

über der Addition stand. Ein neutrales Element 0 für die Addition wurde für jede Algebra angenommen, aber nicht unbedingt ein neutrales Element 1 für die Multiplikation. Sein Sohn Charles Sanders Peirce (1839–1914) führte die Arbeit des Vaters fort und zeigte, dass von den 162 Algebren nur drei die Division eindeutig definierten: die arithmetische Algebra, die Algebra der komplexen Zahlen und die Algebra der Quaternionen. Wiederum in England, entwickelte William Kingdon Clifford (1845–1879) einige nach ihm benannte Algebren, besonders die der Octonien und Biquaternionen; diese dienten vorwiegend dem Studium der Bewegung im nichteuklidischen Raum.

An diesem Punkt verzweigt sich die Geschichte in zahlreiche miteinander verwobene Stränge. Nachfolger von Boole wandten die Mathematik in der Logik an und schufen eine Algebra der Logik, während Peano und Russell versuchten, Mathematik aus der Logik zu gewinnen, ein Unterfangen, das man als „mathematische Logik" bezeichnen könnte. Wieder andere waren alarmiert durch das Auftauchen derart vieler neuer mathematischer Strukturen und begannen, nach den festen Grundlagen der Mathematik zu suchen: Die praktischen Auswirkungen dieser Suche werden in Kapitel 24 behandelt.

```
18    18 18          18
    18       18 18
    18    18    18 18
18 18              18 18
  18 18      18    18
    18      18       18
  18       18
18       18
18 18
    18 18
```

kapitel 18

Aktionsfelder

```
    18 18    18       18
  18     18       18 18
18       18          18
    18       18 18
      18    18
    18 18    18
  18    18
      18 18
    18
    18    18
      18 18    18
    18    18 18    18
        18    18
      18 18       18
        18       18
      18    18 18 18
        18    18    18
        18 18
        18    18 18
          18    18
      18    18 18
        18 18
      18    18 18

          18
        18 18    18
          18 18
          18
            18 18
          18 18
              18
            18 18
            18
            18
```

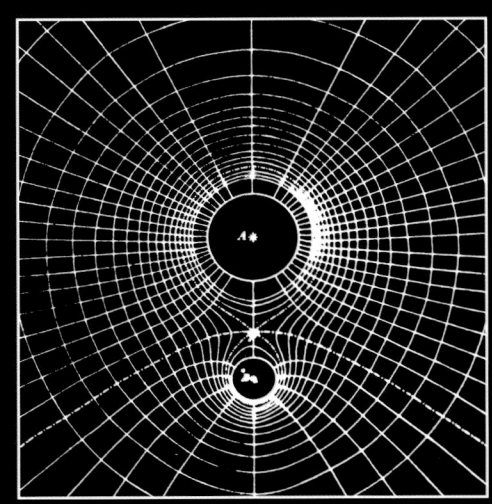

◄ Elektromagnetische Kraftfelder
illustrieren die gegenseitige Ab-
stoßung zwischen zwei verschieden
großen Elektroden mit gleicher Pola-
rität. Aus James Clerk Maxwells
Treatise on Electricity and Magnetism
(1873).

Seit Mitte des 18. Jahrhunderts ging die Entwicklung des Calculus (Differenzial- und Integralrechnung) mit dem Aufkommen der mathematischen Analyse physikalischer Phänomene einher. Hauptthemen waren die Thermodynamik, Himmelsmechanik, Hydrodynamik und die Erforschung von Licht, Elektrizität und Magnetismus. Auf allen Gebieten wurden Differentialgleichungen aufgestellt, die die Phänomene beschreiben sollten, und dann wurden die notwendigen Methoden entwickelt, um die Gleichungen zu lösen. Die Schwierigkeiten bei der Suche nach eindeutigen Lösungen führten dazu, dass man den Schwerpunkt auf Approximationsverfahren setzte. Obgleich die oben aufgelisteten Phänomene physikalisch ganz verschieden zu sein schienen, haben doch alle in gewissem Sinne eine Beziehung zum Medium Raum. Besonders seit Erscheinen von Newtons *Principia* war die Existenz von „Aktionen über große Entfernungen" heftig umstritten – wie konnte die Gravitation durch den Weltraum hindurch wirken? Waren Gravitation und Magnetismus verschiedene Aspekte derselben Kraft oder handelte es sich um ganz unterschiedliche Phänomene? Vielleicht war der Weltraum mit einer Art von Medium erfüllt, dem so genannten „Äther"? Wenn dies der Fall war, was genau war dann der Äther, und was waren seine Eigenschaften? Zur Veranschaulichung dieser vielfältigen Gedankenstränge wird im Folgenden die Geschichte der Potenzialtheorie und ihre Beziehung zum Elektromagnetismus näher beleuchtet.

Der Leibniz'sche Calculus wurde erweitert, um mit mehr als einer unabhängigen Variablen arbeiten zu können, so dass man zum Beispiel neben Kurven der Form $y = f(x)$ in einer Ebene auch Kurven der Form $z = f(x,y)$ im Raum erforschen könnte. Der entscheidende Schritt hierzu war die Einführung partieller Differenzialgleichungen, in denen jede Variable unabhängig von den übrigen differenziert werden konnte. Die Interaktionen zwischen sich bewegenden Teilchen ließen sich nun durch Differentialgleichungen darstellen, deren Lösungen die Bewegungsbahnen der Teilchen deutlich machen sollten. Die zunächst von Newton vorgeschlagenen Lösungen, nach denen die Planeten elliptische Umlaufbahnen beschrieben, basierten auf einer Reihe ziemlich grober Vereinfachungen wie etwa der Annahme, dass die Sonne und die Planeten Punktmassen seien und dass man jeden Planet unabhängig von allen anderen betrachten könne. Da die ursprünglichen Einwände gegen das heliozentrische Modell und nicht zirkuläre Umlaufbahnen mittlerweile endgültig vom Tisch waren, konnte man damit beginnen, das Modell weiterzuentwickeln. Ein Verfahren bestand darin, die energetischen Veränderungen innerhalb eines dynamischen Systems zu betrachten. Einen mathematischen Weg, die physikalische Idee von der Energieerhaltung auszudrücken, lieferte die Potenzialtheorie.

Eine wichtige Frage an die Himmelsmechanik stellte sich, als man entdeckte, dass die Planeten keiner perfekten elliptischen Umlaufbahn folgen, sondern auf ihrem Weg schwanken. Tatsächlich wurde mit zunehmender Genauigkeit der Daten immer deutlicher, dass die Bewegungen im Sonnensystem nicht auf glatten Bahnen verlaufen. Dies führte zur Entwicklung der Perturbationstheorie, nach welcher die Umlaufbahn

➤ Thomas Wright, *Eine originelle Theorie oder neue Hypothese über das Universum, basierend auf den Gesetzen der Natur, die aufgrund mathematischer Prinzipien das allgemeine Phänomen der sichtbaren Schöpfung löst; und besonders die Via Lactea (Milchstraße)*, 1710. Dieses Bild zeigt die Idee der Unendlichkeit der Universen, jedes ist auf ein „Auge der Vorsehung" gerichtet.

eines Planeten nicht nur als Folge der Interaktion zwischen dem Planeten und der Sonne, sondern auch zwischen dem Planeten und allen übrigen Planeten betrachtet wurde. Damit wurde die mathematische Berechnung außerordentlich schwierig, da nun sehr viele Variablen zu berücksichtigen waren. Heftig diskutiert wurde das so genannte „Dreikörperproblem" – selbst für ein vereinfachtes System aus Sonne, Erde und Mond gab es keine exakten Lösungen. 1747 entwickelte Euler ein neues Verfahren, mit dem man die Entfernungen zwischen den Planeten zu jedem Zeitpunkt annähernd durch trigonometrische Reihenexpansionen bestimmen konnte, wie er in seiner *Introductio* (siehe nächste Seite) darlegte.

Leonhard Euler (1707–1783) war der wohl produktivste Mathematiker aller Zeiten. Sein mathematisches Werk umspannt buchstäblich jedes Gebiet der Mathematik, einschließlich ganz praktischer Arbeiten über Kartographie, Schiffsbau, Kalender und Finanzen. Berühmt wurde er hauptsächlich für seine Grundlagen der mathematischen Analysis und der analytischen Mechanik mit bahnbrechenden Arbeiten wie der *Introductio in analysis infinitorum* (1748), der „Theorie von den Bewegungen fester Körper" (1765) sowie umfangreichen Arbeiten über die Differenzial- und Integralrechnung. Die gesamte Sprache der Funktionen geht auf ihn zurück wie der Ausdruck f(x) und eine ganze Reihe heute gebräuchlicher mathematischer Symbole wie π für das Verhältnis zwischen Kreisumfang und Durchmesser, e für die Basis der natürlichen Logarithmen, i für $\sqrt{-1}$ und $\sum$ als Summenzeichen. Zahlentheorie, Geometrie und Analysis sah Euler als Disziplinen, die sich beim Modellieren von Naturphänomenen gegenseitig unterstützen.

Die Perturbationstheorie führte zu exakteren Ergebnissen für die Umlaufbahnen der Planeten, zugleich aber auch zu der beunruhigenden Schlussfolgerung, dass es keinen ersichtlichen Grund dafür gab, warum die Planeten in ihren derzeitigen Bahnen blieben. Kleinere Schwankungen könnten sich leicht so verstärken, dass ein Planet vollständig seine Bahn verlassen würde; fast schien es, als brauche man noch immer jene engelhaften Wesen, um die Planeten in ihrem Kurs zu halten. (Im 20. Jahrhundert fand man heraus, dass die Dynamik des Sonnensystems durch die Chaostheorie erklärt werden kann, vgl. Kapitel 24.) In Frankreich zog man analytische Methoden den geometrischen vor, um damit die Planetenbewegungen zu beschreiben. Dies führte zu mehr und mehr unhandlicheren Gleichungen. Der analytische Ansatz wurde von Joseph Louis Lagrange (1736–1813) geprägt, der ein später nach ihm benanntes System von Gleichungen entwickelte. Seine *Méchanique analytique* (1788) enthielt auf über 500 Seiten kein einziges Diagramm. 1799 veröffentlichte Laplace den ersten Band der Enzyklopädie *Traité de Méchanique céleste*, in der er den Schwerpunkt auf Potenzialtheorie und Perturbationen legte.

Während der französischen Revolution konnten sich nur wenige Mathematiker den politischen Unruhen entziehen. Dem jungen Augustin-Louis Cauchy (1789–1857) blieben die schlimmsten Auswüchse der Revolution erspart, weil seine Familie zeitweise Paris verließ. Nach seinem Abschluss an der École Polytechnique arbeitete er am Aufbau von Hafenanlagen mit, die Napoleon für seine geplante Invasion gegen England benötigte. Viel lieber wollte er sich aber der Mathematik widmen und erhielt nach zahlreichen Ablehnungen endlich eine Stelle als Assistenzprofessor für Analysis an der École Polytechnique. Cauchy war ungeheuer produktiv: Sein Werk umfasst 27 stattliche Buchbände, darunter seine wichtigsten Arbeiten, die *Cours d'analyse* (1821) und die *Leçons sur le calcul différential* (1829). Allerdings kam Cauchy mit seinen streng katholischen Ansichten aufgrund des politischen Klimas im Frankreich des frühen 19. Jahrhunderts in vielen Kreisen nicht gut an. Wegen Unterstützung der Jesuiten gegen die

Académie des Sciences sowie aufgrund seiner Weigerung, der neuen Regierung im Jahr 1830 den Treueeid zu leisten, wurde er schließlich seiner Ämter enthoben und ging zusammen mit Charles X. ins Exil. Nach seiner Rückkehr nach Paris wurde ihm zweimal der Vorsitz der mathematischen Fakultät im Collège de France verweigert, obwohl er bei weitem der beste Kandidat war. Erst 1848, nach dem Umsturz von Louis Philippe, konnte er in die Universität zurückkehren. Zwischen 1840 und 1847 veröffentlichte Cauchy seine vierbändige *Exercises d'analyse et de physique mathématique*. Cauchy lieferte zum Teil die Grundlagen der Analysis der reellen und der komplexen Zahlen, die wiederum die Basis der mathematischen Physik bildete.

Der französische Ansatz, Funktionen mittels „abgestumpfter" Potenzreihen anzunähern – in der Hoffnung, durch Zufügen weiterer Terme bessere Annäherungen zu erzielen –, wurde von vielen, die nach praktikableren Methoden suchten, kritisiert. So veröffentlichte zum Beispiel Charles Delaunay in den 60er Jahren des 19. Jahrhunderts eine monströse Gleichung, die ein ganzes Kapitel umfasste, gefolgt von fast 60 Methoden, die einzelnen Terme zu schätzen. 1834 präsentierte William Rowan Hamilton der Royal Society seine später nach ihm benannte Funktion: In nur einer Gleichung konnte er die Bewegung jeder Anzahl von Massepunkten beschreiben, die sich innerhalb eines Potenzials bewegen. Ab Mitte des 19. Jahrhunderts wurden Methoden und Sprache der Potenzialtheorie durch Riemanns Arbeiten über die Geometrie verändert (vgl. Kapitel 16). Das neue Gebiet der Differenzialgeometrie weitete die Konzepte der Differenzial- und Integralrechnung auf den dreidimensionalen Raum aus. Geometrische Objekte wie Punkte, Kurven und Oberflächen wurden in Form von Vektoren, dynamische Konzepte wie Geschwindigkeit, Beschleunigung und Energie durch Funktionen und auf sie wirkende Operatoren beschrieben. Während zum Beispiel für eine eindimensionale Funktion $f(x)$ nur ein Differenzial definiert ist, gibt es für eine dreidimensionale Funktion $f(x, y, z)$ drei verschiedene Differenzialoperatoren, den Gradienten („grad" genannt), die Rotation („rot") und die Divergenz („div"). Da jede Variable innerhalb eines dynamischen Systems als eine „Dimension" des Systems behandelt werden konnte, machte Riemanns Arbeit über mehrdimensionale Räume die Differenzialgeometrie zum perfekten Vehikel beim Modellieren physikalischer Systeme.

Mitte des 19. Jahrhunderts lagen bereits zahlreiche experimentelle und theoretische Ergebnisse auf den Gebieten Elektrizität und Magnetismus vor. In den 80er Jahren des 18. Jahrhunderts hatte Charles Coulomb durch Experimente entdeckt, dass die elektrostatische Kraft zwischen zwei geladenen Teilchen zum Quadrat ihres Abstands umgekehrt proportional ist. Nun konnten Wissenschaftler einige der mathematischen Modelle und Verfahren auf elektrostatische Phänomene anwenden, die im Zuge der Erforschung der Gravitationskräfte entwickelt worden waren. 1812 behandelte Siméon Denis Poisson die elektrostatischen Kräfte in ähnlicher Weise wie Laplace in seiner *Méchanique céleste* etwa 10 Jahre zuvor. Er nahm an, dass Elektrizität aus zwei Strömen unterschied-

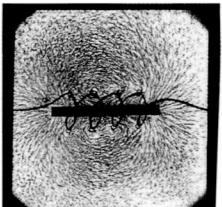 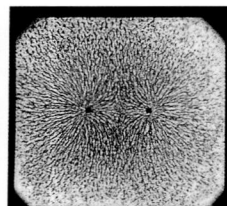 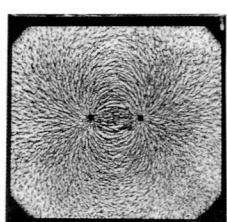 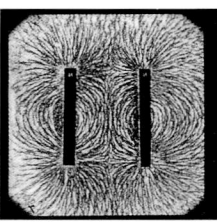 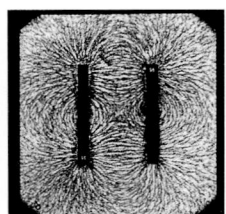

licher Ladung besteht, die in allen Körpern existiert, in denen ähnliche Teilchen sich abstoßen und verschiedenartige Teilchen sich anziehen. Ein Jahr später leitete er eine partielle Differenzialgleichung her, die das Potenzial mit einer Ladungsdichte in Beziehung setzt, heute als Poisson-Gleichung bekannt. 1820 entdeckte Hans Christian Oersted den Elektromagnetismus, indem er zeigte, dass ein mit Strom geladener Draht eine magnetische Nadel zum Ausschlag bringt. Dies inspirierte André-Marie Ampère zur Erforschung der Interaktion zwischen Elektrizität und Magnetismus, für welche er den Begriff „Elektrodynamik" schuf. Er zeigte mathematisch, dass die elektromagnetische Kraft zwischen zwei Teilchen zum Quadrat ihres Abstands umgekehrt proportional ist. Dies entspricht genau dem, was Coulomb für die elektrostatische Kraft entdeckt hat. Michael Faradays Entdeckung der elektromagnetischen Induktion zeigte, dass Elektrizität und Elektromagnetismus fest miteinander verbunden sind. Die physikalischen Theorien in jener Zeit waren jedoch noch nicht imstande, das Phänomen angemessen zu erklären. So stieß etwa Ampères Idee von winzigen elektrischen Wirbeln im Äther als Übertragungsmechanismus des Magnetismus auf ähnliche Probleme wie einst Descartes' Modell der Planetenbewegung.

Durch die Analyse der gegenseitigen Anziehungskraft zwischen Erde und Mond erkannten die Astronomen, dass diese aufgrund ihrer Größe und Entfernung zueinander nicht länger als Punktmassen verstanden werden konnten. Vielmehr musste man nun die Wirkung des gesamten Körpers betrachten. Von einem Punkt auf der Erde aus gesehen, steht die Anziehungskraft des Monds im Verhältnis zu seiner Größe oder Masse und zu seiner Form. Diese Beziehung zwischen den Kräften innerhalb eines Körpers und denjenigen auf seiner Oberfläche wurde mathematisch als Beziehung zwischen Volumenintegral und Oberflächenintegral behandelt. Diese Beziehung wurde 1828 in der Green'schen Theorie ausgedrückt, benannt nach George Green, der in Cambridge Mathematik studierte und später dort lehrte. Diese für elektromagnetische Potenziale entwickelte Theorie ließ sich auch für Gravitationspotentiale anwenden.

1873 veröffentlichte Maxwell seine *Treatise on Electricity and Magnetism*, ähnlich wie Faraday mit den Schlüsselbegriffen elektrischer und magnetischer Felder. Maxwell versuchte zu vermeiden, dass seine Theorien sich in Diskussionen über den Äther und

◄ Magnetische Kraftlinien, fotografiert von Sylvanus Thompson im Jahr 1878. Die Kraftfelder werden durch elektrische Drähte erzeugt, die entweder durch die Sichtebene hindurch oder in die Seite hinein verlaufen.

➤ Foto einer positiven elektrischen Entladung von Alan Archibald Campbell Swinton, 1892.

die wahre Natur des Raums verstrickten. Daher umging er in seiner Theorie die Abhängigkeit von „mikroskopischen" Phänomenen wie Ladung oder Strom, beides zu der Zeit noch wenig verstanden. Er verfolgte stattdessen einen eher makroskopischen Ansatz, indem er von der Existenz von Feldern ausging, die miteinander sowie mit dem Medium, das sie durchwandern, interagieren. Für Maxwell war der Raum ein elastisches Kontinuum und damit zur Übertragung der Bewegung von Punkt zu Punkt fähig. Wegen dieser Elastizität konnte das Medium selbst kinetische und potenzielle Energie speichern. Er machte reichlich Gebrauch von der Potenzialtheorie und der Differenzialgeometrie und verfasste seine Gleichung ursprünglich in Hamiltons Quaternionen-Schreibweise wie auch dem kartesischen Äquivalent dazu. Es war Oliver Heaviside, der Maxwells Gleichungen in die heute gebräuchlichen Vektor-Formen überführte.

Maxwells Theorien waren keineswegs sofort erfolgreich. J. J. Thomson warf Maxwell bei seiner Feld-Hypothese „Mystizismus" vor, vergleichbar mit der Reaktion auf Newtons Idee von der Gravitation. In jener Zeit herrschte große Verwirrung über die Natur des Raums, und viele Physiker stellten Maxwells Gleichungen so um, dass sie ihre bevorzugten Theorien befriedigten. 1861 errechnete Maxwell, dass die Geschwindigkeit der elektromagnetischen Wellen ähnlich der des Lichts ist, was ihn dazu veranlasste, das

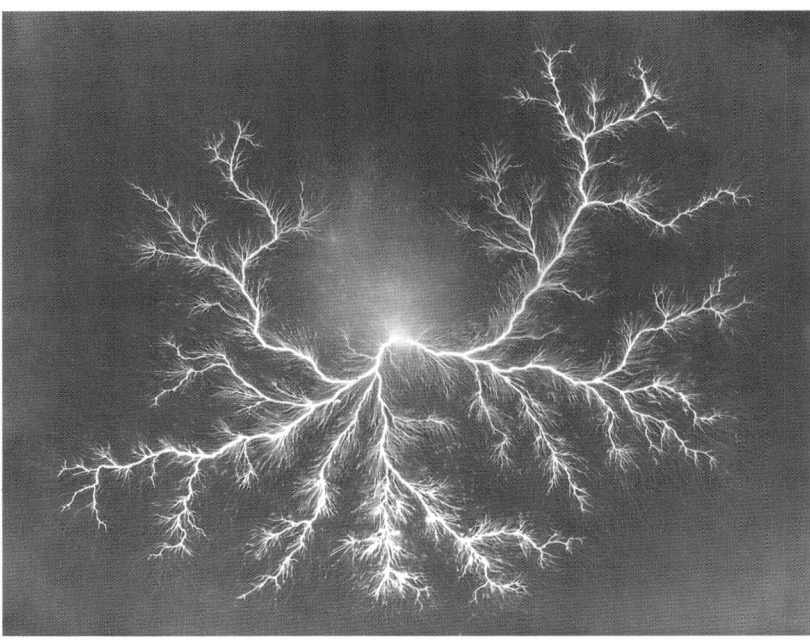

➤ Foto einer positiven elektrischen Entladung von Alan Archibald Campbell Swinton, 1892.

Licht in das elektromagnetische Spektrum einzubeziehen. 1888 bestätigte Hertz Maxwells Theorie, indem er experimentell die Existenz von elektromagnetischen Wellen nachwies. Zur selben Zeit zeigten auch die Experimente von Albert Michelson und Edward Morley, dass es keinerlei Auswirkungen auf den Äther hatte, wenn ein Planet oder ein Lichtstrahl ihn durchquerte. Die Einwände gegen Aktionen und Auswirkungen über große Entfernungen verschwanden angesichts der Beweise.

Zwei Fachgebiete machten schon früh Gebrauch von Maxwells Gleichungen: die Telegrafie und die Radiokommunikation. Heaviside wandelte sie in seiner Telegrafie-Gleichung um, die auch Selbstinduktion in Transmissionslinien berücksichtigte. Dies führte zur Entwicklung von Induktionsschleifen, die die Signalübertragung in Kabeln, zum Beispiel dem transatlantischen Kabel, um ein Vielfaches erhöhte. 1902 gelang Gugliemo Marconi erstmals die Übermittlung von Funksignalen über den Atlantik. Dies forderte nun von der mathematischen Physik ein exaktes Modell dafür, wie elektromagnetische Wellen um die Erdatmosphäre wandern, besonders für Situationen, in denen der Empfänger sich jenseits des sichtbaren Horizonts des Senders befindet. In jenen Pioniertagen begann der unaufhörliche Fortschritt der Telekommunikationstechnik.

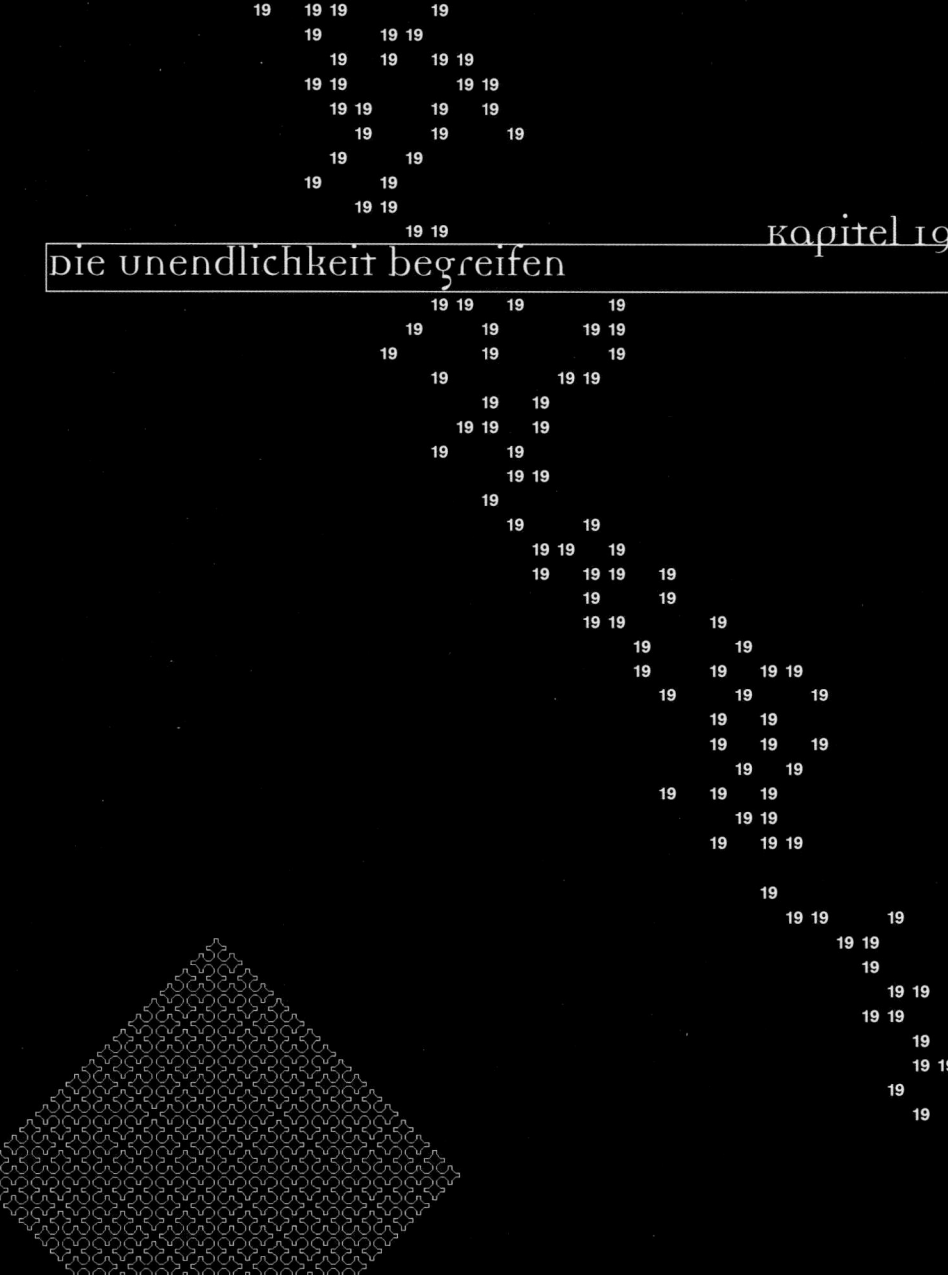

die unendlichkeit begreifen

◄ 1890 beunruhigte der italienische Mathematiker und Logiker Giuseppe Peano (1858–1932) seine Zeitgenossen mit der Idee von einer Kurve, die die ganze Ebene bedeckt, das heißt: ein eindimensionales Objekt, das eine zweidimensionale Fläche bedeckt. Hier ein Beispiel für solch eine Kurve.

Seit Beginn der Geschichtsschreibung plagten sich Mathematiker und Philosophen mit dem Konzept der Unendlichkeit herum. Die Angst der alten Griechen vor der tatsächlichen Existenz des unendlich Großen wie auch des unendlich Kleinen tauchte immer wieder auf, vor allem bei den Definitionen des Calculus (Differenzial- und Integralrechnung). Im 19. Jahrhundert ging man das Thema endlich offensiv an.

Es war Cauchy, der die grundlegenden Konzepte des Calculus mit den Begriffen der Arithmetik neu formulierte. Im Gegensatz zur griechischen Tradition, die der Geometrie als der vermeintlich exaktesten Wissenschaft stets Vorrang gab, bestand das Ziel im 19. Jahrhundert darin, die Analysis (ebenfalls Differenzial- und Integralrechnung) aus Sicht der Arithmetik in neue Formen zu gießen. Ursache hierfür war vor allem die zunehmende Verwendung von Funktionen mit sehr vielen und komplexen Variablen, deren optische Darstellung oftmals unmöglich war.

1822 veröffentlichte Jean-Baptiste Joseph Fourier (1768–1830) seine klassische *Théorie analytique de la chaleur*. Bei seinen Forschungen über die Wärmeleitung löste er die resultierende Differenzialgleichung mittels der später nach ihm benannten Fourier-Reihen. Danach kann jede Funktion durch eine unendliche Reihe von Sinussen und Kosinussen repräsentiert werden, und zwar nicht nur glatte, stetige Funktionen, sondern auch solche mit Unstetigkeiten oder Lücken. Manche Mathematiker bezweifelten, dass diese unendlichen Reihen immer konvergent zur benötigten Funktion waren. Schließlich bewies Lejeune Dirichlet, dass dies nur mit bestimmten Einschränkungen der Fall war. Das gesamte Funktionskonzept wurde von Dirichlet weiter verallgemeinert, indem er festsetzte, dass jede Regel in Bezug auf x und y eine Funktion sei: Man brauchte nicht unbedingt einen analytischen Ausdruck oder eine Gleichung. Als Beispiel konstruierte Dirichlet eine „willkürliche Funktion", definiert als y = a, wenn x rational, und y = b, wenn x irrational ist. Diese Funktion war unstetig in jedem Punkt und daher nirgends differenzierbar, aber die Diskussion richtete sich auf die Frage, ob sie integrierbar war. Die Lösung dieses Problems erforderte eine exakte Definition einer irrationalen Zahl.

Galileo erwähnte in seiner Analysis der Beschleunigung, dass man durch Quadrieren jeder Zahl der unendlichen Reihe natürlicher Zahlen 1, 2, 3, … die unendliche Reihe 1, 4, 9, … erhält. Ordnet man nun jeder Zahl der zweiten Reihe genau eine Zahl der ersten Reihe zu (eine Eins-zu-eins-Beziehung), besitzen die beiden Reihen dieselbe Anzahl von Elementen. In der zweiten Reihe jedoch fehlen einige Zahlen, die in der ersten Reihe enthalten sind, so dass sie aus weniger Elementen bestehen müsste als die erste. Somit waren entweder die beiden Unendlichkeiten gleich, oder es gab verschiedene Arten von Unendlichkeiten.

Bernhard Bolzano (1781–1848), ein in Prag lebender Priester, entwickelte interessante Ideen, die leider lange Zeit vollkommen unbeachtet blieben. Er arbeitete an einer ganz ähnlichen Arithmetisierung des Calculus wie Cauchy, der während seines Exils in Prag auch einmal mit Bolzano zusammentraf. In seinen 1850 posthum veröffentlichten

▼ David Hilbert (1862–1943) schlug eine ähnliche raumfüllende Kurve vor wie Peano: in diesem Fall eine eindimensionale Gerade, die einen dreidimensionalen Würfel ausfüllt. Solche gegen die Intuition verstoßenden Ideen veranlassten Mathematiker zur Erforschung der Natur der Zahlen, der Idee des Raums und des vagen Konzepts der Unendlichkeit.

Paradoxien des Unendlichen zeigte Bolzano, dass Paradoxa, wie die von Galileo entdeckten, nicht nur in den natürlichen Zahlen häufig vorkamen, sondern auch in den reellen Zahlen. So enthält etwa ein Segment einer Geraden dieselbe Anzahl reeller Zahlen, wie ein doppelt so langes Segment – dies steht im Widerspruch zu jeglicher Intuition. Dies kam der Erkenntnis, dass die Unendlichkeit der reellen Zahlen eine andere ist als die Unendlichkeit der natürlichen Zahlen, schon sehr nahe. Bolzano leistete außerdem einen Beitrag zur ständig wachsenden Liste „pathologischer Funktionen" (wie beispielsweise die o. g. Dirichlet-Funktion), die zu den damals gültigen Regeln des Calculus im Widerspruch standen.

Dieses zweigeteilte Interesse an den Eigenschaften von Funktionen und Zahlen war keineswegs zufällig. Ließ sich eine Funktion als unendliche Reihe, zum Beispiel als Fourier-Reihe, ausdrücken, dann war es wichtig zu beweisen, dass die Reihe mit der Funktion eines jeden beliebigen x-Werts konvergiert (die so genannte punktweise Konvergenz). Da es mühsam ist, dies für jede Reihe zu prüfen, wurden verschiedene Konvergenzkriterien vorgeschlagen, die alle sehr genaue Vorstellungen von dem Konzept einer unendlichen Zahlenreihe erforderten, welche einer gegebenen Zahl zustrebt. Cauchy drehte sich mit seiner Argumentation im Kreise, indem er einmal eine irrationale Zahl als Grenzwert einer Reihe rationaler Zahlen definierte und ein anderes Mal genau das Gegenteil. Karl Weierstraß versuchte, die irrationalen Zahlen von der Notwendigkeit von Grenzwerten zu befreien, indem er sie nicht als Grenzwert einer Reihe, sondern als die Reihe selbst definierte.

In der Zwischenzeit formulierte Bernhard Riemann das Integralkonzept neu und schuf damit das, was man noch heute im mathematischen Grundstudium lehrt. Die oben erwähnte Dirichlet'sche Funktion besaß noch immer kein Integral nach Riemanns Definition. Riemann fand eine Funktion, die in einer unendlichen Menge von Punkten unstetig ist, für die jedoch das Integral nicht nur existiert, sondern sogar eine stetige Funktion definiert. Diese wiederum besitzt allerdings keine Herleitung für diese unendliche Menge von Punkten. Das fundamentale Theorem des Calculus war somit weiter in Frage gestellt.

Was noch immer fehlte, war ein wirkliches Verständnis der irrationalen Zahlen und somit auch eine klare Definition der reellen Zahlen. In den 50er Jahren des 19. Jahrhunderts herrschte die Meinung, dass reelle Zahlen auf zwei verschiedene Arten in zwei Typen unterteilt werden können: einmal als rationale und irrationale Zahlen; und einmal als

▲ Diese reflexiven Kugeln sind ein Beispiel für Selbst-Ähnlichkeit. Aus der zentralen Kugel sprießen weitere Kugeln mit halbiertem Radius, aus denen wiederum weitere Kugeln entspringen. Führt man diesen Prozess immer weiter fort, strebt die Oberfläche der Unendlichkeit entgegen, während das Gesamtvolumen begrenzt und endlich bleibt.

algebraische und transzendente Zahlen. Rationale Zahlen waren all diejenigen der Form m/n, wobei m und n jeweils ganze Zahlen waren, also die positiven und negativen natürlichen Zahlen einschließlich der Null. Irrationale Zahlen waren solche, die nicht rational waren, wie etwa $\sqrt{2}$ oder π. Algebraische Zahlen waren diejenigen, die Lösungen endlicher polynomischer Gleichungen mit ganzzahligen Koeffizienten darstellten, also einschließlich Zahlen wie $\sqrt{2}$, nicht aber π. Transzendente Zahlen waren Zahlen, die nicht algebraisch waren. Man erkennt sofort, dass irrationale und transzendente Zahlen nur durch das definiert wurden, was sie nicht sind, so dass unklar war, ob sie selbst besondere Eigenschaften besaßen. Im Jahr 1872 wurden die entscheidenden Arbeiten zu diesem Thema von Richard Dedekind (1831–1916) und Georg Cantor (1845–1918) veröffentlicht.

Ausgehend von einer stetigen reellen Zahlengeraden fragte Dedekind nun nach dem Unterschied zwischen einer rationalen und einer irrationalen Zahl. Leibniz beispielsweise glaubte, dass das Kontinuum von Punkten auf einer Geraden in Beziehung zu ihrer Dichte steht, das heißt, dass es für jedes Paar aus zwei Punkten immer einen dritten Punkt gibt, der zwischen ihnen liegt. Allerdings haben die rationalen Zahlen dieselbe Eigenschaft, sind aber nicht stetig. Anstatt nun weiterhin nach Möglichkeiten zu suchen, Punkte zu einem Kontinuum zusammenzufügen, versuchte Dedekind Stetigkeit herzustellen, indem er Einschnitte im Geradensegment definierte, so genannte Dedekind'sche Schnitte. Man stelle sich die Zahlengerade als unendlich langes Rohr vor, das die rationalen Zahlen in geordneter Reihenfolge enthält. Ein Schnitt teilt das

Rohr in zwei Teile, nennen wir sie A und B, und legt zwei Rohröffnungen frei, die Endpunkte der Mengen A und B. Betrachtet man nun die Rohröffnungen, kann man darin die Zahlen ablesen. Ist auf beiden Seiten keine Zahl sichtbar, wurde der Schnitt an einer irrationalen Zahl gemacht. Auf diese Weise definierte Dedekind die irrationalen Zahlen in Bezug auf die Mengen A und B. Eigenschaften der Stetigkeit oder Grenzwerte konnten somit arithmetisch dargestellt werden anstatt als rudimentäre geometrische Konzepte.

Kehren wir nun zu der Frage nach der Unendlichkeit zurück. Dedekind sah in Bolzanos Paradoxa keine Anomalie, sondern eine Definition. Er erkannte, dass eine Menge unendlich ist, wenn sie im Umfang einer echten Teilmenge gleicht, das heißt, wenn eine Teilmenge in eine Eins-zu-eins-Beziehung mit der Menge selbst gesetzt werden kann. Man nennt die beiden Mengen dann gleich mächtig. So ist zum Beispiel die Menge 2, 4, 6, … eine Teilmenge von 1, 2, 3, 4, … 1874, zwei Jahre nach Erscheinen seines Buches, traf Dedekind Georg Cantor. Noch im selben Jahr veröffentlichte Cantor eine seiner revolutionärsten Schriften. Er stimmte Dedekinds Definition einer unendlichen Menge zu, erkannte aber auch, dass nicht alle Unendlichkeiten gleich sind.

Cantor begann mit der Tatsache, dass jede Menge, die in eine Eins-zu-eins-Beziehung zu einer Menge natürlicher Zahlen gesetzt werden kann, zählbar ist. Dies gilt ganz offensichtlich für endliche Mengen, doch Cantor erweiterte das Konzept der Zählbarkeit auf unendliche Mengen. Die Menge sämtlicher natürlicher Zahlen ist „zählbar unendlich", und jede unendliche Menge, die in eine Eins-zu-eins-Beziehung zu ihr gesetzt werden kann, ist daher ebenfalls zählbar unendlich. Obwohl zum Beispiel die ganzen Zahlen in der Unendlichkeit zu verschwinden scheinen, und zwar sowohl in die positive wie auch in die negative Richtung, sind auch sie zählbar unendlich. Dies wird erkennbar, wenn man sie folgendermaßen neu ordnet: {0, +1, -1, +2, -2, …}. Zudem teilt Cantor den unendlichen Mengen eine Mächtigkeit zu, die so genannte Kardinalzahl. Zwei unendliche Mengen haben dieselbe Mächtigkeit, wenn sie sich gegenseitig in eine Eins-zu-eins-Beziehung setzen lassen. Nach den vorangegangenen Erläuterungen bilden die rationalen Zahlen eine dichte Menge, anders als die ganzen Zahlen, bei denen es nicht immer eine dritte ganze Zahl zwischen zwei Zahlen gibt. Demnach erschien es wahrscheinlich, dass eine Menge aus rationalen Zahlen eine höhere Mächtigkeit besitzt als eine Menge aus ganzen Zahlen. 1873 fand Cantor jedoch heraus, dass dies nicht der Fall ist. Durch geschickte Anordnung der rationalen Zahlen fand er eine Methode, mit der sich eine Eins-zu-eins-Beziehung zu den natürlichen Zahlen herstellen ließ.

Dieses Ergebnis verleitete zu der Annahme, dass alle unendlichen Zahlenmengen dieselbe Mächtigkeit besitzen. Cantor widerlegte dies mit Hilfe seines berühmten Diagonalverfahrens. Er nahm an, dass die reellen Zahlen zwischen 0 und 1 zählbar sind, geordnet niedergeschrieben und in Form unendlicher Dezimalzahlen ausgedrückt werden können: Zum Beispiel würde man 0,2 schreiben als 0,199 999 … Er konstruierte dann eine Zahl, die sich von der ersten Zahl in der ersten Dezimalstelle unterschied, von der zweiten in der zweiten Dezimalstelle und so weiter. Diese neue Zahl war verschieden von jeder gegebenen Zahl, die als vollständig angenommen worden war, und damit waren die reellen Zahlen nicht zählbar. Die Menge der reellen Zahlen hat also eine höhere Mächtigkeit als die Menge der rationalen Zahlen. Cantor zeigte ferner, dass selbst die algebraischen Zahlen dieselbe Mächtigkeit besitzen wie die natürlichen Zahlen. Somit wurde immer deutlicher, dass das Kontinuum der reellen Zahlen durch die Existenz transzendenter Zahlen „dicht" wird. In gewisser Weise waren die meisten Zahlen transzendent.

Niemand hatte jemals bewusst eine transzendente Zahl gesehen; ihre tatsächliche Existenz wurde 1851 von Joseph Liouville nachgewiesen. Erst 1882 bewies Ferdinand Lindemann, dass π eine transzendente Zahl ist, und verneinte damit die jahrhundertealte Frage, ob es möglich sei, den Kreis mit Hilfe von Lineal- und Zirkel-Methoden zu quadrieren. Cantor legte sogar noch phantastischere Ergebnisse vor:

In einem Brief, den er 1877 an Dedekind schrieb, bewies er das, was Dedekind selbst lediglich vermutet hatte, nämlich dass die Mächtigkeit der Punktmenge auf einem beliebigen Geradensegment gleich der auf jedem anderen Geradensegment ist. Somit enthält eine Strecke mit Einheitslänge dieselbe Anzahl von Punkten wie die gesamte Zahlengerade. Noch überraschender war die Entdeckung, dass dies von der Dimension unabhängig ist. Die Einheitsgerade enthält dieselbe Anzahl von Punkten wie das Einheitsquadrat oder der Einheitswürfel – ja, dieselbe Anzahl von Punkten wie der gesamte dreidimensionale Raum. Cantors Kommentar hierzu wirkt fast wie eine Untertreibung: „Ich sehe es, aber ich glaube es nicht". Leider teilten viele seinen Unglauben.

1895 verfasste Cantor seine ausgefeilten Ansichten zur Erfindung eines ganz neuen Zahlentyps, die so genannten „transfiniten Kardinalzahlen". Dies sind die Kardinalzahlen unendlicher Mengen. Er versieht die zählbar unendlichen Mengen mit dem Symbol $\aleph$ 0 (Aleph Null) und die erste nicht zählbare Menge, die reellen Zahlen, mit $\aleph$ 1.

Trotz dieser bahnbrechenden Arbeit erreichte Cantor nie sein Ziel einer Professur an der Universität von Berlin. Er machte dafür vor allem die offene Feindschaft von Leopold Kronecker, seinem früheren Professor aus Berlin, verantwortlich. 1884 erlitt er einen Nervenzusammenbruch und daraufhin zeitlebens immer wieder heftige Depressionen. Immerhin konnte er noch erleben, wie seine Ideen die rechtmäßige Anerkennung erlangten als „das höchst erstaunliche Produkt mathematischen Denkens", wie David Hilbert sie nannte. Cantors Ergebnisse sollten sich für viele Zweige der Mathematik als äußerst fruchtbar erweisen. Dazu gehörte auch eine ganz neue Sicht der Integrationstheorie im Hinblick auf die Mächtigkeit von Mengen, dem Ausgangspunkt von Cantors Arbeit. Zudem gelang durch sie die Integration der Dirichlet-Funktion; die Lösung heißt b.

von würfeln und genen

$$P(x) = \frac{1}{\sigma\sqrt{2\pi}}\,e^{-(x-\mu)^2/2\sigma^2}$$

$$\int_{-\infty}^{+\infty} P(x)\,dx = 1$$

◄ Die Gleichung der Gauß'schen Normalverteilung macht die Variabilität von Populationseigenschaften deutlich. Der Begriff der Normalverteilung besagt, dass die Daten normalisiert sind, d. h. die gesamte Population innerhalb der Grenzen der Verteilung repräsentiert wird. Mathematisch wird das dadurch ausgedrückt, dass das Integral gleich der Einheit ist.

Die Anfänge der Wahrscheinlichkeitstheorie, wie wir sie heute kennen, liegen im 17. Jahrhundert. Die Erforschung von Kombinationen und Permutationen von Gegenständen oder Ereignissen aber hat eine längere Geschichte, die bis in das alte Indien zurückreicht. Die Mathematiker des Jainismus widmeten sich schon um 300 v. Chr. Fragen der Wahrscheinlichkeitsrechnung. Waren die Arbeiten jener Zeit noch religiös motiviert, ging es den Mathematikern späterer Epochen vor allem darum, Voraussagen über Gewinnmöglichkeiten beim Glücksspiel zu treffen. Mit der Verbindung von Wahrscheinlichkeitsrechnung und Statistik wurden schließlich neue Methoden zur Datenanalyse entwickelt, die Eingang in die Natur- und Gesellschaftswissenschaften fanden. Obgleich die Statistik nie ganz ihre Faszination für den Spieltisch verlor, errang sie in der Epoche der Aufklärung den Status einer Wissenschaft, mit der sich politische Ziele, Moral und soziale Gerechtigkeit mathematisch verwirklichen lassen sollten.

Der Jainismus entstand etwa zur selben Zeit wie der Buddhismus, seine mathematische Literatur reicht bis in das dritte und vierte vorchristliche Jahrhundert zurück. Jainistische Mathematiker zeigten ein besonderes Interesse für den Umgang mit Zahlen und verfügten bereits über ein Notationssystem, das auch für sehr hohe Zahlen einsetzbar war. Außerdem kannten sie verschiedene Arten von infiniten Zahlen sowie Methoden, diese zu generieren und in Berechnungen einzubeziehen. Fragen der Permutation werden bereits in der wedischen Literatur angeschnitten und auf die Kombination von Silben in poetischen Texten und Gebeten angewandt. Im 9. Jahrhundert legte der jainistische, in Maisor wirkende Mathematiker Mahavira in seinem Werk *Ganita-sara-samgraha* (um 850) die Standardregeln für Kombinationen und Permutationen nieder.

Das Studium von Kombinationen und Permutationen umfasst den Bereich, den wir heute als kombinatorische Mathematik bezeichnen. Der Anstoß für die systematische Beschäftigung mit der kombinatorischen Mathematik im Abendland kam aus dem Bereich des Glücksspiels. In Dantes *Divina comedia* wird ein Hasardspiel erwähnt, das von zwei Spielern mit drei Würfeln gespielt wird: Während der eine Spieler würfelt, hat der andere die Summe der Augen zu raten. Das Poem *De vetula* aus dem 13. Jahrhundert zählt 56 verschiedene Möglichkeiten auf, wie die Würfel fallen können. Beide Werke boten Anlass für Kommentare zu den mathematischen Regeln des Spiels, die in Cardanos *Liber de ludo aleae* („Buch des Würfelspiels") gipfelten. Posthum im Jahre 1663 veröffentlicht, befasst sich dieses Werk mit der Frage, wie sich bei Würfel- und Kartenspielen zuverlässige Aussagen über den Spielausgang machen lassen.

Mit dem Briefwechsel zwischen Blaise Pascal und Pierre de Fermat aus dem Jahr 1654 erreichte die Wahrscheinlichkeitsrechnung ein neues Niveau. Zur Diskussion kommt hier die Frage, wie der Einsatz eines Glücksspiels gerecht verteilt werden kann, wenn das Spiel vorzeitig abgebrochen wird. Diesem Problem hatten sich bereits italienische Mathematiker der Renaissance wie Pacioli, Cardano und Tartaglia gewidmet, jedoch keine endgültige Lösung gefunden. Fermat entwickelte nun eine Methode, nach der alle möglichen Ergebnisse aufgelistet wurden und woraus der Gewinner ermittelt werden konnte. Diese Rechnungen erwiesen sich jedoch als relativ umständlich, je mehr gespielte Spiele berücksichtigt wurden. Daher setzte Pascal auf eine Methode der Berechnung der Wahrscheinlichkeit. In seinem *Traité du triangle arithmétique* stellt er eine Beziehung zwischen den Zahlen des arithmetischen Dreiecks und der jeweils erforderlichen Kombination her. Jede Zeile des Dreiecks enthält die Koeffizienten der binomialen Erweiterung: In der dritten Zeile beispielsweise stehen die Zahlen 1, 3, 3, 1, die Koeffizienten der Erweiterung $(a+b)^3 = a^3+3a^2b+3ab^2+b^3$. Die Zahl 3 im zweiten Term zeigt an, dass es drei Kombinationen a^2b, d. h. aab, aba und baa, gibt. Unter Zuhilfenahme der entsprechenden Zeile des arithmetischen Dreiecks lässt sich leicht bestimmen, wie eine bestimmte Menge, im Beispiel Pascals der Spieleinsatz, aufgeteilt werden kann. Wenn Spieler A zwei Spiele braucht, um zu gewinnen, und Spieler B drei Spiele, dann muss einer der Spieler innerhalb von höchstens vier Spielen gewinnen. Ausgehend von der Zeile 1, 4, 6, 4, 1 im arithmetischen Dreieck ist der Spieleinsatz also im Verhältnis $(1+4+6) : (4+1)$ oder 11 : 5 aufzuteilen.

Lösungen für Fragestellungen dieser Art wurden für gewöhnlich unter der Maßgabe von Verhältnissen und nicht als Wahrscheinlichkeiten beschrieben. Die erste theoretische Diskussion von Wahrscheinlichkeiten, die durch eine Zahl zwischen null und eins einschließlich dargestellt wird, findet sich in der 1713 posthum veröffentlichten *Ars conjectandi* des Jakob Bernouilli. Er wies auch darauf hin, dass sich Wahrscheinlichkeiten aus beobachteten Häufigkeiten schätzen lassen, und versuchte eine Obergrenze für die Anzahl der Versuche zu ermitteln, die benötigt werden, um eine Wahrscheinlichkeitsschätzung „moralisch gewiss" zu machen. Ein derartiger Anspruch führte allerdings dazu, dass die Anzahl der Versuche extrem hoch angesetzt wurde: Um beispielsweise das Verhältnis verschiedenfarbiger Kugeln in einer Schachtel mit 99%iger Sicherheit bestimmen zu können, würde man mehr als 25 500 Versuche benötigen. Abraham de Moivre gelang es, diesen Vorgang erheblich zu vereinfachen, indem er, vollkommen korrekt, die Normalverteilung als Grenzwert des Binomialkoeffizienten angibt und so wesentlich weniger Versuche benötigt, um sich der Wahrscheinlichkeit experimentell anzunähern. In seinem Buch *Annuities on Lives* wandte er diese Erkenntnisse auf die Berechnung von Renten- und Lebensversicherungsbeiträgen an. Der Anstoß zur Anwendung von Methoden der Wahrscheinlichkeitsrechnung auf demographische Daten kam allerdings aus einem ganz anderen Wissenschaftsbereich: aus der Astronomie.

Für die Bahnberechnung von Himmelskörpern mussten sich die Astronomen auf Beobachtungen stützen, mit denen niemals eine vollkommene Genauigkeit erzielt werden konnte. Jede Messung wies daher eine leicht abweichende Gleichung für die Umlaufbahn eines Planeten auf. Es stellte sich also die Frage, welche Methode angewandt werden sollte, um aus einer gegebenen Menge von Daten ein möglichst genaues Ergebnis zu berechnen. Sowohl Kepler als auch Galileo hatten sich diesem Problem

gewidmet. Die Lösung lag darin, eine Kurve zu ermitteln, mit deren Hilfe sich ein Aus-
gleich von Messungsfehlern errechnen ließ. Dies gelang Legendre in seinem 1805 erschienen Buch *Nouvelles méthodes pour la détermination des orbites des comètes*
mit der Methode der kleinsten Quadrate. 1809 veröffentlichte Gauß unter dem Titel
Theoria motus corporum coelestium („Theorie der Bewegung der Himmelskörper") eine
eigene, ebenfalls mit den kleinsten Quadraten operierende Methode und gab an, diese
seit 1795 angewandt zu haben, was zu einem Urheberstreit mit Legendre führte. Offenbar hatte Gauß tatsächlich bereits 1801 mit Hilfe dieser Methode eine exakte Bahnberechnung des nur wenige Monate zuvor entdeckten Planetoiden Ceres vorgenommen,
der nur kurzzeitig zu beobachten war und daher kaum Daten lieferte. Gauß zeigte überdies, dass die Verteilung der Fehler dem folgt, was wir heute Gauß'sche Kurve nennen,
und generalisierte die von de Moivre erarbeiteten Ergebnisse. Die Verteilung nach der
Gauß'schen Kurve lässt sich darüber rechtfertigen, dass die durchschnittliche Beobachtung zugleich auch die wahrscheinlichste ist. Laplace formulierte wenig später eine
noch stärkere Beziehung: Gleich, wie die Verteilung der Fehler individueller Messungen
aussieht, ihr Durchschnitt tendiert immer zu einer Normalverteilung. Er zeigte, dass dies
auch für Legendres Methode der kleinsten Quadrate, die immer zur gleichen Verteilung
tendieren, gilt. Innerhalb der Astronomie wurde der Nutzen der Wahrscheinlichkeitstheorie schon bald anerkannt, trug sie doch der Tatsache Rechnung, dass astronomischen
Beobachtungen Fehler inhärent sind, und zwar nicht nur aufgrund der eingesetzten
Instrumente, sondern auch wegen der Verzerrungen, denen das Sternenlicht auf dem
Weg durch die Atmosphäre unterworfen ist. 1812 veröffentlichte Laplace seine bahnbrechende Abhandlung *Théorie analytique des probabilités* und legte damit die erste
zusammenfassende Darstellung des bis dahin bekannten wahrscheinlichkeitstheore-
tischen Wissens vor.

1814 stellte Laplace die Behauptung auf, Wahrscheinlichkeit sei nichts anderes als
durch Berechnung ausgedrückter gesunder Menschenverstand. Die Mathematiker der
Aufklärung gingen vom rationalen Handeln des aufgeklärten Individuums aus. Mit Hilfe
der Wahrscheinlichkeitsrechnung konnte ihrer Meinung nach den breiten Massen ein
quantifizierbares Maß an die Hand gegeben werden, um den gesunden Menschenverstand ihnen überlegener Geister zumindest nachzuahmen. Ziel war es, einen universal
gültigen Standard menschlichen Verhaltens zu ermitteln. Die Arbeiten zu Fragen des
Glücksspiels waren lediglich Mittel zum Zweck, um in einer Welt der Ungewissheiten
einen methodischen Weg zur Ermittlung rationaler Entscheidungen zu finden. So versuchte Laplace zu berechnen, mit welcher Wahrscheinlichkeit ein aus einer bestimmten
Anzahl von Mitgliedern bestehendes Geschworenengericht zu einem falschen Urteil
kommen könne. Der in derartigen Anwendungsversuchen zutage tretende rationale
Geist der französischen Revolution stieß allerdings nicht nur auf Zustimmung. So vertrat
zum Beispiel John Stuart Mill die Überzeugung, dass sich Vernunft eher durch Beob-

achtung und Experiment ermitteln ließe als durch die rationalen Annahmen der Wahrscheinlichkeitstheorie.

Es war Lambert-Adolphe-Jacques Quételet, ein belgischer Mathematiker und Astronom, der versuchte, eine Verbindung zwischen der innerhalb der Astronomie entwickelten Statistik und gesellschaftlichen Phänomenen herzustellen. Auf Grundlage des Konzepts der Normalverteilung entwickelte er sein Konstrukt vom „mittleren Menschen", um den sich die Merkmalsausprägungen realer Menschen in der gleichen Art verteilen sollten, wie sich die einzelnen Beobachtungen eines Sterns an dessen tatsächliche Position annähern. Abweichungen von dieser theoretischen Norm wurden folglich als Fehler eingestuft. Quételet hielt es für eine Aufgabe des Staats, demographische Daten zu sammeln und zu analysieren, um analog zu den physikalischen Gesetzen soziale Gesetze aufzudecken. Als Beweis für die Richtigkeit seines Ansatzes führte Quételet an, dass die Anzahl von Geburten, Todesfällen und Eheschließungen sowie die Kriminalitätsrate zwar von Land zu Land differierten, innerhalb eines Landes aber über Jahre hinweg stabil blieben. Mit anderen Worten: jeder „soziale Körper" verfügte über eine eigene, gleich bleibende „soziale Konstitution".

Demographische Daten, wie Quételet sie zugrunde legte, wurden bereits seit dem 17. Jahrhundert gesammelt. 1662 erschien John Graunts Buch *Natural and Political Observations*, das sich auf eine statistische Analyse der Sterblichkeitsrate in London stützte. 30 Jahre später veröffentlichte Edmond Halley eine Sterbestatistik für die Stadt Breslau und konnte sich dabei auf zuverlässigeres Datenmaterial stützen als Graunt. Auf der Grundlage der so gewonnenen Ergebnisse wies Halley nach, dass die Regierung ihre Leibrenten zu billig verkaufte. Die Begründung der mathematischen Statistik im eigentlichen Sinne aber fand erst im ausgehenden 19. Jahrhundert statt: Durch die Zusammenführung von Methoden der Wahrscheinlichkeitsrechnung mit Datenerhebungen von Versicherungsmathematikern entstand ein eigener Wissenschaftszweig.

Als Begründer der Biometrik gilt Francis Galton (1822–1911), ein Cousin von Charles Darwin. Mit der Anwendung statistischer Methoden auf die Analyse von Erbeigenschaften schuf er die Grundlage für die Vererbungslehre. Zur Auswertung des statistischen Materials entwickelte Galton das Verfahren der Korrelationsrechnung. Das ebenfalls von ihm eingeführte Konzept der Regression lässt sich anhand eines Versuchs nachvollziehen, den Galton selbst vornahm. Er sortierte Erbsen nach ihrer Größe und teilte sie in sieben Gruppen ein, bevor er sie einpflanzte. Die Früchte dieser Erbsen zeigten in

ich kenne kaum etwas, das die vorstellung so sehr beeindruckt, wie die wunderbare form der kosmischen ordnung, die sich im „gesetz der fehlerhäufigkeit" ausdrückt. [...] Es herrscht mit gelassenheit und in vollkommener selbst-Auslöschung inmitten der größten. unordnung. je größer der mob, je größer die offenbare Anarchie, desto absoluter ist seine Herrschaft. Es ist dies ein grundlegendes Gesetz der unvernunft, dass immer dann, wenn chaotische elemente gezügelt und ihrer größe gemäß angeordnet werden, ganz unerwartet eine regelmäßigkeit und schönheit zutage tritt, die latent doch schon immer vorhanden war.

Sir Francis Galton, *Natural Inheritance* (1889)

allen Gruppen dieselbe Variabilität bzw. Varianz hinsichtlich ihrer Größe. Der Mittelwert der gesamten Erbsenmenge blieb konstant, doch die mittleren Werte der einzelnen Gruppen hatten sich weg vom Wert der Elterngruppe und hin zum Mittelwert der Gesamtmenge verschoben. Die Mittelwerte der einzelnen Gruppen „regredierten" also in Richtung des Mittelwerts der Gesamtmenge. Nachdem Galton 1885 dieses Phänomen der Regression beschrieben hatte, stellte er 1889 das damit im Zusammenhang stehende Konzept der Korrelation vor. Durch entsprechende Skalierung der beiden miteinander verbundenen Variablen und Übertragung der Werte in eine Kurve, entdeckte Galton eine Menge, durch die sich das Verhältnis der beiden Variablen darstellen lässt. Dieser so genannte Korrelationskoeffizient variiert zwischen +1, der vollkommenen positiven Korrelation, und −1, der vollkommenen negativen Korrelation. Liegt der Koeffizient nahe null, so liegt keine Korrelation zwischen beiden Variablen vor.

Die Bedeutung Galtons für die Theorie der kontinuierlichen Variation entspricht der Mendels für die diskrete Variation, dennoch arbeitete jeder in Unkenntnis der Arbeiten des anderen. Gregor Mendel, Mathematiker und Physiker, hatte bereits in einer Abhandlung von 1865 über die Existenz der Gene geschrieben. Als diese Arbeit im Jahre 1900 von den Biometrikern wieder entdeckt wurde, löste sie eine heftige Kontroverse aus. Die darwinistisch orientierten Vertreter der biometrischen Bewegung lehnten die Vorstellung von genetischem Material mehrheitlich ab, während Karl Pearson bezweifelte, dass eine diskrete Einheit sich in kontinuierlichen Eigenschaften manifestieren könne. Der Konflikt wurde erst beigelegt, als Ronald Aylmer Fisher 1918 zeigen konnte, dass das Modell Mendels die von den Biometrikern analysierten Korrelationen hervorzubringen vermochte, wenn man von einer entsprechend großen Menge von Genen ausging. Dies entsprach der diskreten binomialen Verteilung, die mit zunehmender Anzahl der Versuche zur Normalverteilung tendiert.

1901 gründeten Pearson und Galton die Zeitschrift *Biometrika*, die zur führenden Fachzeitschrift für Statistik wurde. Dort finden wir nicht nur Veröffentlichungen zu Galtons Theorie der Regression und Korrelation, sondern auch Pearsons 1900 entwickelten Chi-Quadrat-Test, mit dem sich das Problem der Bewertung der Angemessenheit theoretisch ermittelter Distributionen für eine Menge gegebener Daten lösen ließ. 1908 führte W. S. Gossett die t-Verteilung für kleine Stichproben ein. Die Leistung Pearsons wurde durch die Arbeiten Fishers in den Schatten gestellt, der die Varianzanalyse einführte, eine Technik, mit der die Signifikanz von experimentell gewonnen Daten überprüft werden kann. Mit Beginn der 20er Jahre des 20. Jahrhunderts hatte sich die Statistik als Forschungszweig innerhalb der Mathematik vollends etabliert.

Kriegsspiele

◄ Schach ist wohl das beliebteste Strategiespiel der Welt. John Forbes Nash gelang der Beweis, dass es selbst für dieses komplexe Spiel eine optimale Strategie gibt, die – entdeckte man sie – Schach genauso trivial erscheinen ließe wie Schiffeversenken.

Bei den meisten Spielen sind Geschicklichkeit und Glück gefragt: Als wahrhaft guter Spieler erweist sich, wer trotz aller Zufälle nach etlichen aufeinander folgenden Spielen als Sieger hervorgeht. Es gibt allerdings Spiele, bei denen der Zufall kaum eine Rolle spielt. Diese Art von Spielen basiert einzig auf der Strategie, sie bildet den Gegenstand der Spieltheorie. Es gibt Spiele, bei denen es im übertragenen Sinne um Leben und Tod geht. Da taktische Fehler auf einem simulierten Schlachtfeld keine existenziellen Konsequenzen zeitigen, haben Militärstrategen schon immer zu Kriegsspielen gegriffen, um ihre strategischen und taktischen Fähigkeiten zu verbessern. Es ist vielleicht kein Zufall, dass sowohl Schach als auch das japanische Go-Spiel Formen subtiler Kriegsspiele sind. Und es überrascht auch nicht, dass die Spieltheorie ihren ersten praktischen Anwendungsfall in der Analyse einer neuen Kriegsform fand: dem potenziell letzten Krieg.

Im 18. Jahrhundert wurde in Deutschland ein Spiel mit dem Namen „Kriegsschachspiel" erfunden, ein auf Taktik ausgerichtetes Brettspiel, das zusätzlichen Realismus dadurch erhielt, dass ein Schiedsrichter auf Grundlage des aus realen Schlachten gewonnenen Zahlen- und Faktenmaterials über Zweifelsfälle entschied. Die Erfolge der preußischen Armee sind also offenbar auch ihrer Übung in militärtechnischen Simulationen zuzuschreiben. Die Niederlage Deutschlands im Ersten Weltkrieg setzte dem mythischen Status des Spiels jedoch ein jähes Ende. Die rasche Entwicklung neuer Waffen und Nachschubsysteme erforderte eine grundlegende Neuorganisation militärischer Strategien. Das Militär benötigte nicht nur für die Entwicklung von Kriegsgerät, sondern auch in strategischen Fragen das Wissen von Mathematikern und Naturwissenschaftlern. Dies war nach dem Zweiten Weltkrieg um so mehr der Fall, als die Gewissheit, dass zwei Supermächte über Massenvernichtungswaffen verfügten, die Regeln des konventionellen Kriegs gänzlich außer Kraft setzte. Brettspiele mit Figuren für Kavallerie und Artillerie muteten nun geradezu vorsintflutlich an.

Dennoch wurden strategisch orientierte Spiele weiterhin mathematisch analysiert, um Einblick in Theorien und ihre praktische Anwendbarkeit zu erhalten. Émile Borel, französischer Mathematiker und Marineminister in den 1920er Jahren, analysierte in seiner *Théorie du jeu* Spielelemente wie das Bluffen beim Poker und untersuchte die Anwendbarkeit der Mathematik auf ökonomische und politische Strategiespiele. Unter dem Einfluss von Borels Arbeit veröffentlichten 1944 John von Neuman und Oskar Morgenstern, die zu jener Zeit beide in Princeton lehrten, ihr wegweisendes Buch *Theory of Games and Economic Behaviour*. Darin vertraten sie die Ansicht, dass die Spieltheorie ein mögliches Modell für ökonomische Interaktionen darstellt.

János von Neumann (1903–1957), später John von Neumann, wurde in Budapest geboren und zeigte schon früh außerordentliche mathematische Begabung. 1921 erhielt er einen der wenigen für Juden reservierten Studienplätze an der Universität Budapest und promovierte 1926 mit einer Arbeit zur Spieltheorie, obgleich er keine einzige Vorlesung besucht hatte. Ein Rockefeller-Stipendium brachte ihn nach Göttingen zu David

Hilbert. 1930 ging von Neumann nach Princeton und übernahm 1933 am gerade gegründeten Institute for Advanced Studies eine der fünf Professuren für Mathematik. Nach der Machtübernahme der Nationalsozialisten trat er von seinen Ämtern in Deutschland zurück und siedelte endgültig in die USA über – allerdings nicht als Flüchtling, sondern weil er hier bessere Arbeitsmöglichkeiten für sich sah. Von 1940 an übte er zahlreiche beratende Tätigkeiten in militärischen Bereichen aus. So wurde er als Berater für die Quantenmechanik beim Atombombenprojekt in Los Alamos hinzugezogen und 1955 Mitglied der Atomenergiekommission. John von Neumann starb 1957 an Krebs. Zu seinen großen überdauernden Leistungen zählen die Arbeiten zur Spieltheorie, Quantenmechanik und Datenverarbeitung.

Der einfachste Spieltyp ist das Zwei-Spieler-zwei-Strategien-Nullsummenspiel. Ein Spiel, bei dem zwei vernunftbegabte Spieler zu gewinnen versuchen, indem sie das Minimum der erreichbaren Punkte maximieren. Ein hübsches Beispiel dafür ist das Spiel um die Aufteilung eines Kuchens. In jeder Familie kennt man wahrscheinlich die Situation, dass zwei Kinder versuchen, einen Kuchen so aufzuteilen, dass keines von ihnen den Eindruck gewinnt, das andere habe ein größeres Stück als es selbst erhalten. Die Lösung dieses Problems erfolgt in zwei Schritten: Ein Kind schneidet den Kuchen in zwei Hälften und das andere Kind darf auswählen, welches Stück es nimmt. Beide Kinder wollen das größere Stück für sich haben, daher ist eine optimale Lösung unter der Bedingung zweier ungleich großer Kuchenhälften nicht zu erreichen. Daher muss das erste Kind den Kuchen so gerecht wie möglich teilen, da das zweite Kind andernfalls zweifellos das größere Stück wählen wird. Die von John von Neumann entwickelte so genannte Minimaxtheorie besagt, dass in diesem Fall eine optimale Lösung zu erreichen ist, mit der beide Spieler zufrieden sind. In ihrer Erweiterung kann die Theorie auch auf mehr als zwei Spieler angewendet werden: Je mehr Spieler beteiligt sind, desto schwieriger wird die Durchführung des Spiels. Ein wesentlicher Teil der Spieltheorie von Neumanns befasst sich mit Berechnungstabellen, mit deren Hilfe der Gewinn der einzelnen Spieler angegeben werden kann. Je höher die Anzahl der Spieler ist, desto länger werden auch die Tabellen, für deren Berechung umfangreiche Matrizen erforderlich sind.

In den 1940er Jahren erweiterte John Forbes Nash von Neumanns Theorie, um sie auf Nicht-Nullsummenspiele zu übertragen. Ein Beispiel für diesen Typus des Spiels liefert die Börse: Unter den Spielern mag es zwar Gewinner und Verlierer geben, doch der insgesamt eingebrachte Spieleinsatz verändert sich mit der Zunahme der Kapitalisierung des Markts. Nash fand heraus, dass auch Nicht-Nullsummenspiele gerecht im Sinne einer gleichwertigen Aufteilung gelöst werden können. 1928 in West Virginia geboren, absolvierte Nash sein Studium am Carnegie Institute of Technology und promovierte 1950 in Princeton mit einer Studie über nicht-kooperative Spiele. Während der Arbeit an seiner Dissertation veröffentlichte er einen Aufsatz, für den er 1994 zusammen mit John C. Harsanyi und Reinhard Selten den Nobelpreis für Wirtschaftswissenschaften erhielt.

Nashs Arbeiten zur Spieltheorie zeigen, dass es Szenarien gibt, in denen der optimale Ausgang des Spiels nicht zwingend aus den offensichtlichsten Spielzügen hervorgeht. Ein berühmtes Beispiel zur Illustration dieser Theorie ist das so genannte „Gefangenendilemma" von Melvin Dresher, das in der hier vorgestellten Form von Albert Tucker in einer seiner Psychologievorlesungen ausgeführt wurde. Zwei inhaftierte Männer sind in zwei verschiedene Zellen gesperrt worden. Wenn einer von ihnen ein Geständnis ablegt, bekommt er eine Belohnung und der andere wird mit einem Bußgeld belegt; wenn beide gestehen, müssen beide zahlen; und wenn keiner gesteht, werden beide freigelassen. Der Kern des Dilemmas besteht darin, dass für einen optimalen Ausgang beide Männer schweigen müssten, um freigelassen zu werden. Die Angst davor, dass diese Taktik nicht aufgehen könnte, weil der andere doch ein Geständnis ablegt, bewegt sie möglicherweise doch dazu, zu gestehen und folglich bestraft zu werden. Es sind derartige strategische Spiele und Szenarien, die dem Versuch der Ausarbeitung von Verhandlungsstrategien zugrunde liegen, sei es im militärischen, geschäftlichen oder persönlichen Bereich. Experimente haben gezeigt, dass die Probanden sehr schnell auf die theoretisch optimale Lösung kamen und diese durchzusetzen versuchten. Jeder Verstoß des Spielpartners wird unmittelbar durch den anderen gerächt, eine Taktik, die man mit dem Ausdruck „wie du mir, so ich dir" umschreiben könnte.

Es gibt Spiele, bei denen eine bestmögliche Strategie zum Sieg führt, und hat man diese Strategie erst einmal gefunden, wird das Spiel ganz einfach, geradezu trivial. Nehmen wir zum Beispiel das bei Kindern sehr beliebte Spiel des „Schiffeversenkens". Hat man die Strategie erst einmal verstanden und jeder Spieler spielt nach besten Kräften, wird es schnell uninteressant. Nash bewies, dass sogar für das Schachspiel eine optimale Strategie existiert. Doch ist dieses Spiel derart komplex, dass die optimale Strate-

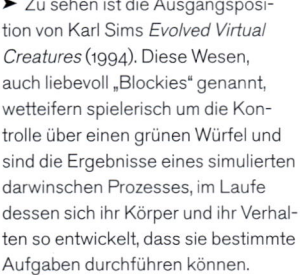

➤ Zu sehen ist die Ausgangsposition von Karl Sims *Evolved Virtual Creatures* (1994). Diese Wesen, auch liebevoll „Blockies" genannt, wetteifern spielerisch um die Kontrolle über einen grünen Würfel und sind die Ergebnisse eines simulierten darwinschen Prozesses, im Laufe dessen sich ihr Körper und ihr Verhalten so entwickelt, dass sie bestimmte Aufgaben durchführen können.

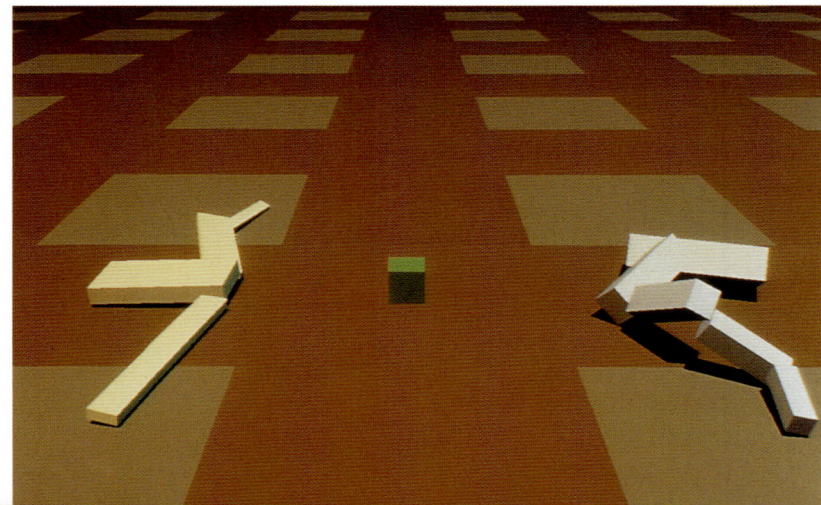

gie bisher noch nicht gefunden werden konnte, ja noch nicht einmal feststeht, ob es besser ist, den ersten Zug zu haben oder nicht. Wenn jemals eine optimale Strategie für das Schachspiel gefunden werden sollte, wird es genauso trivial erscheinen wie Schiffeversenken. Aber gibt es auch eine optimale Strategie für einen Nuklearkrieg? Ein paar Jahre lang waren die USA die einzige Nuklearmacht. Die Furcht davor, dass die UdSSR ein Atomwaffenarsenal anlegen könnte, trieb manche Denker wie von Neumann oder selbst Bertrand Russell dazu, einen atomaren Erstschlag gegen die Sowjetunion zu unterstützen und ein Weltparlament zu fordern, das den Weltfrieden sichern sollte. Diese Forderungen wurden nicht umgesetzt, stattdessen änderte sich die Politik. Nunmehr herrschte das Prinzip der Abschreckung, bei dem jede der Weltmächte einen Angriff mit einem Gegenangriff beantwortet hätte. Derartige Strategien wurden zum großen Teil in einer geheimnisumwitterten Denkfabrik entwickelt, der RAND-Corporation.

Die RAND-Corporation wurde im Jahre 1945, also am Ende des Zweiten Weltkriegs, ins Leben gerufen und war ursprünglich als Teil des Douglas-Aircraft-Projekts mit Verteidigungsfragen befasst. RAND steht für *research and development* („Forschung und Entwicklung"), und zwar vorrangig auf dem Gebiet nationaler Strategien in einer nuklearen Welt. Alle hier erwähnten in den USA lebenden Mathematiker haben während der 1940er und 1950er Jahre zeitweise für RAND gearbeitet. Nash machte sie dort mit einer ganzen Reihe von Spielen bekannt, darunter auch mit dem Kriegsspiel. Man untersuchte die dem Krieg inhärente Logik eingehend, um Mechanismen zur Vermeidung von Angriffen, die aus Zufällen resultieren, zu entwickeln. Angesichts der auf beiden Seiten stetig wachsenden Waffenarsenale schien eine Wie-du-mir-so-ich-dir-Strategie unwahrscheinlich – das nukleare Spiel konnte man schließlich nur einmal spielen.

RAND ähnelte eher der Struktur einer Universität als der einer Militärabteilung: Die dort forschenden Gelehrten hatten die Freiheit, weiterhin ihren persönlichen Lebensstil zu pflegen. Außerdem war das Gebäude rund um die Uhr geöffnet. Die Organisation

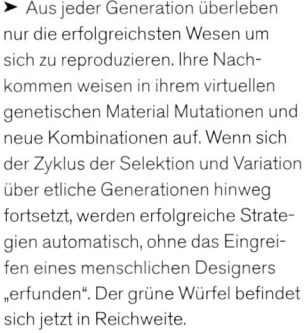

➤ Aus jeder Generation überleben nur die erfolgreichsten Wesen um sich zu reproduzieren. Ihre Nachkommen weisen in ihrem virtuellen genetischen Material Mutationen und neue Kombinationen auf. Wenn sich der Zyklus der Selektion und Variation über etliche Generationen hinweg fortsetzt, werden erfolgreiche Strategien automatisch, ohne das Eingreifen eines menschlichen Designers „erfunden". Der grüne Würfel befindet sich jetzt in Reichweite.

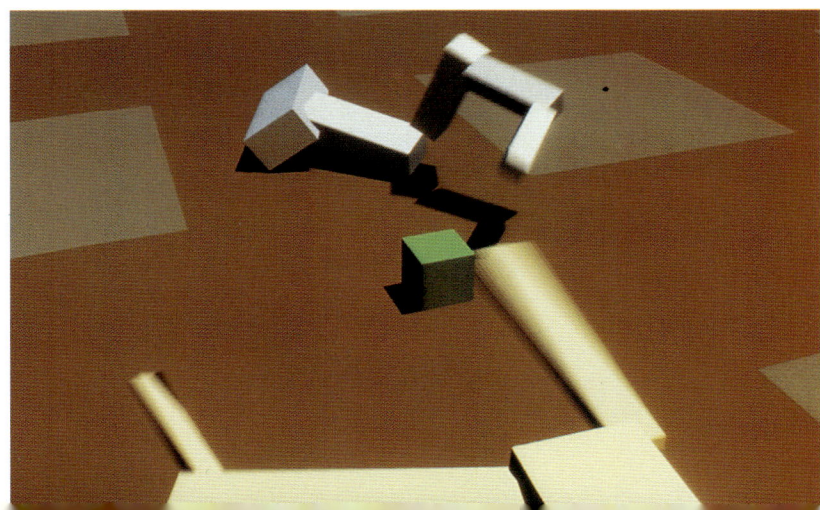

verfügte über eine effiziente Abteilung für Veröffentlichungen. Zu den erfolgreichsten der von dieser Abteilung herausgegebenen Bücher zählt die 1954 erschienene Arbeit *The Compleat Strategyst* von John D. Williams, eine allgemein verständliche Erklärung der Spieltheorie für Laien.

Die in strategischen Spielen verwendete Terminologie dreht sich um die Begriffe Kooperation und Konkurrenz. Der Spieltheorie wurde häufig vorgeworfen, die Spielteilnehmer, und damit die Menschen, auf eine recht zynische Weise zu sehen. Untersuchungen haben jedoch gezeigt, dass Menschen tatsächlich ihre Alltagsstrategien unter dem Gesichtspunkt des für sie zu erwartenden Gewinns entwickeln. In einem Nicht-Nullsummenspiel wie dem Aktienmarkt sind Gewinne und Verluste relativ. Das Spiel ist darauf ausgerichtet, die eigenen Gewinne zu maximieren, und nicht darauf, einen Gegner zu schlagen. Zusammenarbeit findet dann statt, wenn beide Parteien von dem Geschäft profitieren. Seit einiger Zeit ist weltweit zu beobachten, dass die Lizenzen für öffentliche Versorgungseinrichtungen wie Mobilfunknetze an private Gesellschaften versteigert werden. Auf diese Weise gewinnt der Staat dringend benötigte Finanzmittel und schafft gleichzeitig neue Wachstumsmärkte. Der globale Marktplatz zeichnet sich durch ein stetiges Wechselspiel zwischen Zusammenarbeit und Wettbewerb aus – eine Welt der Spieltheorie.

ich möchte mich mit der frage auseinandersetzen: „können maschinen denken?" [...] die neue form des problems lässt sich als spiel beschreiben, das wir „imitationsspiel" nennen wollen. wir betrachten drei spieler, einen mann (a), eine frau (b) und einen männlichen oder weiblichen fragesteller (c). der fragesteller sei allein in einem raum. das ziel des fragestellers ist es, zu entscheiden, welche der beiden anderen personen der mann bzw. die frau ist. [...] a's ziel bei diesem spiel besteht nun darin, c möglichst zur falschen identifizierung zu veranlassen. [...] dabei sollten die jeweiligen antworten schriftlich, am besten maschinengeschrieben, abgegeben werden, damit der fragesteller den gefragten nicht an der stimme erkennt. ein fernschreiber wäre das idealste verständigungsmittel zwischen beiden räumen; [...] das ziel des dritten spielers (b) besteht darin, dem fragesteller zu helfen. [...] sie kann ihren antworten bemerkungen hinzufügen, z. b. „ich bin die frau, höre nicht auf ihn", was jedoch wenig nützt, da der mann ähnliche dinge sagen kann.
wir stellen nun die frage: was passiert, wenn eine maschine die rolle von a in diesem spiel übernimmt. wird der fragesteller sich in diesem fall ebenso oft falsch entscheiden wie dann, wenn das spiel von einem mann und einer frau gespielt wird? diese fragen treten an die stelle unserer ursprünglichen: „können maschinen denken?"

Alan M. Turing, *Kann eine Maschine denken?* (1950), übers. v. P. Gänßler, in: *Kursbuch 8*, März 1967, S. 106–138.

Kapitel 22

Mathematik und moderne Kunst

BALA

◄ Giacomo Balla, *Abstrakte Ge-schwindigkeit oder Rasender Wagen*, 1913. Balla gehörte zu den Unterzeichnern des Futuristischen Manifestes von 1910, in dem es unter anderem hieß: „Die Dynamik des Universums muss in der Malerei als dynamisches Gefühl wiedergegeben werden".

Während der Aufklärung war man noch davon überzeugt, dass Wissen dem Menschen unbegrenzte Macht über die Natur verschaffen und ihn von den Fesseln der Mühsal und Arbeit befreien werde. Die Antwort der Kunst darauf war nicht immer zustimmend, man denke etwa an William Blakes Interpretation des wie ein Uhrwerk funktionierenden und erklärbaren Universums newtonscher Prägung. Zu Beginn des 20. Jahrhunderts änderten sich unsere Ansichten über das Universum radikal. Relativitätstheorie und Quantenmechanik machten deutlich, dass Rätsel und nicht entschlüsselte Zusammenhänge unser Wissen bei weitem überwiegen. Die Entwicklung in Politik und Wissenschaften führte schließlich zu zwei Weltkriegen, und es gibt wahrhaft viele gute Gründe, unser Selbstverständnis und unseren Stellenwert im Universum neu zu überdenken.

In diesem Kapitel wird der Einfluss der Mathematik auf die Kultur im Allgemeinen und auf die Künste im Besonderen betrachtet. Kunstwerke sind nicht selten ein Spiegel neuer philosophischer Ansätze sowie der persönlichen Reaktionen des Künstlers auf eine im Wandel begriffene Technologie. Allein der Gebrauch mathematischer Terminologie innerhalb des künstlerischen Diskurses hat gezeigt, dass Künstler sich nicht nur mit der Sprache, sondern auch mit den Ideen der Mathematik vertraut gemacht haben, um sie in ihre Werke aufzunehmen und zu transformieren.

Die künstlerische Avantgarde in den beiden ersten Jahrzehnten des 20. Jahrhunderts berief sich in weiten Teilen auf Sprache und Konzepte der so genannten „neueren Geometrie". Malerei und Bildhauerei beschäftigen sich *sui generis* mit Fragen der Zwei- und Dreidimensionalität, die der Wiedergabe der Welt und der menschlichen Existenz Grenzen setzt.

In der italienischen Renaissance verhalf die perspektivische Mathematik der Kunst zu einer realistischeren Darstellung des Dreidimensionalen auf einer zweidimensionalen Oberfläche. Die Perspektive erweiterte die Sprache der Malerei, und es dauerte nicht lange, bis sich die Künstler die neuen Regeln zu Eigen gemacht hatten. Später brachen sie bewusst mit eben diesen Regeln, um visuelle und ästhetische Effekte zu erzielen. Im 20. Jahrhundert nahmen Kubismus, Futurismus und Surrealismus die Konzepte der neueren Geometrie auf, wobei vor allem die nichteuklidische Geometrie und der mehrdimensionale Raum, insbesondere die vierte Dimension von Interesse waren. Zu Beginn des Jahrhunderts hatte die neuere Geometrie noch keinen Einfluss auf ganze Kunstrichtungen, sondern lediglich auf einzelne Künstler. Ende der 20er Jahre des 20. Jahrhunderts war das Wissen um die temporale vierte Dimension der Einstein'schen Relativitätstheorie sozusagen Allgemeingut geworden, während man sich bis zu diesem Zeitpunkt vorrangig mit einer räumlichen vierten Dimension befasst hatte. Eine Revolution der Geometrie fand in der Mitte des 19. Jahrhunderts statt, als Lobatschewski und Bolyai unabhängig voneinander die Existenz nichteuklidischer Geometrien erkannten (vgl. Kapitel 16). 1854 wurde Bernhard Riemanns einflussreicher Habilitationsvortrag *Über die Hypothesen, welche der Geometrie zugrunde liegen* veröffentlicht, in dessen

▲ David Bomberg, *In the Hold*, 1913–1914. Über eine Szene mit menschlichen Figuren, die als geradlinige Formen erscheinen, ist eine Gitterstruktur gelegt, so dass ein Bild entsteht, das zugleich gebrochen und dynamisch erscheint.

Folge nicht nur die mathematische Erforschung mehrdimensionaler Räume einsetzte, sondern auch physikalische Experimente zur Erforschung der wahren Geometrie des Raums durchgeführt wurden.

Damit war die euklidische Geometrie nur noch eine unter mehreren denkbaren Geometrien. Die Geometrie des Raums war und ist ein bedeutender Teilbereich von Mathematik und Physik. Zugleich aber begann in den Künsten die Auseinandersetzung mit der Geometrie der Wahrnehmung und Darstellung. Im Zusammenhang mit dem Gedanken, dass den drei räumlichen Dimensionen eine vierte hinzugefügt werden soll, stellt sich unmittelbar die Frage nach der Darstellung. Die Standardanalogie ist die, die Edwin Abbot in seinem Buch *Flatland* (1844) mit Erfolg einsetzte. Geschildert werden dort die Wahrnehmungen zweidimensionaler Wesen, in deren Leben in einem „flachen Land" ein dreidimensionales Objekt tritt. Das Thema wurde von Claude Bragdon in einer Reihe von Büchern – darunter *Man the Square: A Higher Space Parable* (1912) – noch weiter ausgeführt. Es geht darum, sich dem Objekt intuitiv zu nähern, indem man eine Reihe von sukzessiven Querschnitten durchführt. Was die Malerei als Medium angeht, so heißt dies, dass sich das Objekt in seiner Ganzheit fassen lässt, gleich ob es in drei oder vier Dimensionen existiert, indem man es durch sukzessive Schnitte zerlegt bzw. es aus den

verschiedensten Perspektiven betrachtet. Dies ist beispielsweise eine der Darstellungs-
methoden, die die Kubisten anwendeten. Die Perspektive wurde abgelehnt, da sie den
Blick auf die Objekte unnötig einschränke. Auch die Unterscheidung des Philosophen
Immanuel Kant zwischen der „Wahrnehmung des Dings" und „dem Ding an sich" inspirierte die facettenreichen Formen des Kubismus. Der vierten Dimension wurden über
die rein mathematisch-räumliche Definition hinaus eine Reihe von Eigenschaften zugeschrieben: Für einige stellte sie das platonische Reich der Ideen dar, für andere den
Bereich des Mystischen oder Irrationalen. Kurz gesagt: Die vierte Dimension gab den
Künstlern die Freiheit, die Realität jenseits der dreidimensionalen Perspektive zu erkun-
den. Künstler wie Umberto Boccioni, Gino Severini und Giacomo Balla brachten in ihren
Werken die Dynamik der vierten Dimension zum Ausdruck.

stellen wir uns nur einen Moment lang einen dreidimensionalen
Körper vor, z. B. einen afrikanischen Löwen, zwischen zwei beliebigen Zeitpunkten seiner Existenz. Zwischen dem Löwen L0, d. h. dem
Löwen zum Zeitpunkt t=0, und dem Löwen L1, dem endgültigen
Löwen, liegt eine unendliche Vielzahl afrikanischer Löwen in verschiedenen Formen und Ausprägungen. Wenn wir nun das Ganze betrachten, das sich aus allen Aspekten des Löwen zu allen Zeitpunkten und in allen Positionen ergibt, und dann die alles umfassende
Oberfläche nachzeichnen, erhalten wir einen alles umfassenden
super-Löwen, der mit extrem feinen und nuancierten morphologi-
schen Eigenschaften ausgestattet ist. Es sind derartige Oberflächen,
die wir als *lithochronisch* bezeichnen.

Oscar Dominguez, *La Pétrification du temps*, in: *La Conquête du
monde par l'image* (1942)

Der zweifellos einflussreichste französische
Mathematiker dieser Zeit war Jules-Henri Poincaré,
ein angesehener, universal gebildeter Intellektuel-
ler, dessen Werk nicht nur mathematische Arbeiten, sondern auch Schriften zu Politik, Bildung und
Ethik umfasst. 1906 wurde er zum Präsidenten der
Académie des Sciences ernannt. Mit seinen popu-
lärwissenschaftlichen Veröffentlichungen brachte
er mathematische und physikalische Fragen auch
einem breiteren Publikum näher. Seine Philosophie der Relativität des Wissens und seine Ausführungen zur kreativen Seite der Mathematik
sowie der Rolle des Unbewussten bei der Lösung
komplexer Probleme im Gegensatz zu einem rein
logischen Vorgehen hatten einen nachhaltigen
Einfluss auf das frühe 20. Jahrhundert. Für den
Kubismus erwies sich allerdings noch ein weiterer,
weniger bekannter Mathematiker als bedeutend: Maurice Princet, Versicherungsstatis-
tiker und selbst Hobby-Maler, widmete sich gemeinsam mit den Künstlern Jean Metzin-
ger und Juan Gris der Untersuchung der nichteuklidischen Geometrie.

1905 veröffentlichte Albert Einstein, zu diesem Zeitpunkt noch technischer Assistent
am Schweizer Patentamt, seine spezielle Relativitätstheorie. 1916 folgte – inzwischen
war Einstein Professor – die allgemeine Relativitätstheorie. Ende der 20er Jahre des
20. Jahrhunderts hatte sich das Verständnis von der vierten Dimension geändert, man
begriff sie nun nicht mehr räumlich, sondern zeitlich. Zeit und damit auch Bewegung
wurde zum vorherrschenden Sujet beispielsweise in der Kunst eines Marcel Duchamp
oder eines Umberto Boccioni, dessen Plastik *Einmalige Formen in der Kontinuität des
Raums* (1913) ein Beispiel dafür ist.

➤ Marcel Duchamp, *Akt, eine Treppe herabsteigend, Nr.2*, 1912. Beeinflusst von der „geometrischen Chronophotographie" Mareys und der „Cinematographie" Muybridges aus den 1880er Jahren erschuf Duchamp einen plastischeren Kubismus, indem er eine zeitliche vierte Dimension auf der zweidimensionalen Leinwand zur Darstellung brachte.

Der Kubismus wurde von Pablo Picasso und Georges Braque begründet, Picassos *Les demoiselles d'Avignon* aus dem Jahr 1907 gilt als erstes kubistisches Gemälde. Die produktivste Phase des Kubismus neigte sich 1922 ihrem Ende zu. Obgleich der Kubismus von außen häufig als kohärente Schule aufgefasst wurde, unterschieden sich die dieser Kunstrichtung angehörenden Künstler von Anfang an hinsichtlich ihrer Philosophie und der gestalterischen Techniken. So scheint beispielsweise Picasso kaum mathematische Ideen aufgenommen zu haben, sondern stand unter dem Einfluss der wechselnden Perspektiven Cézannes und der afrikanischen Kunst. Braque dagegen beschäftigte sich eingehend mit geometrischen Darstellungen, und auf ihn geht die Prägung des Begriffs „Kubismus" zurück. Dennoch bestand weiterhin ein Interesse an traditionellen Fragen der Perspektive und der geometrischen Strukturen. 1912 wurde in Paris die ebenso erfolgreiche wie einflussreiche Ausstellung *Section d'Or* eröffnet, deren Titel auf den goldenen Schnitt und damit auf die Regeln der klassischen Proportionen in Architektur und Kunst Bezug nimmt.

Der Einfluss der nichteuklidischen Geometrie auf die Kunst des frühen 20. Jahrhunderts lässt sich ungleich schwerer quantifizieren als der des Konzepts der vierten Dimension. Dies liegt unter anderem daran, dass sich nichteuklidische Räume kaum darstellen lassen. Der italienische Mathematiker Eugenio Beltrami (1835–1900) schuf zur Veranschaulichung der nichteuklidischen Geometrie Lobatschewskis ein Modell der Pseudosphäre. Möglicherweise reichte das bloße Wissen um die Existenz der nichteuklidischen Geometrie schon aus, um die Vorstellungskraft der Künstler zu inspirieren. Vielleicht machte sie aber auch ihr formeller mathematischer Charakter zu einem weniger fruchtbaren Konzept als die Vorstellung einer vierten Dimension. Maler wie Marcel Duchamp waren zwar einflussreich, doch in der Minderheit, wenn es darum ging, Künstler von einer eingehenden Beschäftigung mit der Mathematik und den Naturwissenschaften zu überzeugen. Festzuhalten bleibt, dass einige Aspekte der nichteuklidischen Geometrie den Gründer des Dadaismus, Tristan Tzara, und die surrealistische Bewegung nachhaltig beeinflusst haben.

Im Jahre 1936 veröffentlichte der Maler Charles Sirato sein *Manifeste dimensioniste*, in dem er die Theorien Einsteins als wichtige Inspiration bezeichnete. „Angeregt durch eine neue Vorstellung von der Welt", heißt es im Manifest, seien die Künste in eine neue Dimension eingetreten. Malen bedeute nunmehr, die Ebene zu verlassen und den Raum zu erobern, um zu räumlichen Konstruktionen und multimedialen Installationen zu gelangen. „Die plastische Kunst muss den geschlossenen, unbeweglichen und toten Raum aufgeben, d. h., um künstlerischen Ausdruck zu erlangen, muss der dreidimensionale Raum Euklids dem vierdimensionalen Raum eines [Hermann] Minkowski weichen." Das Manifest war von einer eindrucksvollen Zahl führender Künstler unterschrieben und forderte eine künstlerische Auslegung der vierten Dimension als räumliche, geistige und zeitliche Dimension.

▲ Salvador Dalí, *Das Abendmahl*, 1955.
Die euklidische Geometrie war weiter-
hin eine Quelle der Inspiration für die
Künstler. Hier findet das letzte Abend-
mahl innerhalb eines regelmäßigen
Dodekaeders statt, dem platonischen
Symbol des Universums.

Insgesamt jedoch bekundeten nach den 30er Jahren nur wenige Künstler Interesse
an der vierten räumlichen Dimension und der nichteuklidischen Geometrie – mit Ausnahme der Surrealisten. André Breton sah in der neueren Geometrie eine hervorragen-
de Untermauerung seiner Argumente für eine neue „Surrealität". Wenn auch Bretons
surrealistische Theorie zum großen Teil auf Freuds Analyse des Unbewussten beruhte,
war sie auch beeinflusst von der vierdimensionalen Raum-Zeit-Ordnung sowie von deren Verbindung mit dem Irrationalen oder Unterbewussten. Wir können diesen Einfluss
sowohl an den Titeln einiger Kunstwerke dieser Periode feststellen, so z. B. an Max
Ernsts *Junger Mann, beunruhigt durch den Flug einer nichteuklidischen Fliege* (1942),
wie auch an den Sujets: an Salvador Dalís berühmten „zerfließenden" Uhren in dem Bild
Die weichen Uhren oder Die zerrinnende Zeit (1931), aber auch am Hyperkubus, dem
vierdimensionalen Gegenstück zum Kubus in Dalís Kreuzigungsbild *(Corpus Hyper-
cubus)* von 1954. Der „Wissenschaftler" unter den Surrealisten, der Bildhauer Oscar
Dominguez, war fasziniert vom Eigenleben der Gegenstände in der Zeit. 1939 hatte

Dominguez eine Serie äußerst räumlicher „kosmischer" Gemälde fertiggestellt, deren polyedrische Formen oft mit den geometrischen Modellen verglichen wurden, die im Institut Jules-Henri Poincaré gezeigt und von Man Ray für die Surrealisten-Ausstellung von 1936 fotografiert worden sind. Eine wahrhaft mathematische und gleichwohl ästhetische Veranschaulichung der nichteuklidischen Geometrie musste allerdings noch auf die Rechenleistung der Computer warten, ehe sie Realität werden konnte.

Die neuen multidimensionalen und nichteuklidischen Geometrien, die als abstrakte mathematische Theorien das Licht der Welt erblickt hatten, waren nicht nur für die neuere Physik von zentraler Bedeutung, sondern auch für die künstlerischen und philosophischen Bewegungen, die die althergebrachten Denkmodelle umzustoßen versuchten.

Der authentische Kubismus — wenn man sich absolut ausdrücken will — wäre die Kunst, neue Zusammenstellungen mit Formalelementen zu malen, die nicht der Realität der Vision, sondern der der Begriffe entlehnt wären.
Diese Tendenz führt zu einer poetischen Malerei, die außerhalb der Betrachtung steht: Denn selbst im Falle eines einfachen Kubismus zwänge die Entfaltung der notwendigen geometrischen Fläche, um eine vollkommene Vorstellung eines Gegenstandes zu geben, hauptsächlich bei Gegenständen, deren Formen nicht absolut einfach sind, den Künstler, ein Bild wiederzugeben, das, selbst wenn man sich die Mühe gäbe, es zu verstehen, sich vollkommen von dem Gegenstand entfernen würde, dessen Vorstellung, also dessen objektive Wirklichkeit, man geben wollte.

Guillaume Apollinaire, *Die moderne Malerei*, in: *Der Sturm*. Wochenzeitschrift für Kultur und die Künste, hg. v. Herwarth Walden, Februar 1913, Nr 148/149, S. 272.

maschinen-codes

◄ Eine der ersten Rechenmaschinen erfand 1642 Blaise Pascal. Additionen wurden durchgeführt, indem man die Räder mit Hilfe eines Stifts weiterdrehte, die Durchführung anderer Rechenoperationen dagegen war relativ mühselig.

▲ Bis 1826 wurden derartige aus dem Mittelalter stammende Rechenstäbe vom englischen Schatzamt benutzt. Die Summen, die an das Schatzamt gezahlt worden waren, wurden durch Kerben angezeigt, die man in die Rechenstäbe schnitt. Anschließend wurden die Stäbe geteilt und jedem Vertragspartner eine Hälfte ausgehändigt.

Ein Gegensatzpaar der Mathematik stellen die algorithmische und die „analytische" Mathematik dar. Während letztere sich mit zugrunde liegenden Strukturen und Theoremen beschäftigt, zielt erstere darauf, die Prozeduren zu verstehen, die zur Erreichung praktischer Lösungen nötig sind. In den vorangegangenen Kapiteln wurde deutlich, dass es verschiedene Methoden gibt, irrationale Zahlen wie $\sqrt{2}$ zu finden. Herauszufinden, welche Prozedur die effizienteste ist, d. h., wie sich in möglichst wenigen Schritten ein genaues Ergebnis erzielen lässt, gehört zu den wichtigsten Anliegen der algorithmischen Mathematik.

Ursprünglich bezog sich der Begriff „Algorithmus" – in Abgrenzung zu den Berechnungen mit dem Abakus oder Rechenbrett – ausschließlich auf Rechenoperationen, die unter Verwendung der hindu-arabischen Ziffern durchgeführt wurden. Als der Abakus in Europa kaum noch gebräuchlich war und zugleich Berechnungen immer arbeitsintensiver wurden, wuchs das Bedürfnis nach mechanischen Rechenmaschinen. Mathematiker des 17. Jahrhunderts – wie Pascal, Descartes und Leibniz – träumten von einer Universalsprache, mit deren Hilfe sich alle mathematischen Probleme so kodieren ließen, dass sie mechanisch gelöst werden könnten, und bauten selbst verschiedene Typen von Rechenmaschinen. Bereits im 17. Jahrhundert wurde deutlich, dass sich die Leistung eines jeden effizienten Algorithmus durch den Einsatz von Rechenmaschinen erheblich erweitern lässt.

Etwa 1820 legte Charles Babbage (1792–1871) einen Entwurf für eine „Differenzmaschine" vor und präsentierte knapp zwei Jahre später einen ersten Prototyp. Im Auftrag der britischen Regierung begann Babbage mit der Konstruktion einer Maschine in großem Maßstab, die Berechnungen von Tabellen für den wissenschaftlichen wie administrativen Gebrauch mit einer bisher nie dagewesenen Genauigkeit vornehmen sollte. Doch bis 1834 hatte das Projekt nicht nur wesentlich mehr Geld verschlungen, als ursprünglich vorgesehen, sondern harrte auch noch der Vollendung. Die Regierung zögerte, weitere Gelder zu bewilligen. Überdies plante Babbage inzwischen den Bau einer vollkommen neuen Maschine, der so genannten „analytical engine", eines Vorläufer des modernen Computers. Ein wesentliches Merkmal dieser Maschine war die Trennung des Speichers, in dem während des Rechenvorgangs Zahlen gespeichert werden sollten, vom eigentlichen Rechenwerk, das zur Durchführung der arithmetischen Operationen geplant war. Ein- und Ausgabe sollten ebenso über kodierte Lochkarten erfolgen wie die Steuerung der Kontrolleinheit, die das Rechenprogramm in Gang setzte. Die Ausgabe der errechneten Ergebnisse sollte über einen Drucker erfolgen. Doch die „analytical engine" wurde nie gebaut; 1842 beschloss die Regierung, auch die Konstruktion der Differenzmaschine nicht weiter zu finanzieren, und Babbage sah sich in seinem negativen Urteil über die englische Wissenschaft einmal mehr bestätigt.

Wie Babbage vorausgesagt hatte, wurde die Entwicklung des Computers vor allem durch das Bedürfnis gefördert, die bislang von mechanischen Rechnern ausgeführten Rechenoperationen zu beschleunigen. Die erste automatische Rechenmaschine wurde

mit Mitteln von IBM um 1940 in Harvard konstruiert. Der erste elektronisch programmierbare Computer war der Colossus, der 1943 unter Mitarbeit von Alan Turing und John von
Neumann von einem englischen Forschungsteam in Bletchley Park gebaut wurde. Für
die Zukunft des Computers weitaus entscheidender allerdings sollte der ENIAC (Electronic Numerical Interpretor and Calculator) werden, der etwa zur selben Zeit an der
Universität von Pennsylvania entstand. Von Neumann sah sich schon bald in der Lage,
einen neuen Entwurf für einen Computer vorzustellen, den EDVAC (Electronic Discrete
Variable Automatic Computer), dessen Steuerprogramm sich in einem Speicher befand.
Der neue Rechner vereinigte fünf wesentliche Komponenten: Eingabeeinheit, Ausga-
beeinheit, Kontrolleinheit, Speichereinheit und arithmetisch-logische Einheit. Das steu-
ernde Programm operiert vom Speicher aus, in dem auch die numerischen Daten „auf-
bewahrt" werden, während die Kontrolleinheit Instruktionssequenzen ausführt. Der
erste praktisch anwendbare Rechner dieser Art, der so geannten EDSAC (Electronic
Delay Store Automatic Calculator), wurde 1949 in England gebaut und in den Vereinigten Staaten und England weiterentwickelt, so dass sich das System der Speichersteue-
rung in den 60er Jahren durchgesetzt hatte. Die Einführung von Halbleiterkomponen-
ten anstelle von Kathodenstrahl-Röhren führte erneut zu einer höheren Rechenleistung.

Die Erfindung des Computers wurde vor allem durch praktische Fragen angestoßen:
Fragen, die sich im Bereich des Handels und der Verwaltung sowie im Zusammenhang
mit Geheimschriften oder der Lösung von Gleichungen stellten. Mit der Entwicklung von
Computern, die von im Speicher befindlichen Programmen aus gesteuert werden, war

➤ In Erinnerung an den zweihun-
dertsten Geburtstag von Charles
Babbage baute das Science Museum
in London 1991 die erste vollständige
Differenzmaschine. Sie besteht aus
annähernd 4000 Einzelteilen und
wiegt mehr als 2,5 Tonnen. Babbage
hatte sie als voll automatisierten, von
einer Dampfmaschine angetriebenen
Rechner mit Druckausgabe des
Ergebnisses konzipiert.

es gelungen, die Hardware von der Software zu trennen. Die Motivation für die Ausarbeitung der ersten Computerprogramme dagegen, Algorithmen zur Ausführung der entsprechenden Berechnungen, lag nicht im Bereich der praktischen Erwägungen, sondern entsprang der Suche von Logikern nach einem formalen System.

Die Arithmetik an sich ist ein Beispiel für ein formales System. Sie basiert auf einer exakt definierten Menge von Symbolen und Prozeduren zur Lösung von klar umrissenen Aufgaben. Für sich genommen haben die Symbole keine Bedeutung; erst im Zusammenhang mit den Regeln des formalen Systems erhalten sie ihren Stellenwert. Will man zum Beispiel verifizieren, dass ABmBAeBEB ist, stehen verschiedene Methoden oder Algorithmen für die Berechnung zur Verfügung. Es dürfte einfacher sein, die Rechnung in der Form $12 \cdot 21 = 252$ zu notieren und zu lösen. Doch das Beispiel macht deutlich, dass die verwendeten Symbole keine Rolle spielen – wichtig ist einzig, dass die Wahrheit eines Satzes, in diesem Fall einer Rechnung, auf der Grundlage der eingeführten Axiome bewiesen werden kann. In Umkehrung des bekannten Gebrauchs von Buchstaben zur Bezeichnung von Funktionen müssen Zahlen nicht zwingend Mengen bezeichnen, sondern können auch als Operatoren fungieren. Dies spielt eine wesentliche Rolle bei der Weiterentwicklung von Rechenmaschinen, die für eine spezifische Art von Aufgabenstellungen konstruiert wurden, bis hin zum Computer mit seinen umfassenden Rechenleistungen. In einem modernen Computer besteht jeder Befehl – wie z. B. die Anweisung, dass ein roter Pixel an einer bestimmten Stelle des Monitors dargestellt wird – aus einer Zahlenreihe. Mehr noch: Ein ganzes Programm ist, in den Binärcode übertragen, nicht mehr als eine einzige, allerdings sehr lange Zahl. Dass Computer im Grunde genommen sehr einfach funktionieren, wird angesichts des bemerkenswerten Fortschritts hinsichtlich ihrer Schnelligkeit und Leistungsfähigkeit leicht vergessen.

Kurt Gödel (1906–1978) stellte in seiner 1931 erschienen Habilitationsschrift *Über formal unentscheidbare Sätze der principia mathematica und verwandter Systeme* eine Methode vor, mit der jedem innerhalb des formalen Systems auszudrückenden Satz eine eindeutige Zahl zugewiesen werden kann. Selbst der Beweis der Wahrheit eines Satzes kann als eine Kette von natürlichen Zahlen dargestellt werden, so dass bei einer gegebenen Kette einfacher Symbole entschieden werden kann, welche Symbole Bedeutung besitzen und welche nicht. Auf dieser Grundlage kommt Gödel zu zwei inzwischen klassischen Theoremen, den gödelschen Unvollständigkeitssätzen. Der 1. gödelsche Unvollständigkeitssatz besagt, dass die axiomatische Mengentheorie, wenn sie widerspruchsfrei ist, Sätze enthält, die nicht bewiesen oder widerlegt werden können. Dies ist dem bekannten Dilemma des „dieser Satz ist unwahr" vergleichbar. Die Existenz derartiger unentscheidbarer Sätze zeigte, dass das Unterfangen der Axiomatisierung der Mathematik, das Bertrand Russell und Alfred North Whitehead in Angriff genommen hatten, nicht tragfähig war. Und auch David Hilberts Versuch, den Nachweis über die formale Widerspruchsfreiheit der gesamten Arithmetik zu führen, wurden damit

▲ Nachbau des Colossus-Computers in Bletchley Park (1997). Der Colossus war der erste elektronisch programmierbare Computer der Welt. Mit seiner Hilfe gelang es englischen Kryptographen während des 2. Weltkriegs, den deutschen Lorenz-Code zu knacken.

Grenzen aufgezeigt. Der 2. gödelsche Unvollständigkeitssatz zieht daher die Folgerung, dass die Widerspruchsfreiheit einer Theorie nicht mit den Mitteln eben dieser Theorie allein beweisbar ist. Wir sprechen heute von der „Unvollständigkeit der Arithmetik". Gödels Arbeit bedeutete einen entscheidenden Rückschlag für den Versuch der Konstruktion einer einheitlichen, alles umfassenden Mathematik. Stattdessen konzentrierte sich die mathematische Forschung nun auf die Frage, wie verschiedene Formen der Axiomatisierung verschiedene Systeme hervorbringen. Eine mathematische Sprache ist insofern sinnvoll, als sie uns in die Lage versetzt, Fragen zu beantworten. Es war nun nicht länger die Rede von der Entscheidbarkeit von Sätzen, sondern von der Möglichkeit der Berechenbarkeit.

Parallel zu der Beschäftigung mit Algorithmen fand eine Verallgemeinerung des Begriffs Funktion statt. Ganz allgemein formuliert, stellt eine Funktion f eine arbiträre Übereinstimmung zwischen mathematischen Objekten dar. Eine Funktion ist dann berechenbar, wenn ein Algorithmus existiert, der für die Eingabe x eine Ausgabe f(x) herstellt, und wenn dies für jeden Wert von x, für den f definiert ist, den so genannten Definitionsbereich von f, gilt. Erst mit dem Bekanntwerden von pathologischen Funktionen im ausgehenden 19. Jahrhundert erkannten Mathematiker, dass es Funktionen gibt, die nicht berechenbar sind. Daher verlagerte sich das Interesse in der Folge auf berechenbare Algorithmen. Es herrschte relative Klarheit darüber, ob ein gegebener Algorithmus die erforderliche Funktion genau berechnete. Wenn allerdings kein Algorithmus gefunden werden konnte, benötigte man eine genaue Definition dessen, was ein Algorithmus ist, um dessen Nichtvorhandensein einwandfrei zu belegen.

1936 veröffentlichten Alonzo Church und Alan Turing unabhängig voneinander ihre Theorien zur Berechenbarkeit. Turings Definition eines Algorithmus basierte auf einer abstrakten Rechenmaschine, der Church den Namen „Turing-Maschine" gab. Die drängende Frage nach einem Algorithmus, mit dem sich bestimmen lässt, ob ein gegebener Satz wahr oder falsch ist, wurde negativ beschieden. Die Ergebnisse Churchs und Turings einerseits und Gödels andererseits bereiteten dem Glauben ein Ende, dass der Computer eines Tages in der Lage sein würde, das Entscheidungsproblem zu lösen. Doch die Beschäftigung mit der Berechenbarkeit von Algorithmen setzte die Entwicklung von Software in Gang und leitete damit eine neue Ära der mathematischen Physik ein.

Das Analogprinzip. Alle Rechenautomaten lassen sich in zwei große Klassen einteilen und zwar in einer Art, die sofort einleuchtet und [...] auf lebende Organismen übertragbar ist; es ist die Einteilung in Analog- und Digitalrechner.
Betrachten wir zuerst das Analogprinzip. Man kann eine Rechenmaschine auf dem Prinzip aufbauen, Zahlen durch bestimmte physikalische Größen darzustellen. [...] Ströme mag man multiplizieren, indem man sie den beiden Magneten eines Dynamometers zuführt, wodurch man eine Drehung erzeugt. Diese Drehung kann dann durch

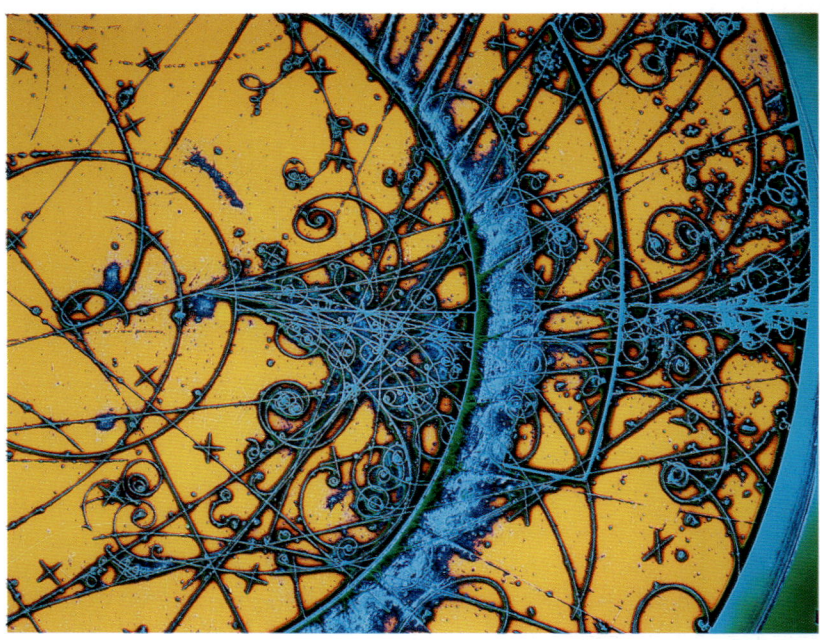

▲ Partikelspuren aus der Big European Bubble Chamber, CERN. Computer sind heute dank ihrer Schnelligkeit und Leistungsfähigkeit in der Lage, Physiker bei der Erforschung der fundamentalen Naturkräfte zu unterstützen. Wesentlich einfachere Computer waren nötig, um das Buch zu erstellen, das Sie gerade in den Händen halten.

verknüpfung mit einem Regulierwiderstand in einen elektrischen widerstand umgewandelt werden; und schließlich kann man den widerstand in einen strom umwandeln, indem man ihn an zwei quellen festen (aber verschiedenen) potentials schaltet. Das ganze Aggregat wird so zu einem „schwarzen kasten", dem man zwei ströme zuführt und der einen strom erzeugt, der gleich dem produkt der beiden ströme ist. [...] Das Digitalprinzip. In einem Digitalrechner werden zahlen in der bekannten weise durch ziffern dargestellt. nebenbei bemerkt ist dies dasselbe verfahren, das wir alle für unsere eigenen nicht mechanisierten Rechnungen verwenden, wobei wir zahlen im Dezimalsystem ausdrücken. ziffernrechnen braucht, genau genommen, nicht dezimal zu sein. man kann jede ganze zahl, die größer als eins ist, als Basis für die ziffernaufschreibung einer zahl nehmen. Das Dezimalsystem (Basis 10) ist das gebräuchlichste, und alle bisher fertig gestellten Digitalrechner arbeiten nach diesem system. wahrscheinlich aber wird sich das Dualsystem (Basis 2) letzten endes als vorteilhafter erweisen; Maschinen, die nach diesem system rechnen, werden schon gebaut.

John von Neumann, *Allgemeine und logische Theorie der Automaten* (1951), übers. v. D. Krönig, in: *Kursbuch 8*, März 1967, S. 139–175.

chaos und komplexität

◄ Das von einem Computer gene-
rierte Bild zeigt die Stabilität eines
dynamischen Systems gegenüber
kleineren Störungen unter Zuhilfenahme des so genannten Ljapunov-
exponenten. Die klar abgegrenzten
Bereiche repräsentieren superstabile
Regionen, während einander über-
schneidende Bereiche ein Indikator
dafür sind, dass verschiedene Attrak-
toren um die Dominanz über das Verhalten des Systems konkurrieren. Die
Hintergrundfarbe markiert Chaos-Re-
gionen.

Seit Beginn des 19. Jahrhunderts wurde Mathematik zunehmend als analytische und
logische Wissenschaft betrieben. Bis zum Ende des Jahrhunderts war auf diese Weise
eine wahre „Menagerie mathematischer Ungeheuer" erzeugt worden – die kontinuierlichen Funktionen ohne Tangens sind nur ein Beispiel. In der Dynamik war für das
3-Körper-Problem, Testfall für die Stabilität des Sonnensystems, noch immer keine
zufrieden stellende Lösung gefunden worden. Die von Jules-Henri Poincaré entwickelten periodischen Lösungen dieses Problems waren äußerst kompliziert. Als sich die
Aufmerksamkeit weg von der analytischen und hin zur geometrischen Mathematik
richtete, wurde offensichtlich, dass die scheinbar planlose Unordnung mancher mathematischer Probleme große Ähnlichkeit mit der offensichtlichen Unordnung der realen
Lebenswelt hatte. Der Computer wurde zum unverzichtbaren Mittel einer neuen Mathematik auf der Grundlage von Algorithmen. Außerdem stärkten die Entdeckungen, die
der Computer ermöglichte, das analytische Verständnis und führten zu der Erkenntnis,
dass die „einfachen" Systeme, die die Mathematiker bis dahin kannten, nur die Spitze
eines gigantischen Eisbergs darstellten.

Untrennbar mit dem Fachgebiet der fraktalen Geometrie verbunden ist Benoît
Mandelbrot, derzeit Professor an der Yale University und emeritierter IBM-Fellow. Sein
Interesse an dem, was er später Fraktale nannte, begann im Jahr 1951 und gipfelte 1977
in dem Buch *The Fractal Geometry of Nature*. Das Konzept eines „Attraktors" war aus
der Dynamik bekannt. So hat zum Beispiel der Orbit eines Planeten die Funktion eines
elliptischen Attraktors und bleibt trotz vorhandener Störungen innerhalb bestimmter
Grenzen konstant. Bei der numerischen Lösung von Polynomen ist unter der Voraussetzung, dass die Iteration zu einer Lösung konvergiert, diese Lösung selbst ein Attraktor.
Eine Wurzel dagegen, deren graphische Existenz bekannt ist, die aber durch iterative
Prozesse nicht erreicht werden kann, heißt „Repeller". In einem chaotischen System wie
der Turbulenz von Luftströmen ist der Attraktor ein Fraktal und wird „seltsamer Attraktor" genannt.

Einmal darauf aufmerksam geworden, lässt sich selbst in den einfachsten Situationen chaotisches Verhalten erkennen. Die logistische Wachstumsgleichung $z = \lambda z(1-z)$
ist eine einfache Quadratgleichung mit einem austauschbaren Koeffizienten, nämlich λ.
Die Gleichung beinhaltet, wie bei einer Quadratgleichung zu erwarten, zwei Wurzeln.
Wendet man eine Iterationsprozedur an, werden einige erstaunliche Eigenschaften
deutlich. Für die meisten Werte von λ „explodiert" die Iteration und divergiert ins Unendliche. Wenn wir allerdings von dem Wert $\lambda = 1$ ausgehen und den Wert allmählich erhö-
hen, können wir feststellen, dass die Iteration weder divergiert noch zu einem einzelnen
Wert konvergiert: Stattdessen oszilliert sie zwischen verschiedenen Werten. Ab einem
bestimmten Moment wird das System chaotisch, die Zahlenfolge scheint unkontrolliert
hin und her zu springen. Für komplexe Zahlen entsteht eine Fraktalstruktur. Mit einer
einfachen Transformation lässt sich die Gleichung in eine andere Quadratgleichung ver-

➤ Eine quaternionische Julia-Menge,
die der Mandelbrot-Menge sehr ähnlich ist. Allerdings werden hier die Iterationen nicht mit komplexen Zahlen,
sondern mit Hamiltons Quaternionen
durchgeführt. Der dreidimensionale
Schnitt eines vierdimensionalen Fraktals lässt sich animiert am besten
betrachten.

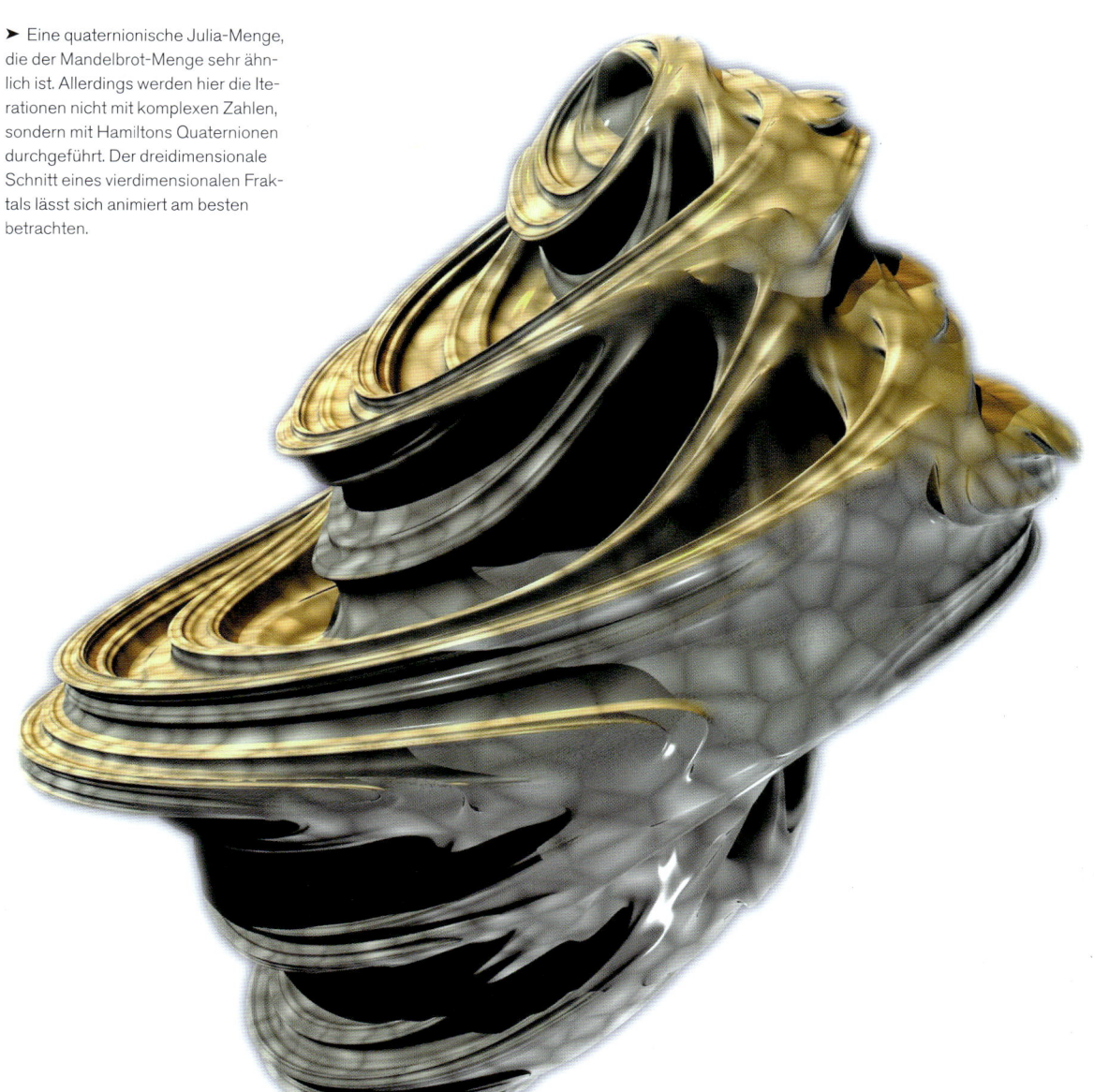

wandeln: $z = z^2 - m$. Der iterative Prozess ist einfach, aber umständlich, wenn man ihn „von Hand" ausführt. Mandelbrot war der erste, dem es mit Hilfe eines Computers gelang, die nach ihm benannte „Mandelbrot-Menge" auszudrucken, bei der z eine komplexe Zahl ist. Diese Menge besteht in der Tat aus einer Zahlenmenge: Der Originalausdruck von Mandelbrot, der auf einem Schwarzweißdrucker angefertigt wurde, zeigt in Schwarz die Werte für m, bei denen die Iteration nicht ins Unendliche divergiert, die Werte also weiterhin hin und her springen. Die unglaublich filigrane Struktur mit ihren charakteristischen zackigen Ausläufern wurde immer deutlicher sichtbar, je höher die Auflösung der Computerdrucker und je besser die Grafikkarten wurden. Dieses einfache System zeigte viele der Eigenschaften, die Mandelbrot zu vereinen versuchte. Die Selbstähnlichkeit, ein hervorragendes Charakteristikum von Fraktalen, wird sichtbar, wenn man die Menge auf dem Computerbildschirm vergrößert: Es zeigen sich dann Mini-Mengen, die starke Ähnlichkeit mit der gesamten Menge haben. Kehren wir noch einmal zu der oben angeführten Gleichung zurück: Für komplexe Werte von λ erzeugen die Iterationen Gebilde, die in der Terminologie Mandelbrots „Drachen" heißen. Damit waren die gefürchteten „Monster" der mathematischen Analysis als schöne Geschöpfe wiedergeboren, die man in der Familie der Mathematik willkommen hieß.

➤ Brian Meloon, *Happy Henon* (1993), Geometry Center, University of Minnesota. Das Henon-Karten-Fraktal ergibt sich aus $H(x, y) = (x^2 - ay + c, x)$, wobei a und b beliebige, aber feste Parameter sind. Für $a = 0$ reduziert die Karte die eindimensionale logistische Gleichung. Die Abbildung zeigt Punkte, die unter der Iteration der Henon-Karte und ihrer Umkehrung in Schranken gehalten werden.

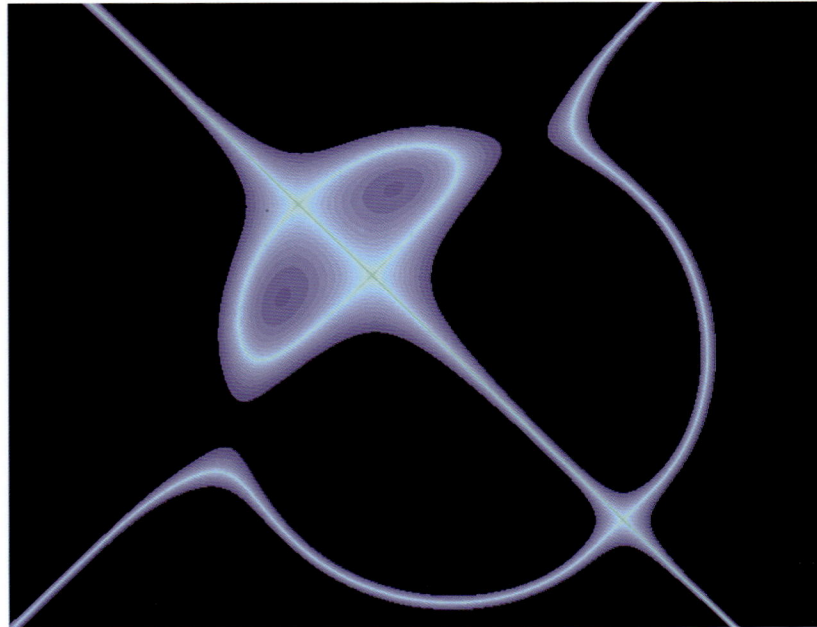

Der Begriff „Chaos" ist leicht missverständlich, wird er in der Alltagssprache doch häufig synonym mit „Unordnung" verwendet. Die Chaostheorie jedoch ist von Grund auf deterministisch: Die Mandelbrot-Menge sieht immer gleich aus, und jeder Ausgangs-wert z führt immer zu derselben iterativen Sequenz. Der Unterschied zwischen einem chaotischen und einem zufälligen System besteht darin, dass der Zufälligkeit keine Struktur eigen ist. Das Chaos dagegen hat eine Struktur, wenn diese auch äußerst kompliziert ist. Die Erzeugung eines Fraktals ist also deterministisch, sie ist aber nicht vor-hersagbar: Es gibt keinen Algorithmus mit dem sich im Voraus entscheiden ließe, ob ein Punkt innerhalb der Grenzen der Mandelbrot-Menge liegt oder nicht. Dies lässt sich nur durch Ausführung der Iteration verifizieren. Farbige Darstellungen von Fraktalen geben einen visuellen Hinweis darauf, wie viele iterative Schritte notwendig sind, damit ein Punkt zu einem großen Wert tendiert, während die komplizierten Muster, bei denen ver-schiedenfarbige Punkte aneinander grenzen, darauf hindeuten, dass diese Punkte die Tendenz haben zu divergieren. Zugegeben, ein Punkt auf einem Computermonitor ist eigentlich ein Pixel mit einer endlichen Größe, doch je höher wir die Auflösung wählen, desto komplexere Strukturen werden erkennbar. Dies ist der Grund, warum die Ent-wicklung chaotischer Systeme kaum voraussagbar ist. Die Iteration ist zwar determinis-tisch, reagiert zugleich aber extrem sensibel auf den Ausgangswert. Dies zeigt sich vor allem, wenn man versucht, anhand von Iterationen reale Systeme abzubilden: Die inhä-renten Fehler der Ausgangsmessung vergrößern sich, je weiter der Prozess der Iteration voranschreitet. Die Frage, warum sich auch viele der natürlichen dynamischen Systeme chaotisch verhalten, bleibt eines der Rätsel unseres Universums.

Vor dem Hintergrund der Chaostheorie könnte der Eindruck entstehen, als sei das Universum ein Ort der Instabilität, dazu bestimmt, sich unter der erbarmungslosen Tyran-nei des zweiten thermodynamischen Gesetzes aufzulösen. Doch es existieren unzählige Strukturen, vom taktgenauen Schlag der Pulsare bis hin zu den feinen Windungen in einem DNA-Molekül. Die Erforschung der Frage, wie sich derartige Strukturen zeigen, gehört zu den Gegenständen der Komplexitätstheorie, die bei der Beschäftigung mit komplexen Systemen auch in Bereiche der Chaostheorie, der künstlichen Intelligenz, der offenen Systeme und der Automaten vordringt. Das Interesse an komplexen Syste-men entstand in verschiedenen Wissenschaftszweigen. Es ist das Verdienst George A. Cowans, diese Ansätze gebündelt und zusammengeführt zu haben.

Die wachsende Leistungsfähigkeit der Computer führte zur Erforschung immer schwierigerer Gleichungen. Auch das Lösen nichtlinearer Gleichungen mit vielen Parameter wurde möglich. Bis zu diesem Zeitpunkt hatte sich die Mathematik in weiten Bereichen mit linearen Gleichungen befasst. Der Ansatz hatte sich zwar als sehr erfolg-reich erwiesen, schien nun aber, da es um die exakte Abbildung immer komplexerer Systeme ging, an seine Grenzen zu stoßen. Dem Computer war es gleichgültig, ob er mit linearen oder nichtlinearen Gleichungen gefüttert wurde. Er war in der Lage, numerische

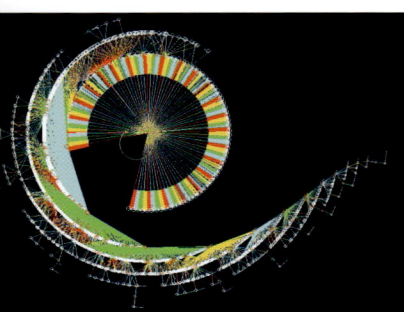

▲ Becken der Anziehung –
Geordneter Zellautomat
Jeder Knoten in der Grafik repräsen-
tiert eine Momentaufnahme des
gesamten Universums eines Zell-
automaten (CA) und ist mit dem
Nachfolgezustand im nächsten
Zeitschritt des sich entwickelnden
Individuums verbunden. Bei einem
geordneten CA konvergiert das
Universum mit hoher Geschwindig-
keit in Richtung des Beckens der
Anziehung.

Lösungen und deren graphische Darstellung mit einer hohen Geschwindigkeit zu produzieren. Erst die Beschäftigung mit nichtlinearen Gleichungen verschaffte eine Ahnung
davon, welche Verbindungen zwischen Variablen bestehen, die zuvor als voneinander
unabhängig angesehen wurden. Mittlerweile arbeiteten Physiker und Biologen fruchtbringend zusammen, und in Los Alamos, Cowans Forschungsstätte, wurde ein eigenes
Institut für nichtlineare Systeme eingerichtet. Dadurch hatte sich die Forschung in Los
Alamos allerdings nicht von ihrer ursprünglichen Aufgabe auf dem Gebiet der Nuklear-
physik abgewandt. Cowan musste sich also eine andere Forschungseinrichtung suchen, um an die Anfangserfolge von Los Alamos anknüpfen zu können.

Cowans Kollegen standen der Einrichtung eines neuen Instituts mit den skizzierten
Vorgaben positiv gegenüber, doch zu jener Zeit erschwerte allein die bloße Tragweite
seiner Vision eine Festlegung darauf, welche Schwerpunkte dieses Institut eigentlich
verfolgen sollte. Die Wende kam, als Murray Gell-Mann in das Team eintrat. Gell-Mann,
ein führender Vertreter der theoretischen Physik, hatte das Wort „Quark" aus James
Joyces *Finnegangs Wake* als Bezeichnung für eine neue Form subatomarer Partikel
eingeführt. Er war einer der vehementesten Verfechter der Grand Unified Theory, die die
grundlegenden Kräfte der Natur in einem einzigen einheitlichen Rahmen unterbringen
sollte. Nun wollte er noch einen Schritt weiter gehen und eine *Grand Unified Theory of
Everything*, eine Theorie von „allem", entwickeln, die Erklärungsmuster für die alten Zivilisationen bis hin zum modernen Wissen liefern sollte. Gell-Mann sorgte dafür, dass aus
dem von vielen Seiten geäußerten Interesse an dem Institut schließlich tatsächlich dessen Gründung resultierte. 1984 wurde es als Rio Grande Institut amtlich eingetragen.
Schon bei der ersten Zusammenkunft wurde deutlich, dass sich hier die in ihrem jeweiligen Fachgebiet führenden Spitzenkräfte versammelt hatten und viele ihrer Denkan-
sätze übereinstimmten. Dies betraf vor allem die Konzeption der offenen Systeme: Die
Erkenntnis, dass das Ganze mehr ist als die Summe seiner Teile, dass die Interaktion
vieler Handelnder – gleich, ob es sich dabei um Partikel, Menschen, Moleküle oder Neu-
ronen handelt – eine Komplexität entstehen lässt, die nicht aus den Eigenschaften der
einzelnen Handelnden zu erklären ist. Der wissenschaftliche Reduktionismus funktionierte anscheinend gut von oben nach unten, von komplexen Systemen zu einfachen
Einheiten, versagte aber beim Vorgehen von unten nach oben, bei dem von einfachen
Einheiten ausgegangen wird und auf komplexe Systeme geschlossen werden soll.

Banken und Investmentgesellschaften standen den Möglichkeiten der traditionellen
Wirtschaftswissenschaften präzise Vorhersagen über die Entwicklung der Finanzmärk-
te liefern zu können zunehmend skeptisch gegenüber. 1987 nutzte der neu bestellte
Vorstandsvorsitzende von Citicorp die Gelegenheit, einen Workshop von Wirtschaftswis-
senschaftlern und Physikern unter der Leitung des mittlerweile in Santa Fe Institute
umbenannten Instituts ins Leben zu rufen. Einige physikalische Systeme weisen die
gleichen Eigenschaften auf wie soziale Systeme: Sie verfügen über ähnliche mathema-

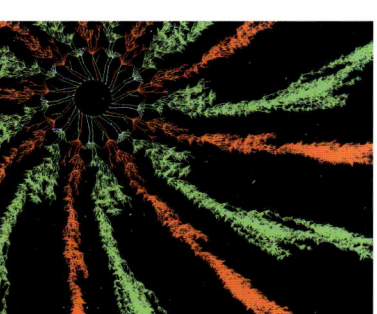

▲ Becken der Anziehung –
Komplexer Zellautomat
Illustriert wird hier die Evolution des
Universums eines komplexen
Zellautomaten (CA). Die Konvergenz
ist wesentlich schwächer und
langsamer als bei den geordneten
Zellautomaten. Deutlich zu erkennen
ist die für komplexe CA typische
Verzweigung. Die Äste eines
chaotischen CA sind wesentlich
dünner.

tische Beziehungen, nämlich die komplexer mathematischer Systeme. Sie werden als komplexe adaptive Systeme bezeichnet, weil sie über eine Reihe von negativen und positiven Feedbackmechanismen verfügen (z. B. das Immunsystem, die Embryonalentwicklung, Ökosysteme, Märkte und politische Parteien). Die Komplexität entsteht aus dem Zusammenspiel miteinander im Wettbewerb stehender und miteinander kooperierender Strömungen, da sich Systeme wie diese in einem dauernden Zustand dynamischen Ausgleichs befinden. Sie vollführen sozusagen eine permanente Gratwanderung zwischen Chaos und unbedingter Ordnung. Am meisten überraschte die Teilnehmer des Workshops damals allerdings, dass derartige Systeme mittels ganz einfacher Regeln funktionieren. Zugleich entstanden aus den Interaktionen dieser einfachen Strukturen erstaunlicherweise komplizierte Muster, ohne dass dafür ein Masterplan vorhanden wäre. Komplexität wurde als ein sich selbst entwickelndes Phänomen erkannt, dessen Erforschung sich das Santa Fe Institut in der Folge widmete.

Ein Beispiel für einen Handelnden ist ein Automat. Eine „Automatenwelt" wurde als das „Spiel des Lebens" bekannt und 1970 von John Conway entwickelt. Es war weniger ein Spiel denn ein Miniaturuniversum, das von sich entwickelnden Zellen bevölkert wurde, die in einem zweidimensionalen Raster angesiedelt waren. War die Population erst einmal angelegt, lebte oder starb jede Zelle abhängig von der Zahl der benachbarten Zellen. Gab es zu viele Zellen, gingen sie an Überbevölkerung zugrunde, gab es zu wenige, an Einsamkeit. Einmal in Bewegung gesetzt, brachte dieses Universum eine Vielzahl an Strukturen hervor. John von Neumann hatte bereits in den 40er Jahren mit einer Untersuchung über Zellautomaten begonnen und gezeigt, dass es zumindest ein zellulares Automatenmuster gibt, das sich selbst reproduzieren kann, dass Reproduktion nicht gleichzusetzen ist mit der Erhaltung lebender Organismen und dass die „Software" von der „Hardware" unabhängig ist – egal, ob es sich dabei um einen Computer oder ein Gehirn handelt. Die von Francis Crick und James Watson 1953 gemachte Entdeckung der DNA-Struktur bestätigte von Neumanns Analyse der mathematischen Anforderungen an ein selbstreproduzierendes System. 1984 schließlich wies Stephen Wolfram darauf hin, dass Automaten große Ähnlichkeit mit nichtlinearer Dynamik besitzen. Er kategorisierte Zellautomaten in vier „Universalitätsklassen". Die Klassen I und II produzieren statische Lösungen innerhalb einer kleinen Anzahl von Kreisen, wobei die erste für die feste Einbindung in eine völlig starre Struktur steht, während die zweite eine periodische und stabile Struktur bildet. Klasse III ist ein chaotisches System, das keinerlei sichtbare Struktur aufweist, während Klasse IV das „Spiel des Lebens" und andere Systeme mit offener Ordnung umfasst. Christopher Langton hat diese Klassifikation weiter differenziert und entdeckt, dass ein System, das einer Phasenverschiebung unterliegt, einen Entwicklungsprozess durchläuft, dessen Stadien durch die Begriffe Ordnung, Komplexität und Chaos zu kennzeichnen sind. Bei ihrer Entdeckung wurden Zellautomaten als eine neue Lebensform gefeiert. Unter den entsprechenden Bedin-

➤ Dieser „Mandelbrot-Drache" ergibt
sich aus der Generatorfunktion
$f(z)=z^2-m$, wobei z ein Punkt in der
komplexen Ebene und m der
Ausgangswert (der Saat) ist. Der
schwarze Bereich der Ebene zeigt die
Werte von z, bei denen die Funktion
zur Unedlichkeit tendiert, so wie die
Anzahl der Iterationen zur
Unendlichkeit tendiert.

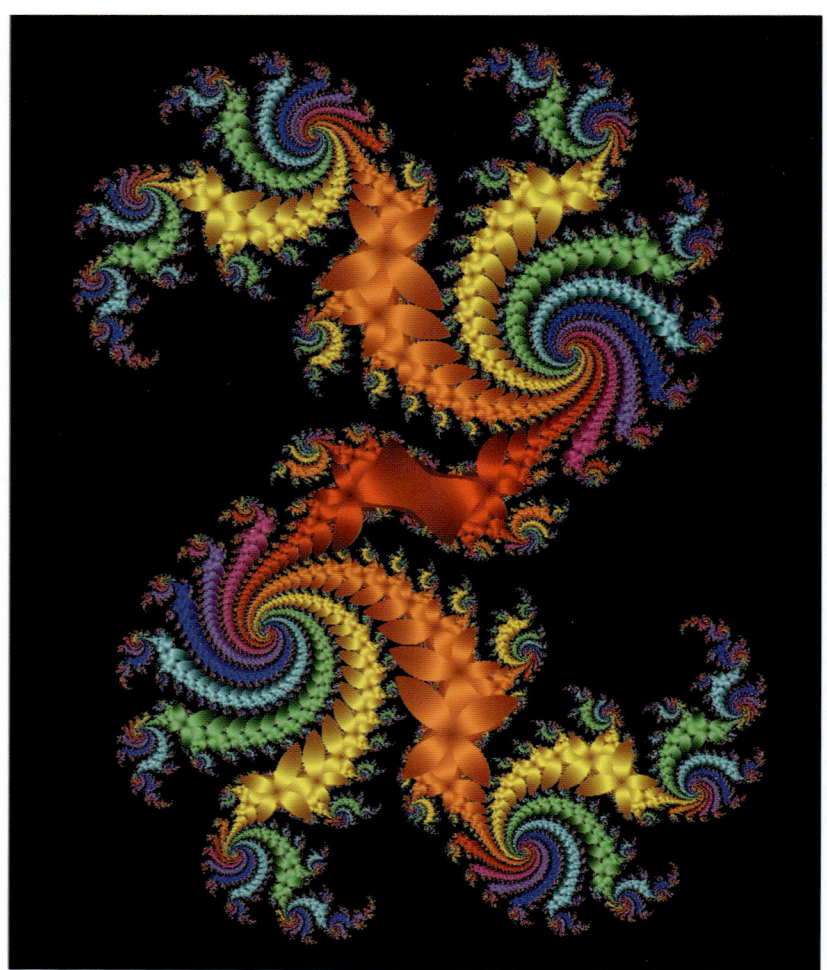

gungen können sie sich reproduzieren und sogar wie ein Computer funktionieren. Dabei
ahmen sie nicht eine Hardware nach, die ein Programm ablaufen lässt, sondern sie verhalten sich wie das, was von Neumann und Turing als universellen Computer bezeichnet
haben. Das „Spiel des Lebens" zeigte, dass lebensähnliches Verhalten irgendwo zwischen Ordnung und Chaos stattfindet, in einem Stadium der Komplexität innerhalb
eines exakt austarierten Universums.

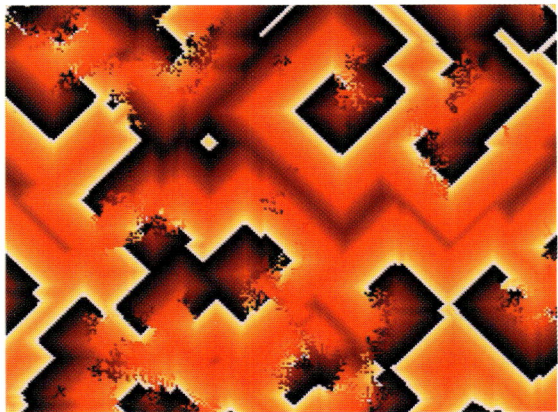

▲ Momentaufnahme zweier Universen von Zellautomaten. Die Farbe der einzelnen Pixel gibt Aufschluss über den Entwicklungsstatus der einzelnen Zellen, der sich – abhängig vom Status der angrenzenden Zellen – mit jedem Zeitschritt verändern kann. Auch in einem Universum, dessen Ausgangspunkt zufällig ist, können diese grundlegenden Regeln evolvierende Systeme hervorbringen, deren komplexe Struktur irgendwo zwischen Ordnung und Chaos anzusiedeln ist.

In den 90er Jahren stieg das Santa Fe Institute zum bedeutendsten Forschungszentrum der Welt auf, das sich mit komplexen Systemen beschäftigt. Es ist vermutlich noch zu früh, um die Ergebnisse des Instituts abschließend zu bewerten, doch es bleibt festzuhalten, dass die dort geleistete Arbeit das Wesen der Mathematik veränderte und damit einen fundamentalen Wandel in unserer Einschätzung von Leben und Struktur des Universums einleitete.

warum wird die geometrie oft als „nüchtern" und „trocken" bezeichnet? nun, einer der gründe besteht in ihrer unfähigkeit, solche formen zu beschreiben, wie etwa eine wolke, einen berg, eine küstenlinie oder einen baum. wolken sind keine kugeln, berge keine kegel, küstenlinien keine kreise. die rinde ist nicht glatt — und auch der blitz bahnt sich seinen weg nicht gerade.
überhaupt gehe ich davon aus, dass viele naturerscheinungen in ihrer unregelmäßigkeit und zersplitterung nicht einfach einen höheren grad an komplexität gegenüber euklid [...], sondern ein völlig anderes niveau darstellen. sie besitzen praktisch unendlich viele verschiedene größenbereiche.
die existenz solcher formen fordert uns zum studium dessen heraus, was euklid als „formlos" beiseite lässt, führt uns zur morphologie des „amorphen". bisher sind mathematiker jedoch dieser herausforderung ausgewichen. durch die entwicklung von theorien, die keine beziehung mehr zu sichtbaren dingen aufwiesen, haben sie sich von der natur entfernt.

Benoît Mandelbrot, *Die fraktale Geometrie der Natur,* Birkhäuser Verlag: Basel/Bonn 1987.

Danksagung

Mein Dank gilt Professor Ivor Grattan-Guiness, der mich bei meinen diversen Projekten immer wieder unterstützt hat und mir mit Geduld und Fachkenntnis bei der Abfassung dieses Textes zur Seite stand. Sollte der Text Fehler enthalten, so habe ausschließlich ich diese zu verantworten. Ferner danke ich Peter Tallack, der meine Idee zu diesem Buch mit Begeisterung aufnahm, und Tim Whiting für die Unterstützung bei seiner Entstehung. Weiterhin bin ich der Mathematics & Statistics Group der Middelsex University zu Dank verpflichtet sowie zahlreichen Mitgliedern der British Society for the History of Mathematics, die mir mit Rat und Tat zur Seite standen. Außerdem möchte ich all jenen Freunden danken, die mich in den letzten Jahren während der Entstehung dieses Buches unterstützt haben: Eileen Barley, Ben Dickey, Juri Gabriel, Peter Grecian, Dave Jackson, Chris Maslanka, David Prince, John Ronayne und David Singmaster. Ein besonderer Dank gilt schließlich meinen Eltern. Sollte ich jemanden unerwähnt gelassen haben, dem ich verpflichtet bin, so bitte ich dafür an dieser Stelle um Entschuldigung.

Auswahlbibliographie

Chaos und Fraktale. Spektrum der Wissenschaft, Verlagsgesellschaft mbH, Heidelberg, 1989

Descartes, René: *Von der Methode des richtigen Vernunftgebrauchs und der wissenschaftlichen Forschung.* Französisch-deutsch/ René Descartes. Übers. und hrsg. von Lüder Gäbe. Durchges., mit neuem Reg. und einer Bibliogr. vers. von George Heffernan. -2., verb. Aufl. – Hamburg, Meiner, 1997

Gericke, Helmuth: *Mathematik in Antike und Orient/Mathematik im Abendland* (zwei Teile in einem Band), Fourier, 4. Aufl. 1996

Gottwald, Siegfried, u. a., *Lexikon bedeutender Mathematiker*, Harry Deutsch, Frankfurt/Main, 1990

Pfeiffer, Jeanne, Dahan-Dalmedico, Amy: *Wege und Irrwege der Mathematik*, Birkhäuser, 1994

Schneider, Erich: *Von der Null zur Unendlichkeit.* Volksverband der Bücherfreunde, Wegweiser Verlag, Berlin

Singh, Simon: *Fermats letzter Satz*, Deutscher Taschenbuch Verlag GmbH & Co. KG, München, 2000

Tietze, Heinrich: *Gelöste und ungelöste mathematische Probleme aus alter und neuer Zeit.* C. H. Beck'sche Verlagsbuchhandlung, München, 3. Aufl. 1964

Wußing, H.: *Vorlesungen zur Geschichte der Mathematik*, 2. überarb. Aufl., VEB Deutscher Verlag der Wissenschaften, Berlin 1979 und 1989

Zu den lohnenswerten Websites zählt die „History of Mathematics"-Website der St Andrew's University http://www-history.mcs.st-andrews.ac.uk/history/ die auch gute Links zu anderen Sites bietet

Eric Weissteins „World of Mathematics" stellt unter der Adresse http://mathworld.wolfram.com/ eine nützliche Quelle zu Fragen der modernen Mathematik dar, enthält aber auch einige historische Verweise

Visuellen Aspekten der Mathematik widmet sich „Vismath" unter http://members.tripod.com/vismath/

Die Internetadresse des Geometry Center lautet http://www.gcom.umn.edu

Ein hervorragendes virtuelles und reales Mathematikmuseum finden Sie unter http://www.math.de

Die Internetadresse der British Society for the History of Mathematics lautet http://www.dcs.warwick.ac.uk/bshm/

Bildnachweis

THEARTARCHIVE 12, 13, 22, 39, 41, 43, 47, 48, 51, 55, 56, 57, 79, 93, 101, 102, 109, 112, 113, 114 (oben rechts), 116, 118; AKG LONDON 45, 70, 85; ARTn 132; BRIDGEMAN ART LIBRARY 4 (oben rechts), 9, 11, 15, 62, 63, 65, 76, 115, 169, 171; BRITISH LIBRARY 2, 25, 28, 29, 35, 49, 59, 61, 64, 67, 69, 86, 111, 139, 141, 159; ANDREW BURBANKS 149, 150, 179, 181; PAUL W. CARLSON (www.mbfractals.com) 187 © Paul W. Carlson; CORDON ART 5, 125, 129 (All M.C.Esher works © Cordon Art, Holland); CHRISTIE'S IMAGES 32; DACS 165, Giacoma Balla, *Abstrakte Geschwindigkeit oder Rasender Wagen*, 1913 © DACS 2000, 169 Marcel Duchamp, *Akt, eine Treppe herabsteigend, Nr. 2*, 1912 © Succession Marcel Duchamp/ADAGP, Paris and DACS, London 2000, 171 Salvador Dali, *Das Abendmahl*, 1955 © Salvador Dali-Foundation Gala-Salvador Dali/DACS 2000; THE GEOMETRY CENTER 182; DAVID GRIFFEATH (http://psoup.math.wisc.edu/) 186 (Abbildung von David Griffeath); HULTON GETTY 18, 21, 27, 87, 89; THE MATHEMATICAL GUIDEBOOK: GRAFIKEN von Michael Trott, Springer-Verlag, 2000 http//www.MathematicaGuideBook.com 130, 131; MUSEUM OF THE HISTORY OF SCIENCE 60, 90; NATIONAL GALLERY, LONDON 74; SCIENCE & SOCIETY 4 (unten links), 17, 19, 53, 54, 58, 66, 73, 75, 77, 81, 83, 97, 99, 105, 106, 114 (unten links), 117, 132 (unten), 144, 145, 146, 173, 174, 175, 176, 178; KARL SIMS 162, 163; TATE GALLERY 165, 167; ANDY WUENSCHE/DISCRETE DYNAMICS LAB
Die Abbildungen der Seiten 184 und 185 sind der Webseite 'Complexity in Small Universes' www.santafe.edu/~/Exh2/Exh3.html entnommen. Nähere Informationen über DDLab und Wuensches Publikationen finden Sie unter: www.ddlab.com oder www.santafe.edu/~wuensch/ddlab.html

Die Abbildung auf Seite 147 wurde von dem Autor mit der Software FRACTINT erstellt. Wenn Sie eigene Fraktale und Zellautomaten kreieren möchten, können Sie FRACTINT und WINFRACT über das Internet beziehen.

Impressum

Die Deutsche Bibliothek – CIP-Einheitsaufnahme

Zeitreise Mathematik – Vom Ursprung der Zahlen bis zur Chaostheorie / Richard Mankiewicz.
[Aus dem Engl. von Sabine Lorenz und Felix Seewöster (Kapitel 1–9, 20–24) und Vera Bauer (Kapitel 10–19).] – Köln : vgs 2000
Einheitssacht.: The Story of Mathematics – From Counting to Complexity <dt.>
ISBN 3-8025-1440-8

© Text of original English Version: The Story of Mathematics – From Counting to Complexity
Richard Mankiewicz 2000
Titel der englischen Originalausgabe: The Story of Mathematics – From Counting to Complexity

© der deutschsprachigen Ausgabe: vgs verlagsgesellschaft,
Köln 2000
Alle Rechte vorbehalten

Design & Layout: Cassell & Co, 2000
Umschlaggestaltung: Mark Vernon Jones
Redaktion: Michael Büsgen
Lektorat: Katja Roth
Produktion: Annette Hillig
Satz: Greiner & Reichel, Köln
Druck: Canale SpA, Torino
Printed in Italy
ISBN 3-8025-1440-8

Besuchen Sie unsere Homepage im www:
http://www.vgs.de